高等学校电子信息类专业系列教材

微波技术基础
——课程分析与指导

WEIBO JISHU JICHU——KECHENG FENXI YU ZHIDAO

党晓杰　苏涛　王楠　吴边　编著

西安电子科技大学出版社

内 容 简 介

  "微波技术基础"是电磁场与微波技术、电磁场与无线技术等专业的核心课，也是电子信息类专业的必修课。本书为"微波技术基础"课程的教学参考书，内容涵盖了该课程的基本内容，包括微波概念、传输线方程、导波系统、微波网络、微波谐振腔，以及相关的测试题及其参考答案。本书共 5 章，每章又分为内容提要、难点解析、例题精解、习题详解、知识图谱、练习题等部分。

  本书既可以作为本科微波技术基础相关课程的教学参考书，也可以供通信工程技术人员参考。

图书在版编目（CIP）数据

  微波技术基础：课程分析与指导 / 党晓杰等编著. -- 西安 ：西安电子科技大学出版社，2025. 4. -- ISBN 978-7-5606-7629-6

  Ⅰ. TN015

  中国国家版本馆 CIP 数据核字第 2025QG8011 号

策　　划　陈　婷
责任编辑　薛英英
出版发行　西安电子科技大学出版社（西安市太白南路 2 号）
电　　话　(029) 88202421　88201467　　　邮　　编　710071
网　　址　www. xduph. com　　　　　　电子邮箱　xdupfxb001@163. com
经　　销　新华书店
印刷单位　陕西博文印务有限责任公司
版　　次　2025 年 5 月第 1 版　　2025 年 5 月第 1 次印刷
开　　本　787 毫米×1092 毫米　1/16　　印　　张　11.5
字　　数　269 千字
定　　价　34.00 元
ISBN 978-7-5606-7629-6
XDUP 7930001-1

前　言

"微波技术基础"课程在西安电子科技大学有着悠久的历史，先后入选国家精品课程、国家级精品资源共享课。该课程是电磁场与微波技术、电磁场与无线技术等专业的核心课，也是电子信息工程类专业的必修课，是建立微波电磁工程能力的核心基础课程。"微波技术基础"课程是"电路""电磁场和电磁波""信号与系统"等课程的延伸课程，对数学基础要求较高；另外，该课程主要采用"场"和"路"结合的分析方法，对初学者来说有一定的难度。

在多年的教学过程中，我们收到了很多反馈，师生普遍反映希望能够推出相关的辅导书，并在辅导书中对重点的教学内容进行提炼和总结，对课后习题提供讲解，同时对教学内容进行适当的延伸和拓展。基于此，我们编写了本书。

本书提炼了"微波技术基础"课程的学习重点和难点，针对例题，阐述分析了求解思路，以期帮助读者顺利完成从低频电路到微波电路以及从路理论到场理论的过渡。

全书共 5 章，分别为微波概念、传输线方程、导波系统、微波网络、微波谐振腔和测试题及其参考答案。除第 1 章和第 5 章外，其余 3 章均由六部分组成，即内容提要、难点解析、例题精解、习题详解、知识图谱和练习题。内容提要是对该章重点内容的总结，包含了基本概念、基本理论、重要公式等。难点解析主要针对初学者经常提出的疑难问题进行详细的解答，这些问题都来自编者多年的教学实践，非常具有代表性。例题精解主要对一些具有代表性和启发性的例题进行详细的解析，旨在帮助读者掌握正确的解题思路和方法。习题详解中的题目参考了国内高校广泛选用的经典教材（梁昌洪、官伯然、谢拥军编写的简明微波，高等教育出版社 2006 出版）。为了方便读者，本书提供了原书的题目编号。这部分内容可以帮助初学者掌握解题技巧，提高学习效率。知识图谱以可视化的形式梳理了每章知识点的脉络，帮助读者构建大脑中的"知识地图"。本书提供的章后练习题和第 5 章的测试题可以供读者检验学习效果。

在本书完成之际，特别感谢梁昌洪教授的帮助。

本书的编写和出版得到了西安电子科技大学教材建设基金项目的资助，特此致谢。

由于编者水平有限，书中难免有不当之处，衷心期望广大读者批评指正。

编　者
2024 年 10 月

目　录

CONTENTS

第 0 章

微 波 概 念

0.1 内 容 提 要

1. 微波频段

微波一般指频率范围从 300 MHz 到 300 GHz(波长从 0.001～1 m)的电磁波。微波波段可以分为分米波、厘米波、毫米波和亚毫米波 4 个子波段。我们经常可以听到毫米波这一概念,一般认为毫米波是频率为 30～300 GHz 的电磁波,对应的波长范围是 1～10 mm,所以称其为毫米波。

2. 微波的特点

(1)似光性。微波的波长较短,其传播特性与光相似,即沿直线传播,遇到障碍物会发生反射。利用这一特点,微波可以应用于中继通信、卫星通信等。

(2)穿透性。微波照射到介质上可以穿透介质,深入到其内部。利用这一特点,微波能穿透电离层,应用于卫星通信等。

(3)宽频带。微波的频率高,适用于宽频带应用的场景。因为当载波频率提高时,在相对带宽不变的情况下,设备的绝对带宽会大幅增加。因此,微波设备可以方便地实现宽带信号的传输。

另外,微波还具有热效应、视距传播等特点。

3. 微波分析方法

微波分析采用"场"和"路"结合的方法。"场"的方法是指利用 Maxwell(麦克斯韦)方程求解电磁场分布。这是一种准确和基础的方法,但是一般求解难度大。"路"的方法是指将电场和磁场等效为等效电压和等效电流,利用电路理论进行分析。这种方法简单且效率高,但适用范围有限。

4. 集总参数和分布参数

当实际的电路尺寸远小于电磁波的波长时,可以把电路中元件的储能、耗能的作用用一个或有限个电阻、电感或电容来表示。这样的电路称为集总参数电路,元件称为集总参数元件。而当实际电路的尺寸可以和电磁波的波长相比拟（比拟意为两个数据的数量级相同，本书中比拟均为此意）时，电路必须看成是由无穷多个具有无限小参数值的元件组成的。这样的电路称为分布参数电路，元件称为分布参数元件。没有明显的频率界限来规定要用集总参数还是要用分布参数。例如，10 GHz 或者更高频率下，印制电路板上的电感可以很小，可以把电感看成集总参数；光学仪器虽然用于光学频段，但也可以用于频率较低的微波频段。

5. 为什么要引入微波工程

当频率升高时，电磁波的波长和电路单元及设备的尺寸可以比拟，电磁波的波动性得以凸显。例如，当频率升高到微波频率时，电路中焊点的阻抗增大，电路中会产生电容和分布电感，如果电路没有屏蔽措施，电路能够实现更加有效的辐射。传统的低频电路分析方法已经不足以分析频率为微波时的电现象。因此，要引入和低频电路分析方法不同的微波分析方法。

6. 微波的应用

微波在国防、军事、通信、工业和农业生产等方面都有广泛的应用，具体如雷达、天线、微波中继通信、卫星通信、移动通信、卫星定位、微波加热、医疗等。

0.2 练 习 题

一、选择题

1. 微波的频率范围为_____。

(a) 3 MHz～3 GHz　　　　　　　(b) 300 MHz～3 GHz

(c) 300 MHz～300 GHz　　　　　(d) 3 MHz～3000 GHz

2. 波长 λ 和频率 f 的关系为_____。

(a) $f = c/\lambda$　　　　　　　　(b) $f = c\lambda$

(c) $f = \lambda/c$　　　　　　　　(d) 以上都不是

3. 以下关于微波特点的描述正确的是_____。

(a) 带宽比较窄　　　　　　　　(b) 带宽比较宽

(c) 没有热效应　　　　　　　　(d) 天线增益低

4. 微波频谱覆盖了_____。

(a) UHF　　　　　　　　　　　(b) SHF

(c) EHF　　　　　　　　　　　(d) 以上都是

5. 家用 WiFi 工作的频率包含_____。

(a) 2.45 GHz　　　　　　　　　(b) 2.1 GHz

(c) 900 MHz　　　　　　　　　(d) 1.8 GHz

二、简答题

1. 什么是微波？为什么要使用微波？

2. 和低频相比，微波具有什么优势？

3. 列举微波的应用。

参 考 答 案

一、选择题

1.（c） 2.（a） 3.（b） 4.（d） 5.（a）

二、简答题

（略）

第 1 章

传输线方程

1.1 内 容 提 要

1.1.1 传输线的分布参数模型

微波传输线的种类很多，为了分析方便，本书以双导线结构为例进行分析。

1. 瞬态场

在双导线结构中，由于两根导线之间建立起了电磁场，所以导线之间会有分布电容，从上导体到下导体间会有位移电流（或称容性电流）流过。电流流过导线，在周围产生了磁场，所以传输线上会有串联分布电感。另外，电流流过导体会产生损耗，两根导线之间的介质也会带来损耗。所以，一段很短的双导线传输线 $\mathrm{d}z$，可以用集总电路去等效，即可以给出传输线的分布参数等效电路（也称为传输线四参数模型），如图 1.1 所示。图中，L、C、R、G 分别是传输线的单位长度电感、电容、电阻和电导。

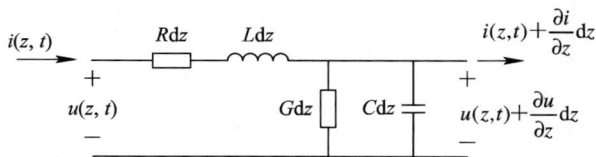

图 1.1　传输线的分布参数等效电路

直接用微分表示当位置变化到 $z+\mathrm{d}z$ 之后的电压和电流，即

$$\begin{cases} u(z+\mathrm{d}z,\ t)=u(z,\ t)+\dfrac{\partial u(z,\ t)}{\partial z}\mathrm{d}z \\ i(z+\mathrm{d}z,\ t)=i(z,\ t)+\dfrac{\partial i(z,\ t)}{\partial z}\mathrm{d}z \end{cases} \tag{1-1}$$

根据基尔霍夫电压定律可得

$$-u+iR\,\mathrm{d}z+L\,\mathrm{d}z\,\frac{\partial i}{\partial t}+u+\frac{\partial u}{\partial z}\mathrm{d}z=0$$

相应的传输线方程为

$$\frac{\partial u(z,t)}{\partial z} = -i(z,t)R - L\frac{\partial i(z,t)}{\partial t} \tag{1-2}$$

同理，根据基尔霍夫电流定律可以得到另外一个传输线方程，即

$$\frac{\partial i(z,t)}{\partial z} = -u(z,t)G - C\frac{\partial u(z,t)}{\partial t} \tag{1-3}$$

分别对式(1-2)中的 z 求偏导，对式(1-3)中的 t 求偏导，可得

$$\frac{\partial^2 u(z,t)}{\partial z^2} = -R\frac{\partial i(z,t)}{\partial z} - L\frac{\partial^2 i(z,t)}{\partial t\partial z} \tag{1-4}$$

$$\frac{\partial^2 i(z,t)}{\partial z\partial t} = -G\frac{\partial u(z,t)}{\partial t} - C\frac{\partial^2 u(z,t)}{\partial t^2} \tag{1-5}$$

经过整理，可以得到一个只含有电压 $u(z,t)$ 的方程：

$$\frac{\partial^2 u(z,t)}{\partial z^2} - (RC+LG)\frac{\partial u(z,t)}{\partial t} - LC\frac{\partial^2 u(z,t)}{\partial t^2} - RGu(z,t) = 0 \tag{1-6}$$

同理，电流 $i(z,t)$ 也满足相同形式的方程。假设解的形式为

$$u(z,t) = \mathrm{Re}(U e^{-\gamma z + \mathrm{j}\omega t}) \tag{1-7}$$

其中，γ 为传播常数。

　　将式(1-7)代入式(1-6)，可以得到

$$\gamma^2 - \mathrm{j}\omega(RC+LG) + \omega^2 LC - RG = 0$$

整理可得

$$\gamma = \sqrt{-\omega^2 LC + RG + \mathrm{j}\omega(RC+LG)}$$

$$\gamma = \sqrt{(R+\mathrm{j}\omega L)(G+\mathrm{j}\omega C)} \tag{1-8}$$

对大多数的微波传输线而言，损耗是比较小的，即满足条件 $R \ll \omega L$，$G \ll \omega C$。此时，γ 的表达式可以简化为

$$\begin{aligned}
\gamma &= \sqrt{(-\omega^2 LC)\left(1+\frac{R}{\mathrm{j}\omega L}\right)\left(1+\frac{G}{\mathrm{j}\omega C}\right)} \\
&= \mathrm{j}\omega\sqrt{LC}\sqrt{\left(1+\frac{R}{\mathrm{j}\omega L}\right)\left(1+\frac{G}{\mathrm{j}\omega C}\right)} \\
&= \mathrm{j}\omega\sqrt{LC}\sqrt{1+\frac{R}{\mathrm{j}\omega L}+\frac{G}{\mathrm{j}\omega C}+\frac{RG}{(\mathrm{j}\omega L)(\mathrm{j}\omega C)}} \\
&\approx \mathrm{j}\omega\sqrt{LC}\sqrt{1+\frac{R}{\mathrm{j}\omega L}+\frac{G}{\mathrm{j}\omega C}}
\end{aligned}$$

再利用二项式展开可得

$$\gamma \approx \mathrm{j}\omega\sqrt{LC}\left(1+\frac{1}{2}\cdot\frac{R}{\mathrm{j}\omega L}+\frac{1}{2}\cdot\frac{G}{\mathrm{j}\omega C}\right)$$

最后整理可得

$$\gamma \approx \mathrm{j}\omega\sqrt{LC}+\frac{1}{2}\sqrt{LC}\left(\frac{R}{L}+\frac{G}{C}\right) = \alpha + \mathrm{j}\beta \tag{1-9}$$

即

$$\alpha = \frac{1}{2}\sqrt{LC}\left(\frac{R}{L} + \frac{G}{C}\right) \tag{1-10}$$

$$\beta = \omega\sqrt{LC} \tag{1-11}$$

式(1-10)和式(1-11)中，α 是衰减常数，β 是相位常数。

令 $R=0$，$G=0$，由式(1-10)可知，$\alpha=0$，即衰减为 0，这就是无耗传输线的情况。无耗传输线的分布参数等效电路如图 1.2 所示。

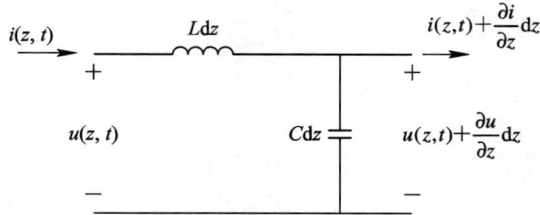

图 1.2　无耗传输线的分布参数等效电路

无耗传输线的传输线方程为

$$\frac{\partial u(z,t)}{\partial z} = -L\frac{\partial i(z,t)}{\partial z} \tag{1-12}$$

$$\frac{\partial i(z,t)}{\partial z} = -C\frac{\partial u(z,t)}{\partial z} \tag{1-13}$$

2. 稳态正弦波

当无耗传输线上传输的电磁波是稳态正弦波，即

$$u(z,t) = \mathrm{Re}(U\mathrm{e}^{\mathrm{j}\omega t})$$

$$i(z,t) = \mathrm{Re}(I\mathrm{e}^{\mathrm{j}\omega t})$$

其中，U 和 I 是 $u(z,t)$ 和 $i(z,t)$ 的向量表示，则传输线方程可以写成：

$$\frac{\mathrm{d}U(z)}{\partial z} = -\mathrm{j}\omega LI(z) \tag{1-14}$$

$$\frac{\mathrm{d}I(z)}{\partial z} = -\mathrm{j}\omega CU(z) \tag{1-15}$$

求解传输线方程式(1-14)和式(1-15)，可以得到无耗传输线上电压和电流的稳态正弦波解为

$$U = U_0^+ \mathrm{e}^{-\mathrm{j}\beta z} + U_0^- \mathrm{e}^{\mathrm{j}\beta z} = U^+ + U^- \tag{1-16}$$

$$I = I_0^+ \mathrm{e}^{-\mathrm{j}\beta z} - I_0^- \mathrm{e}^{\mathrm{j}\beta z} = I^+ - I^- \tag{1-17}$$

其中，相位常数 $\beta=\omega\sqrt{LC}$。同时，还存在关系：

$$Z_0 = \frac{U^+}{I^+} = \frac{U^-}{I^-} = \sqrt{\frac{L}{C}} \tag{1-18}$$

其中，Z_0 为传输线的特性阻抗。

注意，无耗传输线的特性阻抗是实数，即纯电阻，则电压和电流又可以写成：

$$U = U_0^+ \mathrm{e}^{-\mathrm{j}\beta z} + U_0^+ \mathrm{e}^{\mathrm{j}\beta z} = U^+ + U^- \tag{1-19}$$

$$I = \frac{U_0^+}{Z_0} \mathrm{e}^{-\mathrm{j}\beta z} - \frac{U_0^-}{Z_0} \mathrm{e}^{\mathrm{j}\beta z} = \frac{U^+}{Z_0} - \frac{U^-}{Z_0} \tag{1-20}$$

当传输线有损耗时(包括电导率为有限值的非理想导体和周围的介质所带来的损耗),波在传输的过程中会有衰减。对于这样的情况,得到的沿线电压和电流为

$$U = U_0^+ \mathrm{e}^{-\mathrm{j}\beta z - \alpha z} + U_0^+ \mathrm{e}^{\mathrm{j}\beta z + \alpha z} \tag{1-21}$$

$$I = I_0^+ \mathrm{e}^{-\mathrm{j}\beta z - \alpha z} - I_0^- \mathrm{e}^{\mathrm{j}\beta z + \alpha z} \tag{1-22}$$

其中,α 为衰减常数。根据式(1-10)式(1-11),可以得到,在小损耗的情况下,有

$$\alpha = \frac{1}{2}\sqrt{LC}\left(\frac{R}{L} + \frac{G}{C}\right)$$

$$\beta = \omega\sqrt{LC}$$

注意,此时传输线的相位常数和无耗传输线的相位常数相同,只是多出了损耗的部分。此时的特性阻抗为

$$Z_0 = \frac{R + \mathrm{j}\omega L}{\gamma} = \sqrt{\frac{R + \mathrm{j}\omega L}{G + \mathrm{j}\omega C}} \tag{1-23}$$

在小损耗的情况下,有

$$Z_0 \approx \sqrt{\frac{L}{C}} \tag{1-24}$$

所以,在小损耗的情况下,有耗传输线的特性阻抗可以用无耗传输线的特性近似表示。

1.1.2 传输线理论中常用的概念

1. 相位常数

相位常数 β 表示波的相移特性,其与波长 λ 的关系为

$$\beta = \frac{2\pi}{\lambda} \tag{1-25}$$

无耗传输线的相位常数可以用分布电容和分布电感来表示,即

$$\beta = \omega\sqrt{LC} \tag{1-26}$$

对于 TEM 模式的传输线,相位常数也可以用介电常数和磁导率来表示,即

$$\beta = \omega\sqrt{\mu\varepsilon} \tag{1-27}$$

以上两种表达形式是相同的。1.4 节习题详解中的习 1.1 证明了这一点。

有耗传输线的传播常数可以表示为

$$\gamma = \alpha + \mathrm{j}\beta = \sqrt{(R + \mathrm{j}\omega L)(G + \mathrm{j}\omega C)}$$

在小损耗的情况下,有

$$\alpha = \frac{1}{2}\sqrt{LC}\left(\frac{R}{L} + \frac{G}{C}\right)$$

$$\beta = \omega\sqrt{LC}$$

其中,α 是衰减常数,表示波在行进过程中的衰减。

2. 特性阻抗

特性阻抗 Z_0 是传输线的一个特征量。无耗传输线的特性阻抗可以用分布电容和分布电感来表示，即

$$Z_0=\sqrt{\frac{L}{C}}$$

特性阻抗是传输线上入射电压和入射电流的比值，或者是反射电压和反射电流的比值，即

$$Z_0=\frac{U^+}{I^+}=\frac{U^-}{I^-} \tag{1-28}$$

特性阻抗具有以下特点：

(1) 对于无耗传输线，线上各点处的输入阻抗不相等，即传输线上电压与电流的比值并不是处处相等的，但是入射电压和入射电流的比值是相等的，也就是特性阻抗。

(2) 无耗传输线的特性阻抗只和结构参数有关，和传输线的长度无关。

3. 相速度

相速度 v_p 表示等相位面移动的速度，可以通过相位常数 β 来计算：

$$v_p=\frac{\omega}{\beta} \tag{1-29}$$

或者通过波长 λ 和频率 f 来计算：

$$v_p=f\lambda \tag{1-30}$$

利用相位常数 β 的计算公式，可以得到 v_p 为

$$v_p=\frac{1}{\sqrt{LC}} \tag{1-31}$$

对于 TEM 模式的传输线，v_p 也可以表示为

$$v_p=\frac{1}{\sqrt{\mu\varepsilon}} \tag{1-32}$$

4. 波长

波长 λ 表示在某一固定时刻相位变化一个周期即 2π 的距离，即

$$\lambda=\frac{2\pi}{\beta} \tag{1-33}$$

波长 λ 和相速度 v_p 的关系为

$$v_p=f\lambda \tag{1-34}$$

5. 电压反射系数

传输线上任意位置的反射波电压和入射波电压的比值称为该位置处的电压反射系数，简称反射系数，表示为

$$\Gamma(z)=\frac{U^-(z)}{U^+(z)} \tag{1-35}$$

另外，负载处的反射系数和任意点处反射系数的关系为

$$\Gamma=\Gamma_L e^{-j2\beta l} \tag{1-36}$$

其中，l 是传输线的长度，Γ_L 为负载处的反射系数。

6. 电压驻波比

传输线上电压振幅的最大值与最小值的比值称为传输线的电压驻波比，简称驻波比，表示为 ρ 或 VSWR：

$$\rho = \frac{|U|_{\max}}{|U|_{\min}} \qquad (1-37)$$

驻波比和反射系数的关系为

$$\rho = \frac{1+|\Gamma|}{1-|\Gamma|} \qquad (1-38)$$

由此可以看到，反射系数的模值和驻波比都是无耗传输线的系统不变量。

7. 输入阻抗

传输线上任意点处电压和电流的比值称为该点处的输入阻抗，即

$$Z_{\text{in}} = Z(z) = \frac{U(z)}{I(z)} \qquad (1-39)$$

注意，这里的电压和电流是总电压和总电流，即包含了入射波和反射波两部分。另外，如果把从观察点到负载的传输线段和负载看成一个系统，则观察点处就是该系统的输入端，因此此处的阻抗就是整个系统的输入阻抗，这就是输入阻抗名称的由来。

输入阻抗和反射系数的关系为

$$\Gamma(z) = \frac{Z(z) - Z_0}{Z(z) + Z_0} \qquad (1-40)$$

$$Z(z) = Z_0 \frac{1 + \Gamma(z)}{1 - \Gamma(z)} \qquad (1-41)$$

输入阻抗和负载阻抗的关系为

$$Z_{\text{in}} = Z_0 \frac{Z_L + jZ_0 \tan\beta l}{Z_0 + jZ_L \tan\beta l} \qquad (1-42)$$

1.1.3 传输线的工作状态

对于无耗传输线，当终端接不同负载时，可将其工作状态分为行波和驻波两种。为了便于分析传输线的工作状态，设置一个新的坐标系 z' 坐标系，如图 1.3 所示，该坐标系的坐标原点在负载位置，向电源方向 z' 增大。显然，两种坐标系的关系是 $z' = l - z$。

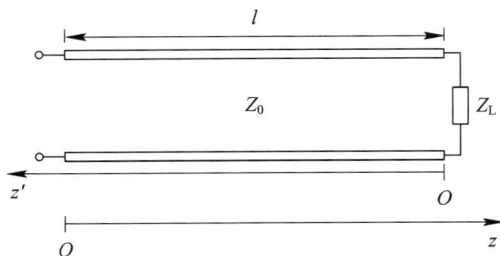

图 1.3　z' 坐标系和 z 坐标系的关系

1. 行波

当负载阻抗和传输线特性阻抗相同时，传输线上传输行波，此时没有反射电压波。可以得到此时传输线上的反射系数为

$$\Gamma(z') = 0 \tag{1-43}$$

输入阻抗为

$$Z(z') = Z_0 \tag{1-44}$$

驻波比为

$$\rho = 1 \tag{1-45}$$

传输行波时，负载所获得的功率为

$$P = \frac{1}{2}\mathrm{Re}(UI^*) = \frac{1}{2}|U^+|^2 Y_0 = \frac{1}{2}|U_L|^2 Y_L \tag{1-46}$$

其中，U_L 为负载处的电压，Y_L 为负载导纳。此时没有反射功率，把这种状态称为匹配状态。

2. 驻波

当负载阻抗和传输线特性阻抗不同时，负载和传输线失配，反射波产生。此时负载所获得的功率为

$$
\begin{aligned}
P &= \frac{1}{2}\mathrm{Re}(U_L I_L^*) = \frac{1}{2}\mathrm{Re}\left[(U_L^+ + U_L^-)(I_L^+ - I_L^-)^*\right] \\
&= \frac{1}{2}\mathrm{Re}\left[\frac{1}{Z_0}(U_L^+ + U_L^-)(U_L^+ - U_L^-)^*\right] \\
&= \frac{1}{2}\mathrm{Re}\left[\frac{1}{Z_0}|U_L^+|^2(1+\Gamma_L)(1-\Gamma_L)^*\right] \\
&= \frac{1}{2Z_0}|U_L^+|^2(1-|\Gamma_L|^2)
\end{aligned}
\tag{1-47}
$$

式(1-47)表明：负载获得的功率等于入射功率减去反射功率。

当传输线传输驻波时，可按照反射系数将传输线进一步分为纯驻波和行驻波两种情况。当反射系数的模为 1，即 $|\Gamma(z')| = 1$ 时，传输线上发生了全反射，导致传输线上传输纯驻波，进而可知驻波比 $\rho = \infty$。负载短路和开路都属于这种类型。

当负载短路时，负载处的反射系数 $\Gamma_L = -1$，输入阻抗为

$$Z(z') = \mathrm{j}Z_0\tan\beta z' \tag{1-48}$$

当负载开路时，负载处的反射系数 $\Gamma_L = 1$，输入阻抗为

$$Z(z') = -\mathrm{j}Z_0\cot\beta z' \tag{1-49}$$

当传输线传输行驻波时，具有以下特点：

(1) 行驻波阻抗依然有 $\lambda/2$ 周期性。

(2) 感性和容性(亦称串联谐振和并联谐振)有 $\lambda/4$ 变换性质。

(3) 在电压波节点，阻抗为纯阻，且为最小值 $R_{\min} = \dfrac{Z_0}{\rho}$；在电压波腹点，阻抗也是纯阻，且为最大值 $R_{\min} = \rho Z_0$。

图 1.4 和图 1.5 分别给出了当负载是小电阻($Z_L = R_L < Z_0$)和大电阻($Z_L = R_L > Z_0$)时无耗传输线上的阻抗分布图。

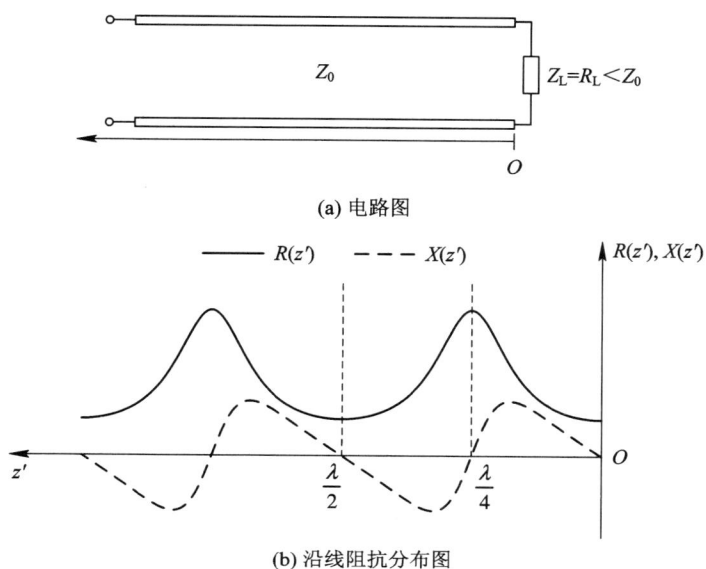

(a) 电路图

(b) 沿线阻抗分布图

图 1.4　负载为小电阻($Z_L = R_L < Z_0$)时无耗传输线上的阻抗分布

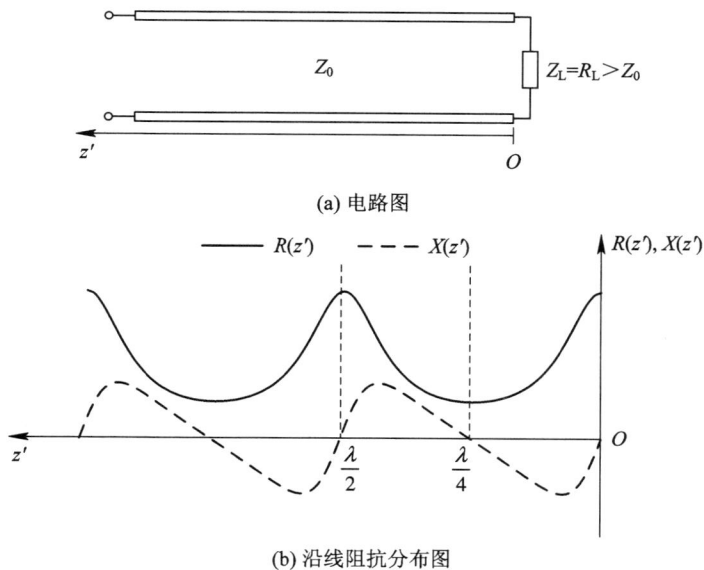

(a) 电路图

(b) 沿线阻抗分布图

图 1.5　负载为大电阻($Z_L = R_L > Z_0$)时无耗传输线上的阻抗分布

3. 有耗传输线的工作状态

对于低损耗传输线，可以认为它的特性阻抗仍然是实数，且和无耗传输线的特性阻抗是相同的。有耗传输线最大的特点就是引入了衰减常数 α，而反射系数的定义是没有变化的，即

$$\Gamma = \Gamma_{\text{L}} e^{-2j\beta l - 2\alpha l} \qquad (1-50)$$

可以看到,随着传输线长度 l 的增加,反射系数呈指数下降。对于任意负载,当接一段足够长的有耗传输线时,总可以认为是匹配的。当传输线足够长时,反射系数 Γ 可以忽略,输入阻抗表达式为

$$\begin{aligned} Z_{\text{in}} &= Z_0 \frac{1 + \Gamma_{\text{L}} e^{-2j\beta l - 2\alpha l}}{1 - \Gamma_{\text{L}} e^{-2j\beta l - 2\alpha l}} \\ &= Z_0 \frac{Z_{\text{L}} + Z_0 \tanh(j\beta l + \alpha l)}{Z_0 + Z_{\text{L}} \tanh(j\beta l + \alpha l)} \end{aligned} \qquad (1-51)$$

1.1.4 Smith 圆图

通过前面的分析可以看出,传输线中的很多计算都涉及复数。图形工具可以更加形象化地帮助我们理解传输线中的概念。Smith 圆图就是这样一种有力的工具。Smith 圆图构成的基本思想如下。

(1) 归一化思想。归一化思想涉及两个方面,一方面是阻抗和导纳的归一化,另一方面是长度的归一化。

(2) Smith 圆图以反射系数为基底。将整个平面看作是一个复平面,实轴(横轴)是反射系数的实部即 Γ_{r},虚轴(纵轴)是反射系数的虚部即 Γ_{i},反射系数 $\Gamma = \Gamma_{\text{r}} + j\Gamma_{\text{i}}$。

(3) 周期性思想。由于 Smith 圆图是以反射系数作为基础坐标的,因此沿等 $|\Gamma|$ 圆转一圈相当于在传输线上行进了 $\lambda/2$。

(4) 将阻抗圆图和导纳圆图覆盖在反射系数圆上,可以得到反射系数和归一化电阻、反射系数和归一化电抗的方程,这两个方程都是圆方程。同样地,电导和电纳方程也都是圆方程。所以,可以得到 Smith 阻抗圆图和导纳圆图,如图 1.6 所示。

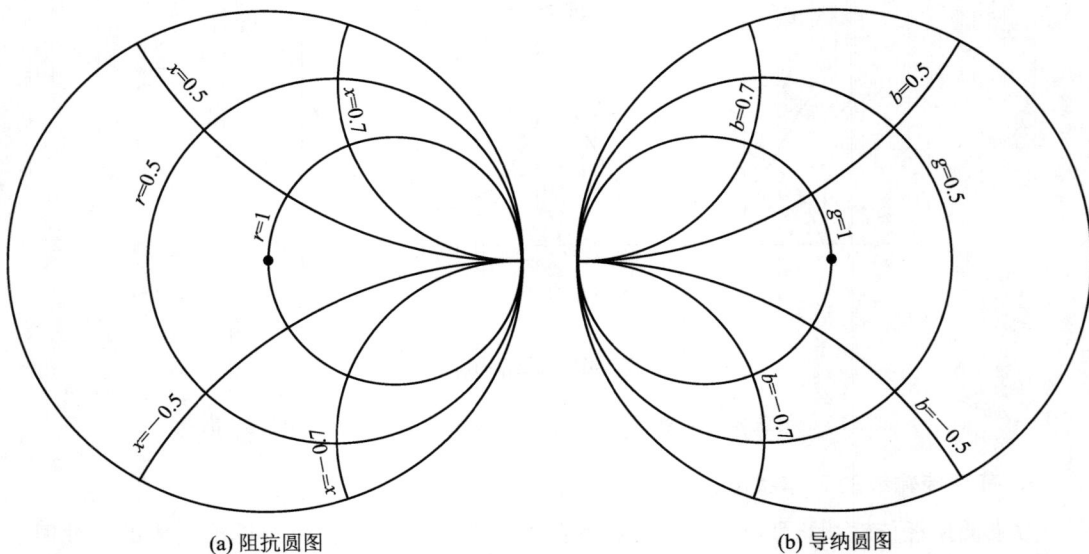

(a) 阻抗圆图   (b) 导纳圆图

图 1.6 Smith 圆图

　　由图 1.6 可知，将阻抗圆图和导纳圆图中任意一者旋转 180°就可以得到另一个圆图，所以一般情况下只用一种形式的圆图，称为阻抗和导纳兼用圆图。

　　图 1.7 所示为实际工程中使用的 Smith 圆图。

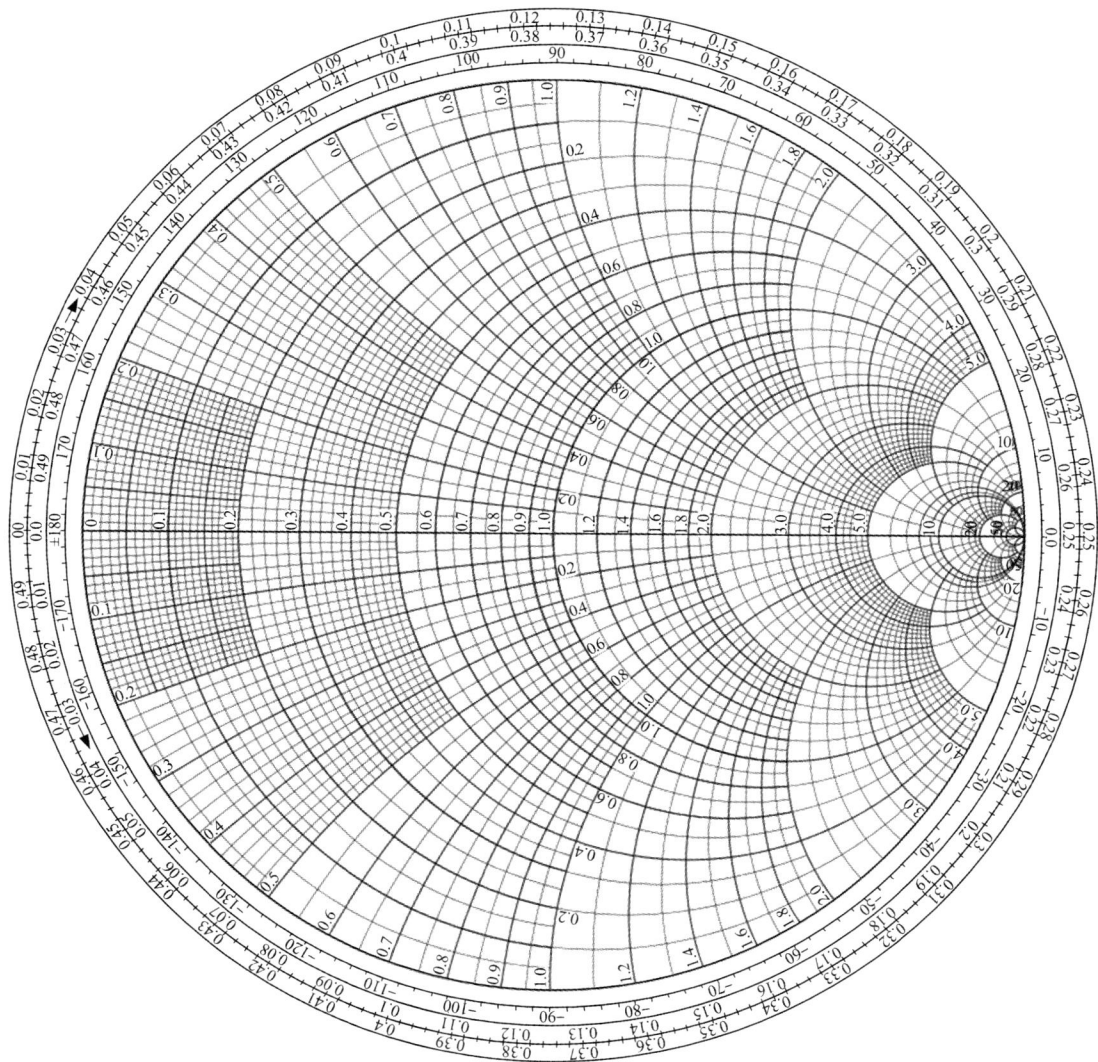

图 1.7　实际工程中使用的 Smith 圆图

　　在使用 Smith 圆图时，需要注意到上面的一些关键点、关键线、关键面以及关键方向，如图 1.8 所示，以阻抗圆图为例介绍。

　　关键点为"三点"，关键线为"四线"，关键面为"二面"，关键方向为"二向"。

　　(1)"三点"——匹配点、短路点和开路点。匹配点为 $|\varGamma|=0$ 的点，即坐标原点，实现匹配时点在 Smith 圆图上的位置；短路点为 $\varGamma=-1$ 的点，此点的阻抗为 0；开路点为 $\varGamma=1$ 的点，此点的阻抗为 ∞。

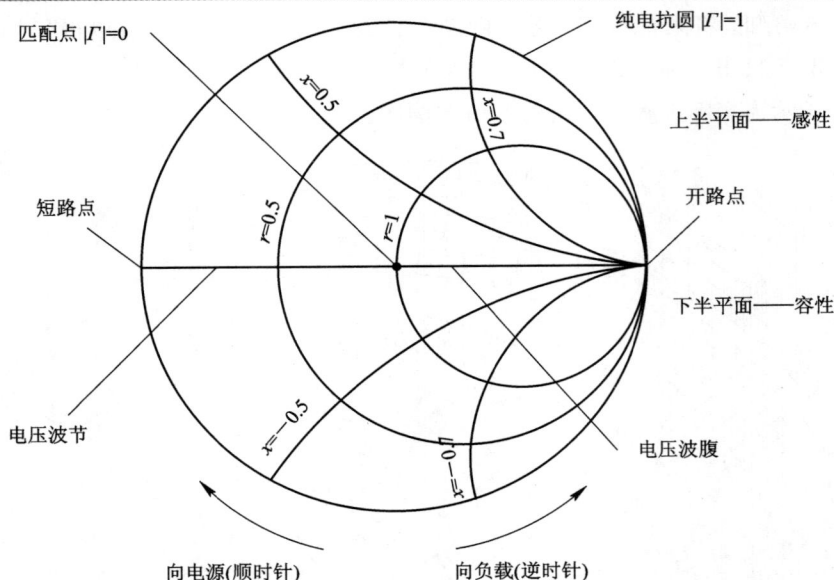

图 1.8 Smith 阻抗圆图上的关键点、关键线、关键面以及关键方向

(2)"四线"——纯阻线、电压波腹线、电压波节线、驻波圆。纯阻线为实轴,上面的点代表纯电阻的点。电压波腹线为实轴的正半轴,上面的点不但是纯电阻点,而且电阻的归一化值大于 1,对应的是传输线上的电压波腹。电压波节线为实轴的负半轴,上面的点是纯电阻的,且电阻的归一化值小于 1,对应的是传输线上的电压波节。驻波圆是 $|\varGamma|=1$ 的圆,也就是 Smith 圆图中最外圈的圆,其上的点是纯电抗的。

(3)"二面"——上半平面为感性,下半平面为容性。上半平面的点阻抗的虚部大于 0,所以是感性的;而下半平面点阻抗的虚部小于 0,所以是容性的。

(4)"二向"——向电源顺时针和向负载逆时针。在具体使用 Smith 圆图时,经常会沿着等反射系数圆,即等 $|\varGamma|$ 圆旋转,因此旋转的方向成为特别需要关注的问题。

1.1.5 匹配

匹配技术是微波工程中非常重要的一部分内容。匹配可以从负载获得最大的输出功率、传输线上传输行波等不同角度去考虑。

1. 最大功率匹配定理

根据电路知识,对于如图 1.9 所示的简单电路,当电源内阻和负载阻抗是共轭关系时,负载能够获得最大的功率,这称为最大功率匹配定理。

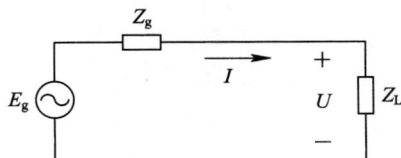

图 1.9 简单电路

把一段传输线引入到电路中,可以得到最简单的传输线电路,如图 1.10 所示。

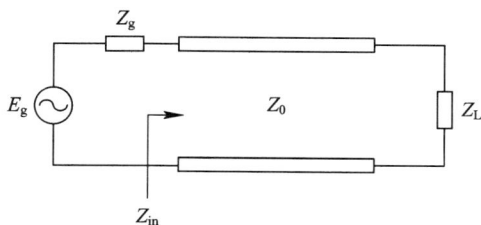

图 1.10　传输线电路

根据最大功率匹配定理可以得到:当 $Z_g = Z_{in}^*$ 时,负载能够获得最大的功率,"＊"表示复数的共轭。

2. 传输线上传输行波

为了使传输线上传输行波,即传输线上无反射,只要传输线的特性阻抗和负载阻抗相同即可,即 $Z_0 = Z_L$。如图 1.10 所示,此时 $Z_{in} = Z_0$,但是不能保证 $Z_g = Z_{in}^*$ 这一条件总是成立。也就是说,虽然传输线上传输行波,但不能保证负载能够获得最大的输出功率。有可能传输线上有反射,负载却能获得最大的功率,只要满足 $Z_g = Z_{in}^*$ 即可。由此可知,传输线上传输行波和负载获得最大功率之间并无必然的联系。

3. 行波匹配

一种理想的匹配情况是,传输线上传输行波而且负载能够获得最大的功率,满足这一条件的传输线电路称为行波匹配,如图 1.11 所示。

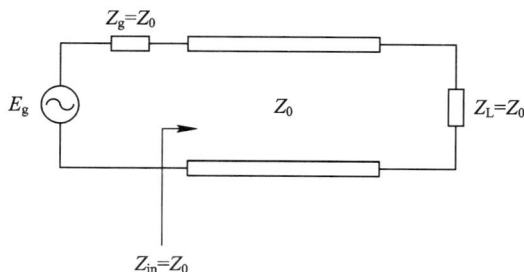

图 1.11　行波匹配电路

4. 四分之一波长传输线匹配

对于电阻性负载,即 $Z_L = R_L$,可以采用特性阻抗为 Z_0' 的一段四分之一波长的传输线进行匹配,如图 1.12 所示。可以得到输入阻抗为

$$Z_{in} = Z_0' \frac{Z_L + jZ_0' \tan\beta l}{Z_0' + jZ_L \tan\beta l} = \frac{Z_0'^2}{Z_L} \qquad (1-52)$$

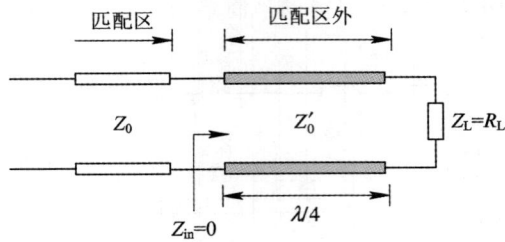

图 1.12 四分之一波长的传输线匹配

当满足匹配条件时，输入阻抗应和前端传输线的特性阻抗相等，即

$$Z_{in} = \frac{Z_0'^2}{Z_L} = \frac{Z_0'^2}{R_L} = Z_0 \qquad (1-53)$$

因此，四分之一波长传输线的特性阻抗为

$$Z_0' = \sqrt{Z_0 R_L} \qquad (1-54)$$

显然，这种匹配是和频率相关的，且一般是窄带的匹配。

5. 单枝节匹配

对于一般的负载 $Z_L = R_L + jX_L$，可以采用单枝节进行匹配，单枝节匹配电路如图 1.13 所示。两段传输线的特性阻抗是相同的，单枝节匹配的目标是得到长度 d 和 l。

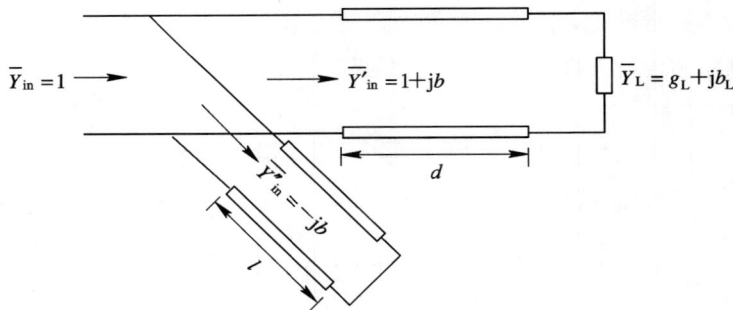

图 1.13 单枝节匹配电路

单枝节匹配中，短路传输线段是并联到电路中的，所以电路中使用导纳更方便。另外，使用 Smith 圆图进行单枝节匹配是最方便的，所以将所有的导纳都进行归一化。这里需要注意，对导纳进行归一化的做法是

$$\overline{Y} = \frac{Y}{Y_0} = Y Z_0 \qquad (1-55)$$

单枝节匹配的流程如图 1.14 所示，整个过程是在导纳圆图上进行的。Smith 圆图上的匹配圆是 $g = 1$ 的圆，即归一化电导等于 1 的圆，如图 1.15 所示。

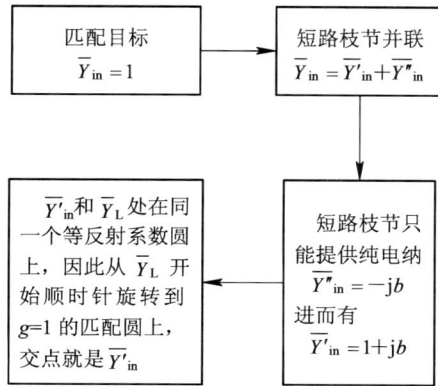

图 1.14　单枝节匹配操作流程

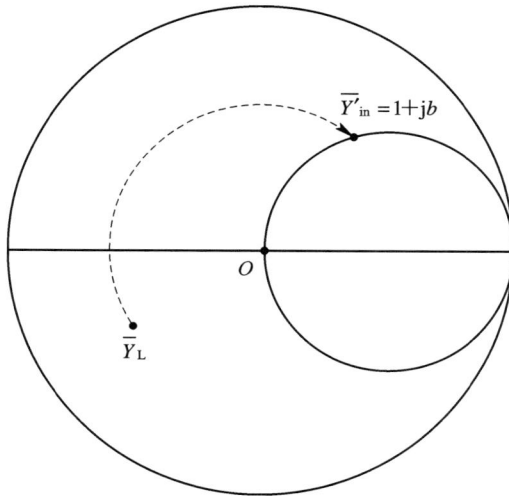

图 1.15　使用 Smith 圆图实现单枝节匹配的示意图

6. 双枝节匹配

对于一般的负载 $Z_L = R_L + jX_L$，还可以采用双枝节进行匹配，如图 1.16 所示。图中，三段传输线的特性阻抗是相同的，双枝节匹配的目标是得到长度 l_1 和 l_2。中间段传输线的长度 d 一般是固定值，例如 $\dfrac{\lambda}{4}$、$\dfrac{\lambda}{8}$ 等，这里以 $\dfrac{\lambda}{8}$ 为例。

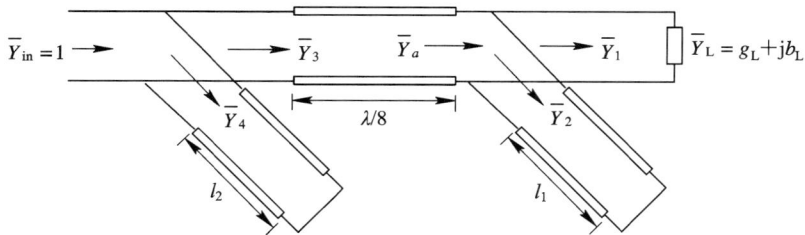

图 1.16　双枝节匹配电路

双枝节匹配中，两段短路传输线段也是并联到电路中的，所以电路中使用导纳更为方便；另外，为了使用 Smith 圆图进行双枝节匹配，将所有的导纳都进行了归一化。双枝节匹配的流程如图 1.17 所示。图中提到的辅助圆、匹配圆及等电导圆详见图 1.18。双枝节匹配的整个过程是在导纳圆图上进行的，如图 1.18 所示。

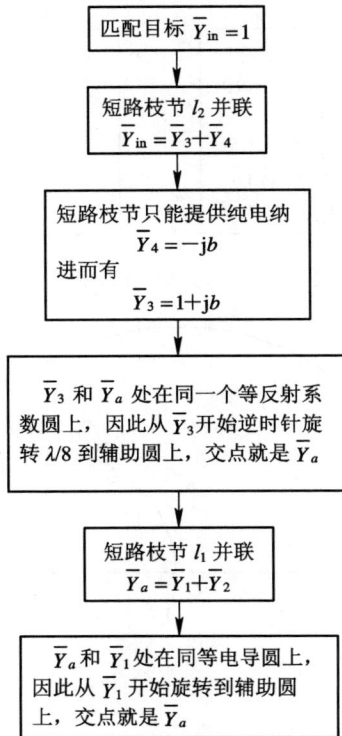

匹配目标 $\overline{Y}_{in} = 1$

短路枝节 l_2 并联
$\overline{Y}_{in} = \overline{Y}_3 + \overline{Y}_4$

短路枝节只能提供纯电纳
$\overline{Y}_4 = -jb$
进而有
$\overline{Y}_3 = 1 + jb$

$\overline{Y}_3$ 和 $\overline{Y}_a$ 处在同一个等反射系数圆上，因此从 $\overline{Y}_3$ 开始逆时针旋转 $\lambda/8$ 到辅助圆上，交点就是 $\overline{Y}_a$

短路枝节 l_1 并联
$\overline{Y}_a = \overline{Y}_1 + \overline{Y}_2$

$\overline{Y}_a$ 和 $\overline{Y}_1$ 处在同等电导圆上，因此从 $\overline{Y}_1$ 开始旋转到辅助圆上，交点就是 $\overline{Y}_a$

图 1.17 双枝节匹配流程图

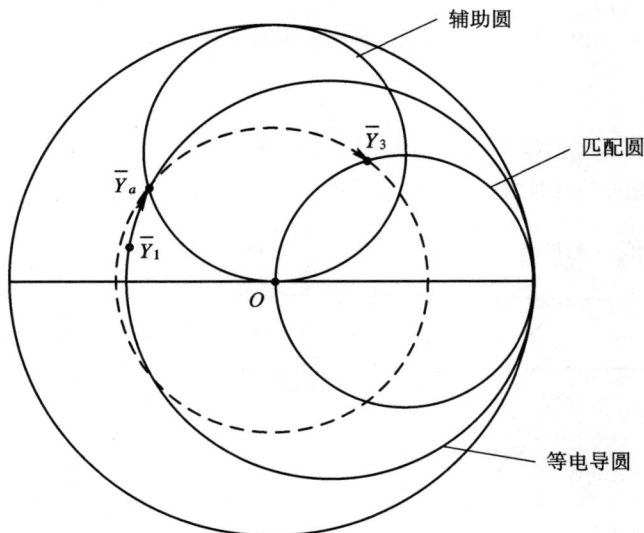

图 1.18 使用 Smith 圆图实现双枝节匹配的示意图

1.2　难 点 解 析

1. 怎么理解"长线"的概念?

在微波频段,由于频率较高,所以波长很短,这样传输线的长度 l 可以和波长 λ 相比拟。工程上把 $l/\lambda \gg 0.1$ 的传输线称为"长线"。

长线上的分布参数效应是不可以忽略的,而且长线上的电压和电流不仅是时间的函数,也是位置的函数。

2. 传输线的等效电路可以有多种不同的形式吗?

传输线的等效电路可以有多种形式。例如,如图 1.19 所示为四种不同的等效电路。图中,一小段传输线 dz 的等效电路虽然不同,但是传输线方程相同。感兴趣的读者可以自行证明。

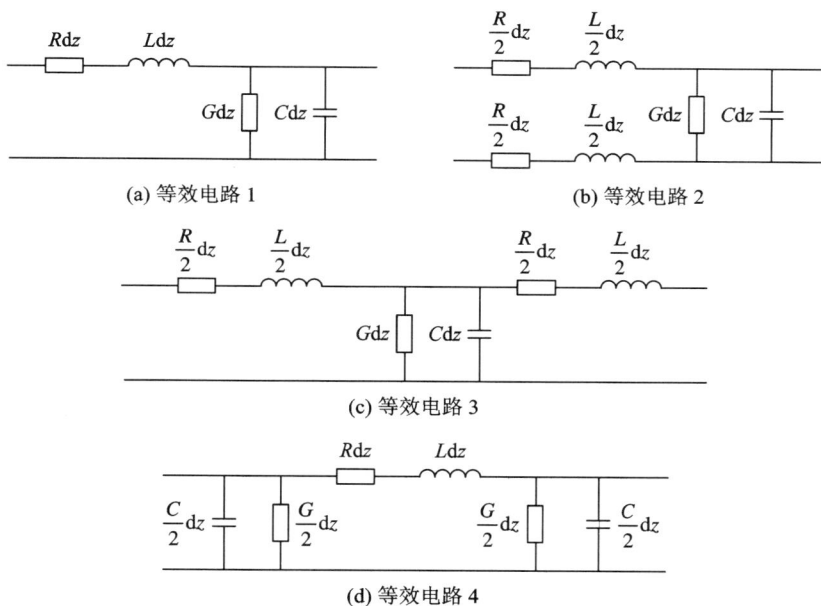

图 1.19　传输线的等效电路

3. 传输线方程求解结果中,电压表达式中入射电压和反射电压是相加的,为什么电流表达式中,入射电流和反射电流是相减的?

传输线上的电压和电流可以表示为

$$U = U^+ + U^-$$
$$I = I^+ - I^-$$

其中,所有电流方向的定义是相同的,即 $+z$ 方向,如图 1.20 所示。所以反射电流前须加负号来表示反射电流是向 $-z$ 方向的。

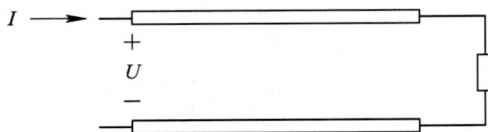

图 1.20　等效电路中电压和电流的定义

4. 为什么电压波腹和波节点处的阻抗是纯电阻，而且都和驻波比存在某种关系？

传输线上的电压和电流可以表示为

$$U = U^+ + U^- = U^+(1+\Gamma)$$
$$I = I^+ - I^- = I^+(1-\Gamma)$$

则

$$|U| = |U^+||1+\Gamma|$$
$$|U|_{max} = |U^+|(1+|\Gamma|)$$

可以看到，电压振幅的最大值处，也就是在电压波腹点处，反射系数是实数，即 $\Gamma = |\Gamma| \geqslant 0$。所以此时的电压和电流表示为

$$U = U^+(1+|\Gamma|)$$
$$I = I^+(1-|\Gamma|)$$

阻抗为

$$Z = \frac{U}{I} = \frac{U^+(1+|\Gamma|)}{I^+(1-|\Gamma|)} = Z_0\rho$$

同理，电压振幅最小值，即波节点处，反射系数也是实数，但 $\Gamma = -|\Gamma| \leqslant 0$。所以此时的电压和电流表示为

$$U = U^+(1-|\Gamma|)$$
$$I = I^+(1+|\Gamma|)$$

阻抗为

$$Z = \frac{U}{I} = \frac{U^+(1-|\Gamma|)}{I^+(1+|\Gamma|)} = \frac{Z_0}{\rho}$$

5. 在实际使用 Smith 圆图的过程中，怎么区分阻抗圆图和导纳圆图？如何避免将二者混淆？

在实际工程中，Smith 圆图通常是阻抗和导纳圆图兼用的，单纯从图的角度无法区分是阻抗圆图还是导纳圆图。这就需要使用者清楚究竟把圆图用作导纳圆图还是阻抗圆图。以图 1.7 为例，圆图位置保持不变，当用作阻抗圆图时，左边点 $(-1,0)$ 表示短路点，右边点 $(1,0)$ 表示开路点；而用作导纳圆图时，左边点 $(-1,0)$ 表示开路点，右边点 $(1,0)$ 表示短路点。其他的一些关键信息也会随着导纳圆图和阻抗圆图的不同而不同。所以在使用 Smith 圆图时，应关注这些关键信息点的位置来区分两种圆图，避免混淆。

6. 有耗传输线和无耗传输线有哪些异同？

有耗传输线和无耗传输线所满足的传输线方程有差异。有耗传输线满足的方程中包含损耗电阻和损耗电导。有耗传输线上的电压和电流虽然也是由入射波和反射波组成的，但是随着距离的增加，电压和电流是有损耗的，体现在 $e^{-\gamma z}$ 和 $e^{\gamma z}$ 上。有耗传输线的特性阻抗

在一般情况下不再是实数而是复数；在小损耗的情况下，即满足条件 $R \ll \omega L$ 和 $G \ll \omega C$ 时，可以近似认为特性阻抗是实数，等于无耗传输线的特性阻抗。以上就是有耗传输线和无耗传输线的异同之处。

7. 为什么在 Smith 圆图上可以标定驻波比？

Smith 圆图实轴的正半轴上的点不但是纯电阻，而且是电压的波腹点。因此这些点对应的归一化电阻大于 1。根据传输线上阻抗分布的特点可知，波腹点的电阻和驻波比之间的关系为

$$R_{\max} = \rho Z_0$$

其归一化电阻为

$$\overline{R}_{\max} = \rho$$

因此，实轴正半轴上的点，其归一化电阻就是该点的驻波比。

另外，在圆图上沿着等 $|\Gamma|$ 圆旋转时，驻波比是不变的。所以对于圆图上的某个点，沿着等 $|\Gamma|$ 圆旋转到实轴正半轴时，交点处的归一化电阻就是原来点的驻波比。因此，Smith 圆图可以标定驻波比。

1.3　例　题　精　解

例 1.1　传输线特性阻抗为 $50~\Omega$，终端接阻抗为 $25 + \mathrm{j}25~\Omega$ 的负载。计算负载反射系数、驻波比、负载获得功率与入射功率的比值。

解：负载反射系数的计算公式为

$$\Gamma_{\mathrm{L}} = \frac{Z_{\mathrm{L}} - Z_0}{Z_{\mathrm{L}} + Z_0} = \frac{25 + \mathrm{j}25 - 50}{25 + \mathrm{j}25 + 50} = \frac{-25 + \mathrm{j}25}{75 + \mathrm{j}25} = \frac{1}{\sqrt{5}} \mathrm{e}^{\mathrm{j}116.5°}$$

驻波比为

$$\rho = \frac{1 + |\Gamma|}{1 - |\Gamma|} = \frac{1 + \dfrac{1}{\sqrt{5}}}{1 - \dfrac{1}{\sqrt{5}}} = 2.62$$

负载获得功率为

$$P_{\mathrm{L}} = P_0 (1 - |\Gamma|^2) = 0.8 P_0$$

所以负载获得功率与入射功率的比值是 0.8。

例 1.2　计算例 1.1 中距离负载 $\dfrac{\lambda}{4}$ 处的输入阻抗 Z_{in}。

解：根据输入阻抗的计算公式，有

$$Z_{\mathrm{in}} = Z_0 \frac{Z_{\mathrm{L}} + \mathrm{j} Z_0 \tan (\beta l)}{Z_0 + \mathrm{j} Z_{\mathrm{L}} \tan (\beta l)}$$

代入具体的数值，可以得到

$$Z_{\mathrm{in}} = 50 \frac{25 + \mathrm{j}25 + \mathrm{j}50 \tan (\pi/2)}{50 + \mathrm{j}(25 + \mathrm{j}25) \tan (\pi/2)} = 50 \times \frac{50}{25 + \mathrm{j}25} = 50 - \mathrm{j}50~\Omega$$

另外，也可以采用反射系数进行计算。已知输入反射系数和负载反射系数的关系为

$$\Gamma_{in} = \Gamma_L e^{-j2\beta l} = \frac{1}{\sqrt{5}} e^{j116.5°} e^{-j180°} = -\frac{1}{\sqrt{5}} e^{j116.5°} = -\Gamma_L$$

再利用反射系数和阻抗的关系得

$$Z_{in} = Z_0 \frac{1+\Gamma_{in}}{1-\Gamma_{in}} = Z_0 \frac{1-\Gamma_L}{1+\Gamma_L} = \frac{Z_0^2}{Z_L} = 50 - j50 \ \Omega$$

例 1.3 无耗传输线特性阻抗为 50 Ω，距离负载 λ/2 处的电压为 4+j2 V，电流为 0.1 A，求负载阻抗。

解：根据距离负载 $\frac{\lambda}{2}$ 处的电压和电流，可以计算出此处的阻抗 Z_{in} 为

$$Z_{in} = \frac{4+j2}{0.1} = 40 + j20 \ \Omega$$

根据输入阻抗和负载阻抗的关系有

$$Z_{in} = Z_0 \frac{Z_L + jZ_0 \tan(\beta l)}{Z_0 + jZ_L \tan(\beta l)}$$

可以得到

$$Z_L = Z_0 \frac{Z_{in} - jZ_0 \tan(\beta l)}{Z_0 - jZ_{in} \tan(\beta l)}$$

代入具体的数值得

$$Z_L = 50 \frac{40 + j20 - j50 \tan\pi}{50 - j(40 + j20) \tan\pi} = 40 + j20 \ \Omega$$

由于传输线上负载存在 λ/2 的周期性，因此可得本题中 $Z_{in} = Z_L$。

例 1.4 无耗传输线特性阻抗为 50 Ω，负载为 75 Ω。距离负载 l 处的导纳为 $Y_{in} = 0.02 + jB(S)$，求长度 l。

解：利用 Smith 圆图求解这个问题较为方便。题中给出的是导纳值 Y_{in}，所以使用导纳圆图比较方便。我们可以得到负载的归一化导纳为

$$\overline{Y}_L = \frac{Y_L}{Y_0} = \frac{50}{75} = 0.667$$

距离负载 l 处的归一化导纳为

$$\overline{Y}_{in} = \frac{Y_{in}}{Y_0} = (0.02 + jB) \times 50 = 1 + j50B$$

Smith 圆图如图 1.21 所示，在导纳圆图上标出负载的位置，即 A 点。从 A 点出发沿着等圆 $|\Gamma|$ 顺时针旋转到和匹配圆（归一化电导为 1 的圆），相交于两点 B 和 C。对于 B 点，可以读出它的归一化导纳值为

$$\overline{Y}_B = 1 + j0.7$$

对应的电标度为 0.11。所以可知，此时距离负载的距离为

$$l = 0.11\lambda$$

对于 C 点，可以读出它的归一化导纳值为

$$\overline{Y}_C = 1 - j0.7$$

对应的电标度为 0.36。所以可知，此时距离负载的距离为

$$l = 0.36\lambda$$

由上述分析可知,满足题目条件的解有两个。

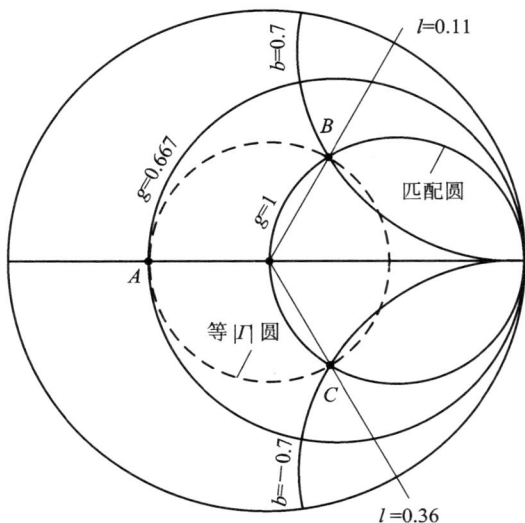

图 1.21　例 1.4 解答示意图

值得注意的是,本题中的归一化输入导纳 $\overline{Y}_{in}$ 是在匹配圆上的,这是常用的单枝节匹配技术的基础。

例 1.5　某传输线电路如图 1.22 所示,$Z_L = 2Z_0$,$X_1 = X_2 = Z_0$,电源电动势 $E_g = 5$ V。计算负载所获得的功率以及两段传输线上的驻波比。

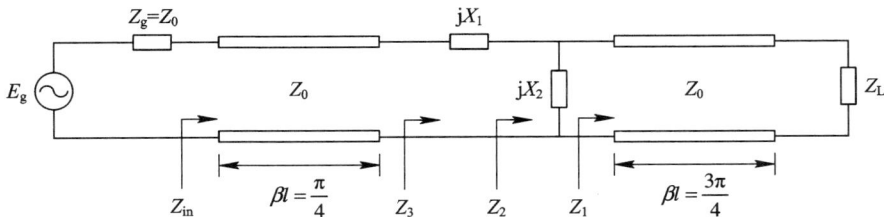

图 1.22　例 1.5 题图

解:分别计算出阻抗 Z_1、Z_2 和 Z_3,最终可以得到输入阻抗 Z_{in}。

首先得到

$$Z_1 = Z_0 \frac{2Z_0 + jZ_0 \tan(3\pi/4)}{Z_0 + j2Z_0 \tan(3\pi/4)} = \frac{4+j3}{5}Z_0$$

导纳为

$$Y_1 = \frac{5}{4+j3}Y_0 = \frac{4-j3}{5}Y_0$$

和 jX_2 并联之后的导纳为

$$Y_2 = \frac{4-j3}{5}Y_0 - jY_0 = \frac{4-j8}{5}Y_0$$

阻抗为

$$Z_2 = \frac{5}{4-j8}Z_0 = \frac{1+j2}{4}Z_0$$

和 jX_1 串联之后的阻抗为

$$Z_3 = \frac{1+j2}{4}Z_0 + jZ_0 = \frac{1+j6}{4}Z_0$$

再经过 $\frac{\pi}{4}$ 的电长度后，输入阻抗 Z_{in} 为

$$Z_{in} = \frac{Z_0^2}{Z_3} = \frac{Z_0^2}{\frac{1+j6}{4}Z_0} = \frac{4-j24}{37}Z_0$$

负载获得的功率为

$$P_L = \frac{1}{2}\left|\frac{E_g}{Z_{in}+Z_g}\right|^2 \mathrm{Re}(Z_{in}) = \frac{0.82}{Z_0}$$

后一段传输线的负载为 $Z_L = 2Z_0$，因此负载反射系数为

$$\Gamma_L = \frac{Z_L - Z_0}{Z_L + Z_0} = \frac{1}{3}$$

驻波比为

$$\rho = \frac{1+|\Gamma_L|}{1-|\Gamma_L|} = 2$$

前一段传输线的负载为 $Z_3 = \frac{1+j6}{4}Z_0$，因此反射系数为

$$\Gamma = \frac{Z_3 - Z_0}{Z_3 + Z_0} = 0.86e^{-j113.6°}$$

驻波比为

$$\rho = \frac{1+|\Gamma|}{1-|\Gamma|} = 13.29$$

例 1.6 某传输线电路如图 1.23 所示，其中，参数为 $Z_0 = 50\ \Omega$，$Z_g = 50\ \Omega$，$\beta l = \frac{\pi}{4}$，$Z_L = 40\ \Omega$，求负载反射系数、输入阻抗、驻波比、负载获得功率与输入功率的比值。

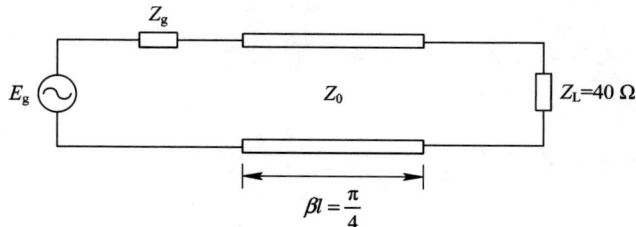

图 1.23　例 1.6 题图

解： 负载反射系数为

$$\Gamma_L = \frac{Z_L - Z_0}{Z_L + Z_0} = \frac{40-50}{40+50} = -\frac{1}{9}$$

输入反射系数为

$$\Gamma_{in} = \Gamma_L e^{-j2\beta l} = -\frac{1}{9} e^{-j\frac{\pi}{2}} = j\frac{1}{9}$$

输入阻抗为

$$Z_{in} = Z_0 \frac{1+\Gamma_{in}}{1-\Gamma_{in}} = 50 \frac{1+j\frac{1}{9}}{1-j\frac{1}{9}} = 50 e^{j12.68°} \ \Omega$$

驻波比为

$$\rho = \frac{1+|\Gamma|}{1-|\Gamma|} = \frac{1+\frac{1}{9}}{1-\frac{1}{9}} = 1.25$$

负载所获得的功率

$$P_L = P_0 (1-|\Gamma|^2) = \frac{80}{81} P_0 = 0.988 P_0$$

例 1.7　某传输线电路如图 1.24 所示，参数为 $l_1 = \frac{\lambda}{8}$，$l_2 = \frac{\lambda}{8}$，$Z_0 = 50 \ \Omega$，$Z_g = 50 \ \Omega$，$Z_L = 25+j25 \ \Omega$，$jX = j25 \ \Omega$。分别计算两段传输线的驻波比和输入阻抗。

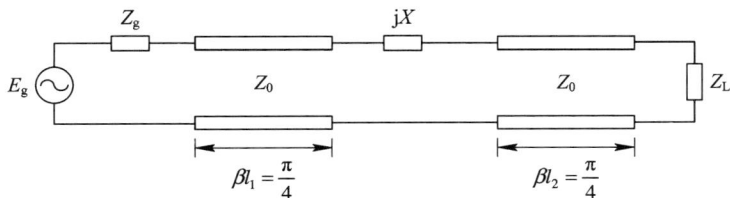

图 1.24　例 1.7 题图

解：负载的反射系数为

$$\Gamma_L = \frac{Z_L - Z_0}{Z_L + Z_0} = \frac{25+j25-50}{25+j25+50} = \frac{1}{\sqrt{5}} e^{j116.5°}$$

所以，l_2 段传输线的驻波比为

$$\rho = \frac{1+|\Gamma_L|}{1-|\Gamma_L|} = \frac{1+\frac{1}{\sqrt{5}}}{1-\frac{1}{\sqrt{5}}} = 2.62$$

l_2 段传输线的输入阻抗为

$$Z_{in2} = Z_0 \frac{1+\Gamma_{in2}}{1-\Gamma_{in2}} = 50 \frac{1+\Gamma_L e^{-j2\beta l_2}}{1-\Gamma_L e^{-j2\beta l_2}} = 50 \frac{1+\frac{1}{\sqrt{5}} e^{j26.5°}}{1-\frac{1}{\sqrt{5}} e^{j26.5°}} = 100+j50 \ \Omega$$

l_1 段传输线的等效负载为

$$Z_{L1} = Z_{in2} + jX = 100+j50+j25 = 100+j75 \ \Omega$$

等效负载处的反射系数为

$$\Gamma_{L1} = \frac{Z_{L1} - Z_0}{Z_{L1} + Z_0} = \frac{100 + j75 - 50}{100 + j75 + 50} = 0.54 e^{j29.6°}$$

l_1 段传输线的驻波比为

$$\rho = \frac{1 + |\Gamma_{L1}|}{1 - |\Gamma_{L1}|} = \frac{1 + 0.54}{1 - 0.54} = 3.35$$

l_1 段传输线的输入阻抗为

$$Z_{in} = 50 \frac{1 + \Gamma_{L1} e^{-j2\beta l_1}}{1 - \Gamma_{L1} e^{-j2\beta l_1}} = 46.8 - j61.7 \ \Omega$$

例 1.8　某传输线电路如图 1.25 所示，电源的内阻为 $Z_g = 60 \ \Omega$。求传输线的特性阻抗 Z_0，使负载和电源匹配。计算此时传输线上的驻波比，并分析负载是否和传输线匹配。

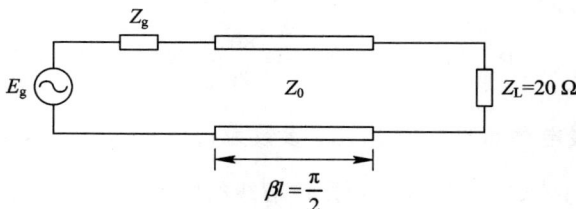

图 1.25　例 1.8 题图

解：输入阻抗为

$$Z_{in} = Z_0 \frac{Z_L + jZ_0 \tan\left(\frac{\pi}{2}\right)}{Z_0 + jZ_L \tan\left(\frac{\pi}{2}\right)} = \frac{Z_0^2}{Z_L}$$

根据题意，要求 $Z_{in} = Z_g$，即

$$\frac{Z_0^2}{Z_L} = Z_g$$

$$Z_0 = \sqrt{Z_g Z_L} = \sqrt{60 \times 20} = 34.6 \ \Omega$$

负载反射系数为

$$\Gamma_L = \frac{Z_L - Z_0}{Z_L + Z_0} = \frac{20 - 34.6}{20 + 34.6} = -0.27$$

所以传输线上的驻波比为

$$\rho = \frac{1 + |\Gamma_L|}{1 - |\Gamma_L|} = \frac{1 + 0.27}{1 - 0.27} = 1.74$$

显然，负载和传输线不匹配。

例 1.9　某传输线电路如图 1.26 所示，计算每一段传输线的驻波比以及 R_1 和 R_2 获得的功率比值。电路的参数为 $\theta_1 = \pi$，$\theta_2 = \frac{\pi}{2}$，$R_1 = 25 \ \Omega$，$R_2 = 75 \ \Omega$，$Z_0 = 50 \ \Omega$，$Z_g = 50 \ \Omega$。

解：θ_2 段传输线的负载反射系数为

$$\Gamma_{L2} = \frac{R_2 - Z_0}{R_2 + Z_0} = \frac{75 - 50}{75 + 50} = 0.20$$

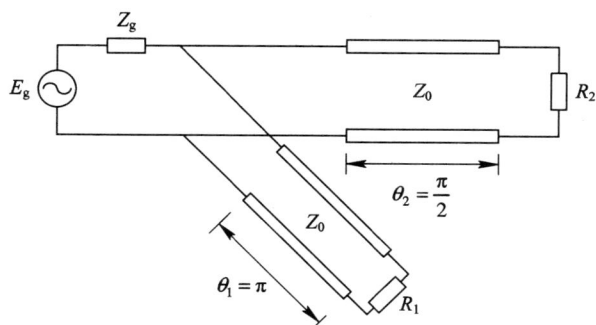

图 1.26　例 1.9 题图

所以该段传输线的驻波比为

$$\rho_2 = \frac{1+|\Gamma_{L2}|}{1-|\Gamma_{L2}|} = \frac{1+0.2}{1-0.2} = 1.50$$

该段的输入阻抗为

$$Z_{in2} = 50\,\frac{1+\Gamma_{L2}\,\mathrm{e}^{-\mathrm{j}2\theta_2}}{1-\Gamma_{L2}\,\mathrm{e}^{-\mathrm{j}2\theta_2}} = 50\,\frac{1+0.2\,\mathrm{e}^{-\mathrm{j}\pi}}{1-0.2\,\mathrm{e}^{-\mathrm{j}\pi}} = 33.3\ \Omega$$

θ_1 段传输线的负载反射系数为

$$\Gamma_{L1} = \frac{R_1-Z_0}{R_1+Z_0} = \frac{25-50}{25+50} = -0.33$$

该段传输线的驻波比为

$$\rho_1 = \frac{1+|\Gamma_{L1}|}{1-|\Gamma_{L1}|} = \frac{1+0.33}{1-0.33} = 1.99$$

该段的输入阻抗为

$$Z_{in1} = 50\,\frac{1+\Gamma_{L1}\,\mathrm{e}^{-\mathrm{j}2\theta_1}}{1-\Gamma_{L1}\,\mathrm{e}^{-\mathrm{j}2\theta_1}} = 50\,\frac{1-0.33\,\mathrm{e}^{-\mathrm{j}2\pi}}{1+0.33\,\mathrm{e}^{-\mathrm{j}2\pi}} = 25\ \Omega$$

由于输入阻抗 Z_{in1} 和 Z_{in2} 是并联关系,因此 R_1 和 R_2 获得的功率比为

$$\frac{P_2}{P_1} = \frac{25}{33.3} = 0.75$$

例 1.10　某传输线电路如图 1.27 所示,电路参数为 $l = \dfrac{\lambda}{8}$, $R_g = 75\ \Omega$, $Z_0 = 50\ \Omega$, $R_L = 20\ \Omega$。求负载开路时的开路电压 U_{oc} 以及戴维宁等效阻抗。利用戴维宁等效定理计算负载功率。

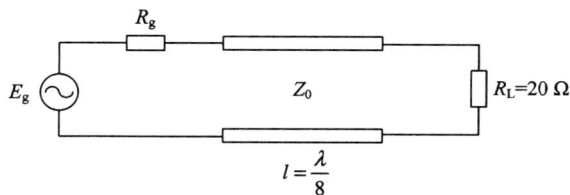

图 1.27　例 1.10 题图

解： 当负载开路时，输入阻抗为

$$Z_{in} = -jZ_0 \cot \beta l = -j50 \cot \frac{\pi}{4} = -j50 \ \Omega$$

电源在 Z_{in} 上的分压为

$$U_{in} = \frac{E_g Z_{in}}{Z_{in} + R_g} = \frac{E_g(-j50)}{75 - j50} = \frac{E_g(-j2)}{3 - j2}$$

由于此时负载开路，传输线上的电压可以表示为

$$U(z') = U_0 e^{-j\beta z'} + U_0 e^{j\beta z'}$$

$z' = 0$ 对应负载所在的位置，$z' = l$ 对应输入阻抗的位置，所以

$$U(l) = U_{in} = U_0 e^{-j\beta l} + U_0 e^{j\beta l} = \frac{E_g(-j2)}{3 - j2}$$

可以得到

$$U_0 = \frac{\sqrt{2}}{13}(2 - j3)E_g$$

所以开路电压为

$$U_{oc} = U(0) = 2U_0 = \frac{2\sqrt{2}}{13}(2 - j3)E_g$$

戴维宁等效阻抗为

$$Z_g' = Z_0 \frac{R_g + jZ_0 \tan\left(\frac{\pi}{4}\right)}{Z_0 + jR_g \tan\left(\frac{\pi}{4}\right)} = 50 \frac{75 + j50 \tan\left(\frac{\pi}{4}\right)}{50 + j75 \tan\left(\frac{\pi}{4}\right)} = 46.2 - j19.2 \ \Omega$$

根据戴维宁等效定理，负载上的电压为

$$U_L = \frac{U_{oc} R_L}{Z_g' + R_L}$$

则

$$|U_L| = \frac{|U_{oc} R_L|}{|Z_g' + R_L|} = 0.228 E_g$$

负载获得的功率为

$$P_L = \frac{|U_L|^2}{R_L} = 0.0026 E_g^2$$

例 1.11 某传输线电路如图 1.28 所示，求输入阻抗 Z_{in}。

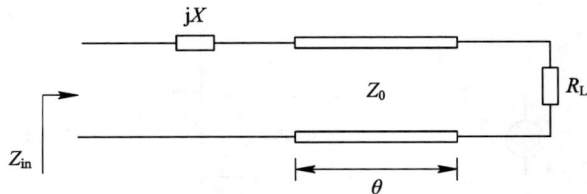

图 1.28   例 1.11 题图

解： 输入阻抗 Z_{in} 为

$$Z_{in}=jX+Z_0\frac{R_L+jZ_0\tan\theta}{Z_0+jR_L\tan\theta}$$

例 1.12　某传输线电路如图 1.29 所示,传输线的特性阻抗 Z_0 为 50 Ω。利用 Smith 圆图求出使 t_1 处输入阻抗实部等于 50 Ω 的传输线长度 d 以及使 t_2 处输入阻抗等于 50 Ω 的 jX。

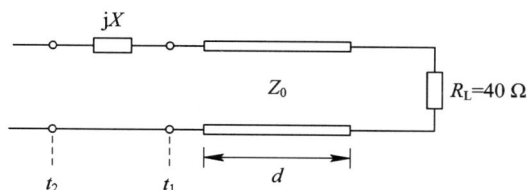

图 1.29　例 1.12 图

解：负载的归一化阻抗为

$$\overline{Z}_L=\frac{R_L}{Z_0}=0.8$$

Smith 圆图如图 1.30 所示,可以在阻抗圆图上标出 $\overline{Z}_L$ 的位置为点 A。以 OA 为半径可以画出等 $|\Gamma|$ 圆。

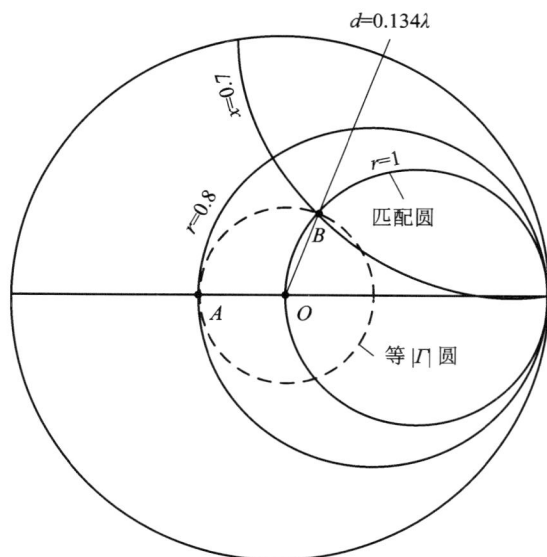

图 1.30　例 1.12 求解示意图

从 A 点出发沿着等 $|\Gamma|$ 圆顺时针旋转到匹配圆(此处的匹配圆是归一化电阻为 1 的圆)上的点 B,可以读出 B 点的归一化阻抗为

$$\overline{Z}_B=1+j$$

同时,可以读出 B 点对应的电刻度为 0.134。可以得到使 t_1 处输入阻抗实部等于 50 Ω 的传输线长度 d 为

$$d=0.134\lambda$$

如果要使 t_2 处输入阻抗等于 50 Ω,则有

$$j\overline{X}=1-\overline{Z}_B=-j$$

反归一化之后可以得到

$$jX=j\overline{X}Z_0=-j50\ \Omega$$

例 1.13 无耗传输线负载的归一化阻抗为 $\overline{Z}_L$，传输线上的驻波比为 2，电压波节点距离负载为 $\frac{1}{4}\lambda$。求 $\overline{Z}_L$，利用 Smith 圆图对该负载进行单枝节匹配。

解： 根据传输线上的驻波比为 2，可以得到电压波节点处的归一化阻抗为

$$\overline{Z}_{\min}=\frac{1}{\rho}=0.5$$

又可知，电压波节点距离负载 $\frac{1}{4}\lambda$ 的位置，根据 $\frac{1}{4}\lambda$ 阻抗变换器的结论，负载阻抗和电压波节点阻抗的关系为

$$\overline{Z}_{\min}\overline{Z}_L=1$$

负载的归一化阻抗为

$$\overline{Z}_L=2$$

下面利用 Smith 圆图对该负载进行单枝节匹配。由于该电路是并联短路枝节匹配，所以用导纳圆图最为合适，如图 1.31 所示，在导纳圆图上找到负载的位置，即 A 点。从 A 点开始沿着等 $|\Gamma|$ 圆顺时针旋转到与匹配圆相交的 B 点。B 点的导纳为

$$\overline{Y}_B=1+j0.71$$

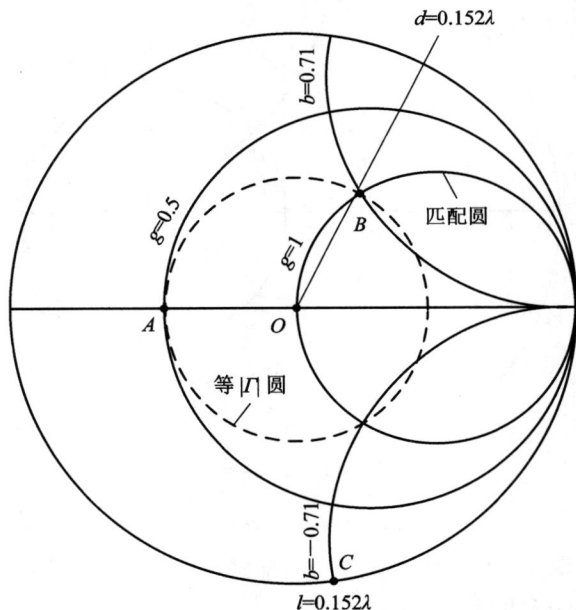

图 1.31 例 1.13 求解示意图

由于 B 点在匹配圆上，所以对应的归一化电导值为 1。根据 Smith 圆图的电刻度可以得到上述过程在传输线上移动的距离为

$$d=0.152\lambda$$

下面需要得到短路枝节的长度。短路枝节的作用是抵消掉 $\overline{Y}_B$ 中的虚部，所以我们可以确定短路枝节的归一化导纳应该为

$$\overline{Y}_S = -j0.71$$

我们从导纳圆图的短路点（实轴的最右侧点）出发顺时针沿着等反射系数圆旋转到 C 点，C 点的归一化导纳值是

$$\overline{Y}_S = -j0.71$$

根据 Smith 圆图的电刻度可以得到上述过程在传输线上移动的距离，即短路枝节的长度为

$$l = 0.152\lambda$$

这样，单枝节匹配就完成了。当然还有另外的一组解，读者可以自行获得。

例 1.14　无耗传输线负载的归一化阻抗为 $\overline{Z}_L = 2$。

（1）负载处是电压的波腹点还是波节点？

（2）在工作频率为 f_1，即工作波长为 λ_1 时对负载进行单枝节匹配。

（3）当保持枝节的参数和负载不变，工作波长变为 $\lambda_2 = 1.1\lambda_1$ 时，计算枝节导纳和传输线上的驻波比。

（4）如果工作波长为 λ_1 时，枝节由原来所在的位置向电源方向移动 $\dfrac{\lambda_1}{2}$。当工作波长变成 $\lambda_2 = 1.1\lambda_1$ 时，计算传输线上的驻波比。

解：（1）负载处为电压的波腹点，原因是此时负载的归一化阻抗大于 1。

（2）由于是并联短路枝节问题，因此应该使用导纳圆图。工作波长为 λ_1 时的 Smith 圆图如图 1.32 所示，图中，A 点为负载的位置，沿等 $|\Gamma|$ 圆顺时针方向旋转到匹配圆上的 B 点，可以读出其归一化导纳值为

$$\overline{Y}_B = 1 + j0.71$$

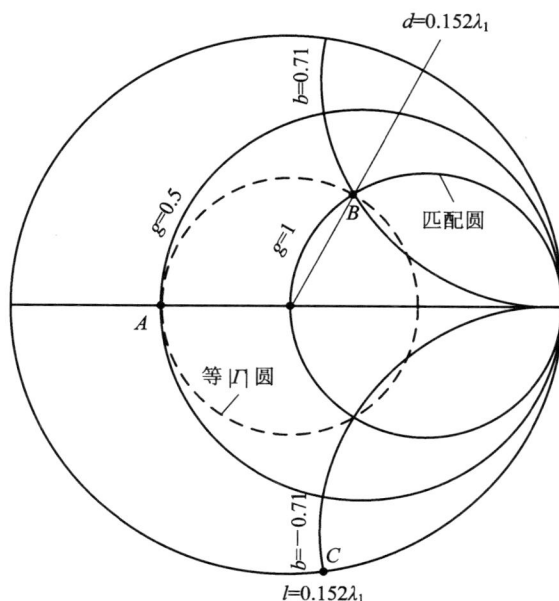

图 1.32　例 1.14 求解示意图 1

相应得到单枝节匹配时的长度 $d=0.152\lambda_1$。

接着通过并联短路枝节来抵消 $\overline{Y}_B$ 中的虚部，即电纳。从圆图中的短路点出发沿着等圆顺时针旋转到 C 点，对应的导纳值为

$$\overline{Y}_C=-j0.71$$

相应的短路枝节长度为

$$l=0.152\lambda_1$$

（3）保持枝节的参数和负载不变，工作波长变为 $\lambda_2=1.1\lambda_1$ 时，单枝节匹配中的长度可以分别写成

$$l=0.152\lambda_1=0.138\lambda_2$$
$$d=0.152\lambda_1=0.138\lambda_2$$

工作波长为 $\lambda_2=1.1\lambda_1$ 时的导纳圆图如图 1.33 所示，利用导纳圆图可以读出此时短路枝节的导纳为

$$\overline{Y}_s=-j0.85$$

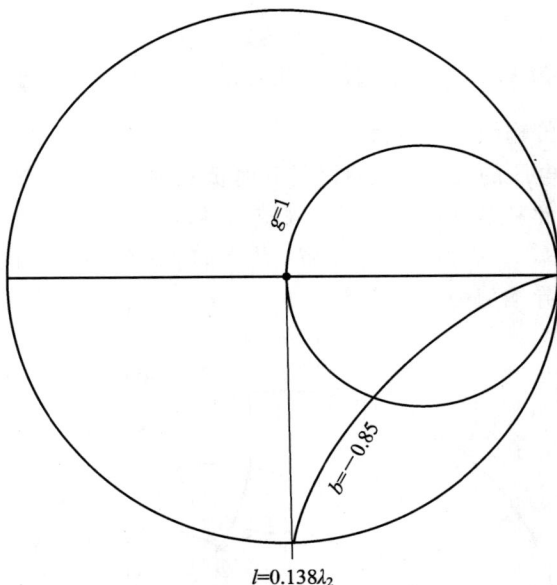

图 1.33　例 1.14 求解示意图 2

导纳圆图如图 1.34 所示，图中 A 点为负载的位置，从 A 点出发沿等 $|\Gamma|$ 圆顺时针旋转 $0.138\lambda_2$ 电长度到 B 点，B 点对应的归一化导纳为

$$\overline{Y}_B=0.887+j0.656$$

接着在等电导圆上旋转到 C 点，该点的导纳为

$$\overline{Y}_C=\overline{Y}_B+\overline{Y}_s=0.887-j0.194$$

C 点就是传输线的输入导纳的位置。从 C 点出发，沿着等 $|\Gamma|$ 圆旋转和实轴的负半轴相交于点 D，读出该处的归一化电导值就是传输线上的驻波比，为

$$\rho=1.27$$

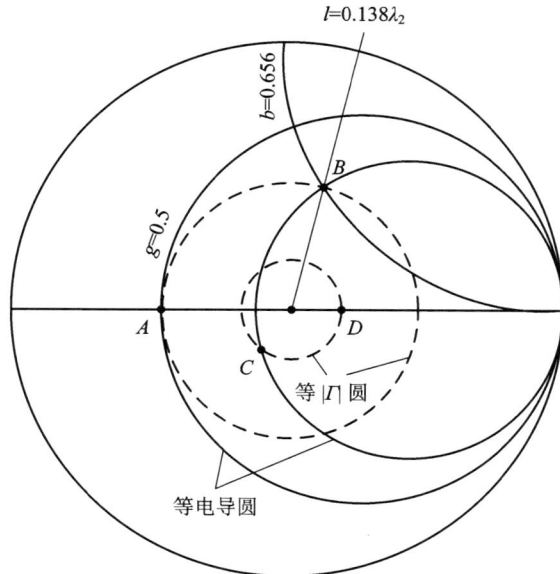

图 1.34　例 1.14 求解示意图 3

（4）当工作波长为 λ_1 时，枝节由原来的位置向电源方向移动 $\dfrac{\lambda_1}{2}$，则枝节距离负载的位置为

$$d = 0.152\lambda_1 + 0.5\lambda_1 = 0.652\lambda_1$$

当工作波长变成 $\lambda_2 = 1.1\lambda_1$ 时，该长度可以写成

$$d = 0.652\lambda_1 = 0.593\lambda_2$$

再次利用导纳圆图，和（3）解答中的过程类似，得出传输线的驻波比。

导纳圆图如图 1.35 所示，圆图中，A 点为负载的位置，从 A 点出发沿等 $|\Gamma|$ 圆顺时针

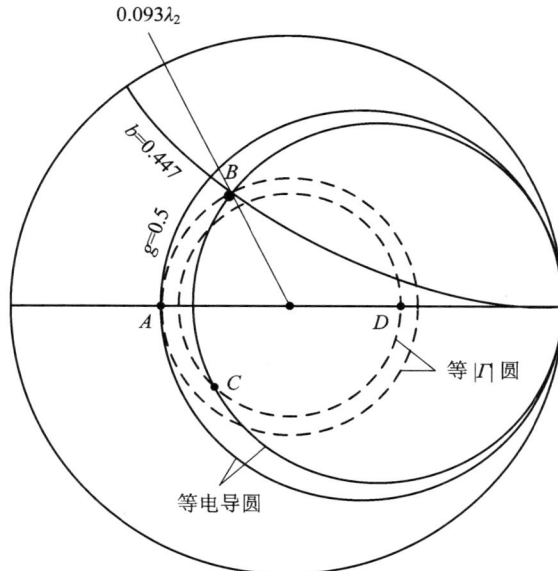

图 1.35　例 1.14 求解示意图 4

旋转电长度为 $0.593\lambda_2$ 到 B 点，B 点对应的归一化导纳为

$$\overline{Y}_B = 0.65 + j0.45$$

接着在等电导圆上旋转到 C 点，该点的导纳为

$$\overline{Y}_C = \overline{Y}_B + \overline{Y}_s = 0.65 - j0.40$$

C 点就是传输线的输入导纳的位置。从 C 点出发，沿着等 $|\Gamma|$ 圆旋转和实轴的负半轴相交于点 D，读出该处的归一化电导值就是传输线上的驻波比，为

$$\rho = 1.93$$

本例题表明：当枝节远离负载时，匹配对频率更为敏感。

例 1.15 在频率 $f_0 = 1\ \text{GHz}$ 时，用 $\lambda/4$ 传输线将阻抗为 $100\ \Omega$ 的负载与 $50\ \Omega$ 的传输线进行匹配，求 $\lambda/4$ 传输线的特性阻抗。满足反射系数小于 0.1 的频带宽度是多少？

解： 根据 $\lambda/4$ 传输线匹配的性质可知，此段传输线的特性阻抗为

$$Z_0 = \sqrt{100 \times 50} = 70.7\ \Omega$$

$\lambda/4$ 传输线匹配的频率带宽计算公式为

$$\Delta f = f_0\left(2 - \frac{4}{\pi}\cos^{-1}\left|\frac{2|\Gamma_{\max}|\sqrt{R_L Z_1}}{(R_L - Z_1)\sqrt{1 - |\Gamma_{\max}|^2}}\right|\right)$$

其中，$R_L = 100\ \Omega$，$Z_1 = 50\ \Omega$，$|\Gamma_{\max}| = 0.10$。

1.4　习　题　详　解

本书中，习题解答部分的编号由两部分组成，第一部分为"习×.×"，第二部分"×-×-×"为该题在《简明微波》一书中的编号，供读者参考。

习 1.1(1-1-4) 双导线直径 d 为 $2\ \text{mm}$，间距 D 为 $120\ \text{mm}$，媒质为空气，求特性阻抗 Z_0 及传输常数 β（提示：双导线 $L = \dfrac{\mu_0}{\pi}\ln\left(\dfrac{D + \sqrt{D^2 - d^2}}{d}\right)$，$C = \dfrac{\pi\varepsilon_0}{\ln\left(\dfrac{D + \sqrt{D^2 - d^2}}{d}\right)}$）。

解： 根据提示可以分别计算出双导线的电感 L 和电容 C，所以可得双导线的特性阻抗为

$$Z_0 = \sqrt{\frac{L}{C}} = \frac{1}{\pi}\sqrt{\frac{\mu_0}{\varepsilon_0}}\ln\left(\frac{D + \sqrt{D^2 - d^2}}{d}\right) = 574.5\ \Omega$$

相位常数为

$$\beta = \omega\sqrt{LC} = \frac{\omega}{3} \times 10^{-8}\ \text{rad/m}$$

习 1.2(1-1-5) 同轴线外径 b 为 $23\ \text{mm}$，内径 a 为 $10\ \text{mm}$，内部填充 $\varepsilon_r = 2.50$，求特性阻抗 Z_0 及相位常数 β（提示：同轴线 $L = \dfrac{\mu_0}{2\pi}\ln\left(\dfrac{b}{a}\right)$，$C = \dfrac{2\pi\varepsilon_0\varepsilon_r}{\ln\left(\dfrac{b}{a}\right)}$）。

解： 根据提示可以分别计算出同轴线的电感 L 和电容 C，所以可得同轴线的特性阻抗为

$$Z_0 = \sqrt{\frac{L}{C}} = \frac{60}{\sqrt{\varepsilon_r}} \ln\left(\frac{b}{a}\right) = 31.6 \ \Omega$$

相位常数为

$$\beta = \omega\sqrt{LC} = 0.53\omega \times 10^{-8} \ \text{rad/m}$$

习 1.3(1-2-1) 在如图 1.36 所示的传输线电路中，工作波长 $\lambda = 10 \ \text{cm}$，$\beta = \dfrac{2\pi}{\lambda}$，微波传输线特性阻抗 $Z_0 = 50 \ \Omega$。在负载端接 $Z_L = 100 \ \Omega$，求 $z' = 2.5 \ \text{cm}$ 和 $z' = 5.0 \ \text{cm}$ 处的阻抗 $Z(z')$，求负载反射系数 Γ_L。

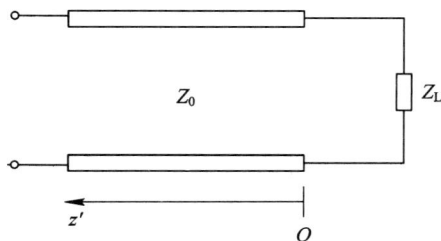

图 1.36　习 1.3 题图

解： 本习题考察输入阻抗公式

$$Z(z') = Z_0 \frac{Z_L + jZ_0\tan\beta z'}{Z_0 + jZ_L\tan\beta z'}$$

当 $z' = 2.5 \ \text{cm}$ 时，有

$$\beta z' = \frac{\pi}{2}$$

$$Z(z') = Z_0 \frac{\dfrac{Z_L}{\tan\beta z'} + jZ_0}{\dfrac{Z_0}{\tan\beta z'} + jZ_L} = \frac{Z_0^2}{Z_L} = 25 \ \Omega$$

当 $z' = 5.0 \ \text{cm}$ 时，有

$$\beta z' = \pi$$

$$Z(z') = Z_L = 100 \ \Omega$$

负载的反射系数为

$$\Gamma_L = \frac{Z_L - Z_0}{Z_L + Z_0} = \frac{100 - 50}{100 + 50} = \frac{1}{3}$$

习 1.4(1-2-2) 在如图 1.37 所示的传输线电路中，工作波长 $\lambda = 10 \ \text{cm}$，$\beta = \dfrac{2\pi}{\lambda}$，微波传输线特性阻抗 $Z_0 = 50 \ \Omega$。负载短路 $Z_L = 0$，求 Γ_L，并画出 $Z(z') \sim z'$ 的函数图和 $Z(z') = j50 \ \Omega$ 的对应 z'。

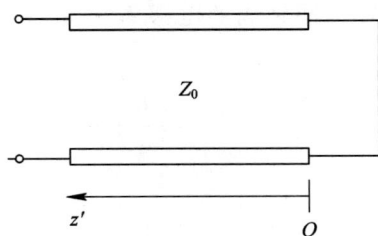

图 1.37　习 1.4 题图

解：因为负载为短路负载，所以负载反射系数为

$$\Gamma_L = -1$$

输入阻抗为

$$Z(z') = jZ_0\tan\beta z' = jX(z')$$

据此，画出 $X(z')-z'$ 的函数如图 1.38 所示。

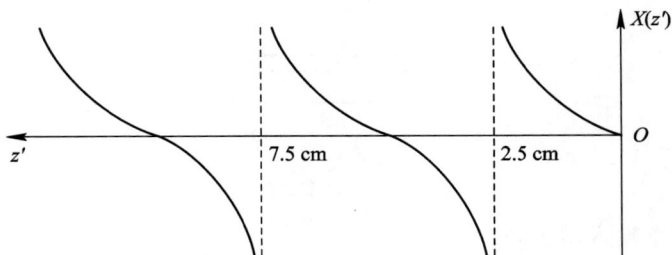

图 1.38　习 1.4 求解示意图

当 $Z(z') = j50\ \Omega$ 时，代入输入阻抗公式，可以得到

$$\tan\beta z' = 1$$

因此可以得到

$$\beta z' = n\pi + \frac{\pi}{4},\ n = 0,1,2,\cdots$$

最后可以得到

$$z' = \left(n\pi + \frac{\pi}{4}\right)\frac{\lambda}{2\pi} = \left(\frac{n}{2} + \frac{1}{8}\right)\lambda,\ n = 0,1,2,\cdots$$

习 1.5(1-2-3)　在如图 1.39 所示的传输线电路中，工作波长 $\lambda = 10\ \text{cm}$，$\beta = \dfrac{2\pi}{\lambda}$，微波传输线特性阻抗 $Z_0 = 50\ \Omega$，传输线长度 $l = 12\ \text{cm}$，电源的电动势 $E_g = 10\ \text{V}$，$Z_g = 100\ \Omega$，负载 $Z_L = 100\ \Omega$。试求 $U(z)$ 和 $I(z)$。

解：首先计算出源反射系数 Γ_g 和负载反射系数 Γ_L：

$$\Gamma_g = \frac{Z_g - Z_0}{Z_g + Z_0} = \frac{100-50}{100+50} = \frac{1}{3}$$

$$\Gamma_L = \frac{Z_L - Z_0}{Z_L + Z_0} = \frac{100-50}{100+50} = \frac{1}{3}$$

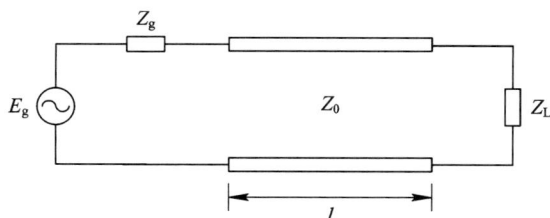

图 1.39 习 1.5 题图

根据传输线的长度可知

$$\beta l = \frac{2\pi}{10} \times 12 = \frac{12}{5}\pi$$

则有

$$U_0^+ = \frac{E_g Z_0}{(Z_0 + Z_g)(1 - \Gamma_g \Gamma_L e^{-j2\beta l})} = \frac{500}{(50+100)\left(1 - \frac{1}{9}e^{-j\frac{24}{5}\pi}\right)} = \frac{30}{9 - e^{-j\frac{4}{5}\pi}}$$

$$U_0^- = \Gamma_L e^{-j2\beta l} U_0^+ = \frac{10 e^{-j\frac{4}{5}\pi}}{9 - e^{-j\frac{4}{5}\pi}}$$

则电压和电流分别为

$$U(z) = U_0^+ e^{-j\beta z} + U_0^- e^{j\beta z} = \frac{30 e^{-j\frac{2}{5}\pi z} + 10 e^{-j\frac{4}{5}\pi} e^{j\frac{2}{5}\pi z}}{9 - e^{-j\frac{4}{5}\pi}} \text{ V}$$

$$I(z) = \frac{U_0^+}{Z_0} e^{-j\beta z} - \frac{U_0^-}{Z_0} e^{j\beta z} = \frac{3 e^{-j\frac{2}{5}\pi z} - e^{-j\frac{4}{5}\pi} e^{j\frac{2}{5}\pi z}}{5(9 - e^{-j\frac{4}{5}\pi})} \text{ V}$$

习 1.6(1-3-1) 求如图 1.40 所示系统的输入反射系数 Γ 和沿线电压 $U(z')$ 分布。

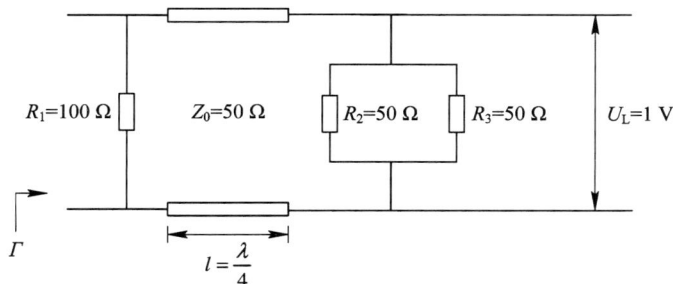

图 1.40 习 1.6 题图

解：负载阻抗为

$$Z_L = R_2 /\!/ R_3 = 25 \ \Omega$$

其中，"$/\!/$"表示阻抗并联。

经过四分之一波长传输线段，阻抗变换为

$$Z_1 = \frac{Z_0^2}{Z_L} = \frac{2500}{25} = 100 \ \Omega$$

则输入阻抗为

$$Z_{in} = Z_1 /\!/ R_1 = 50 \ \Omega$$

所以输入阻抗是匹配的，这样可以得到输入反射系数为

$$\Gamma = 0$$

由题意可知负载上的电压为

$$U_L = 1 \ V$$

根据负载条件可以得到沿线的电压和电流为

$$\begin{bmatrix} U(z') \\ I(z') \end{bmatrix} = \begin{bmatrix} \cos\beta z' & jZ_0\sin\beta z' \\ j\frac{1}{Z_0}\sin\beta z' & \cos\beta z' \end{bmatrix} \begin{bmatrix} U_L \\ I_L \end{bmatrix}$$

沿线电压为

$$U(z') = U_L\cos\beta z' + jI_L Z_0\sin\beta z'$$
$$= U_L\cos\beta z' + j\frac{U_L}{Z_L}Z_0\sin\beta z'$$
$$= \cos\beta z' + j2\sin\beta z'$$

习 1.7(1-3-2)　要使如图 1.41 所示系统的输入反射系数 $\Gamma = 0$，传输线的特性阻抗均为 50 Ω，试求传输线长度 l 和短路枝节长度 l_s。

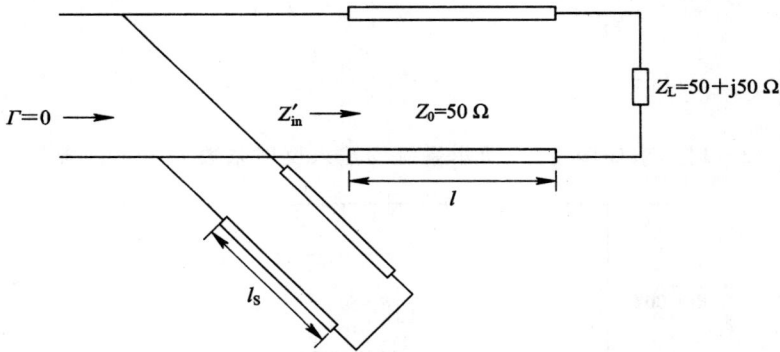

图 1.41　习 1.7 题图

解： 归一化输入阻抗为

$$\overline{Z}'_{in} = \frac{(1+j) + j\tan\beta l}{1 + j(1+j)\tan\beta l}$$

转化为导纳形式为

$$\overline{Y}'_{in} = \frac{1}{\overline{Z}'_{in}} = g_{in} + jb_{in}$$

其中，

$$g_{in} = \frac{1 + \tan^2 \beta l}{1 + (1 + \tan \beta l)^2}$$

$$b_{in} = \frac{\tan \beta l - (1 - \tan^2 \beta l)}{1 + (1 + \tan \beta l)^2}$$

若要实现匹配，必须使归一化电导 $g_{in} = 1$，即

$$g_{in} = \frac{1 + \tan^2 \beta l}{1 + (1 + \tan \beta l)^2} = 1$$

由此可以解出

$$\tan \beta l = -\frac{1}{2} \quad \text{或} \quad \tan \beta l = \infty$$

注意：$\tan \beta l = \infty$ 这组解容易被忽略掉。

进一步可以得到长度 l 为

$$l_1 = 0.426\lambda$$

$$l_2 = 0.250\lambda$$

以上两个解分别对应 $\tan \beta l = -\frac{1}{2}$ 和 $\tan \beta l = \infty$ 的解，选择使传输线最短的解，即

$$l = 0.250\lambda$$

此时对应的归一化导纳为

$$\overline{Y}'_{in} = 1 + j$$

为了实现匹配，短路枝节的导纳为

$$\overline{Y}_S = -j\cot \beta l_S = -j$$

由此可以得到

$$l_S = \frac{1}{8}\lambda$$

上面的解加上周期 $\frac{1}{2}\lambda$ 后仍然是成立的，这是因为传输线上的阻抗是呈现周期性的。

这里的解只是取了使传输线最短的解。另外，习 1.7 是一个单枝节匹配问题，所以也可以采用 Smith 圆图的方法进行求解。需要说明的是，本题采用公式计算，过程还是相对简单的，但是对于其他的题目，公式计算可能就会变得很很繁琐。所以，一般情况下，单枝节匹配的问题采用 Smith 圆图解决是最简单的。

习 1.8(1 - 5 - 1) 已知阻抗 $Z = 50 - j50 \ \Omega$，$Z_0 = 50 \ \Omega$，求导纳 Y。

解：根据公式可以计算导纳为

$$Y = \frac{1}{Z} = \frac{1}{50 - j50} = 0.01 + j0.01 \ S$$

也可以采用归一化阻抗和归一化导纳来计算：

$$\overline{Y} = \frac{1}{\overline{Z}} = \frac{1}{1 - j} = 0.50 + j0.50$$

对导纳进行反归一化，得到

$$Y = \overline{Y}Y_0 = \frac{\overline{Y}}{Z_0} = \frac{0.50 + j0.50}{50} = 0.01 + j0.01 \text{ S}$$

习 1.9（1-5-2）　已知阻抗 $\overline{Z} = 1 + j$，求反射函数 Γ 和驻波比 ρ。

解：根据公式可以计算反射系数为

$$\Gamma = \frac{\overline{Z} - 1}{\overline{Z} + 1} = \frac{1 + j - 1}{1 + j + 1} = \frac{1 + j2}{5}$$

可以得到驻波比为

$$\rho = \frac{1 + |\Gamma|}{1 - |\Gamma|} = \frac{1 + \dfrac{\sqrt{5}}{5}}{1 - \dfrac{\sqrt{5}}{5}} = 2.62$$

习 1.10（1-5-3）　已知 $Z_L = 100 + j50 \ \Omega$，$Z_0 = 50 \ \Omega$，求离负载距离 $l = 0.24\lambda$ 处的 Z_{in}。

解：根据输入阻抗的计算公式，有

$$Z_{in} = Z_0 \frac{Z_L + jZ_0 \tan\beta l}{Z_0 + jZ_L \tan\beta l} = 50 \frac{(100 + j50) + j50\tan 0.48\pi}{50 + j(100 + j50)\tan 0.48\pi} = 20.6 - j12.8 \ \Omega$$

可以看出，上面的计算中涉及复数的除法运算，过程相对复杂，如果采用 Smith 圆图解决这个问题，是相对简单的，由此体现出了 Smith 圆图在工程应用上的价值。

习 1.11（1-5-4）　在 Z_0 为 $50 \ \Omega$ 的无耗传输线上，$\rho = 5$，电压波节点距负载 $\lambda/3$，求负载阻抗 Z_L。

解：利用波节点距离和驻波可以计算负载阻抗，公式为

$$Z_L = Z_0 \frac{1 - j\rho\tan\beta d_{min}}{\rho - j\tan\beta d_{min}} = 50 \frac{1 - j5\tan\dfrac{2}{3}\pi}{5 - j\tan\dfrac{2}{3}\pi} = 35.7 + j74.2 \ \Omega$$

习 1.12（1-6-1）　已知特性阻抗 $Z_0 = 50 \ \Omega$，负载阻抗 $Z_L = 50 + j35 \ \Omega$，工作波长 $\lambda = 10 \text{ m}$，线长 $l = 12 \text{ m}$，试求：

（1）沿线的 ρ 和 $|\Gamma|$ 值；

（2）求沿线等效阻抗的极值，并判断距离负载最近的极值是最大还是最小，它与负载距离是多少；

（3）输入阻抗和输入导纳值。

注：使用公式计算和 Smith 圆图两种方法求解。

解：本题有公式计算法和 Smith 圆图法两种解法。

1）公式计算法

（1）负载的反射系数为

$$\Gamma_L = \frac{Z_L - Z_0}{Z_L + Z_0} = \frac{50 + j35 - 50}{50 + j35 + 50} = 0.109 + j0.312 = 0.33 e^{j70.7°}$$

可以得到沿线反射系数的模值为

$$|\Gamma| = |\Gamma_L| = 0.33$$

进而可以得到驻波比为

$$\rho = \frac{1+|\Gamma|}{1-|\Gamma|} = 1.99$$

（2）根据驻波比和沿线阻抗极值的关系，可以得到电阻最小值为

$$R_{\min} = \frac{Z_0}{\rho} = \frac{50}{1.99} = 25 \ \Omega$$

电阻最大值为

$$R_{\max} = Z_0 \rho = 50 \times 1.99 = 99.5 \ \Omega$$

负载是感性的，所以距离负载最近的是电阻的最大值点，即电压的波腹点，证明如下：

沿线电压为

$$U(z') = U^+ [1 + \Gamma(z')]$$

两边取模值，也就是电压振幅为

$$|U(z')| = |U^+| \, |1 + \Gamma(z')|$$

显然电压振幅最大值，即波腹点为

$$|U(z')|_{\max} = |U^+| (1 + |\Gamma(z')|)$$

类似地，沿线电流为

$$I(z') = I^+ [1 - \Gamma(z')]$$

两边取模值，即电流的振幅为

$$|I(z')| = |I^+| \, |1 - \Gamma(z')|$$

在电压波腹点处，电流振幅为

$$|I(z')| = |I^+| (1 - |\Gamma(z')|)$$

显然，此时是电流振幅的最小值，即电流波节点为

$$|I(z')|_{\min} = |I^+| (1 - |\Gamma(z')|)$$

所以，波腹点处的阻抗为纯电阻且为最大值即 $R_{\max}$：

$$R_{\max} = \frac{|U^+| (1 + |\Gamma(z')|)}{|I^+| (1 - |\Gamma(z')|)} = Z_0 \rho$$

另外，由于

$$\Gamma(z') = \Gamma_{\mathrm{L}} \mathrm{e}^{-\mathrm{j}2\beta z'} = |\Gamma_{\mathrm{L}}| \mathrm{e}^{\mathrm{j}(\varphi_{\mathrm{L}} - 2\beta z')}$$

其中，$\varphi_{\mathrm{L}} = 70.7° = 1.23 \ \mathrm{rad}$。

当满足

$$\varphi_{\mathrm{L}} - 2\beta z' = 2n\pi, \ n = 0, \pm 1, \cdots$$

可以得到 $|\Gamma(z')| = \Gamma(z')$，也就是在波腹点的位置，由上式可以得到波腹点的位置

$$z' = \frac{\varphi_{\mathrm{L}} - 2n\pi}{2\beta}, \ n = 0, \pm 1, \cdots$$

类似地，可以得到波节点的位置为

$$z' = \frac{\varphi_{\mathrm{L}} - 2n\pi - \pi}{2\beta}, \ n = 0, \pm 1, \cdots$$

对于波腹点，距离负载最短的距离为 $n=0$ 时的距离，即

$$z' = d_{max} = \frac{\varphi_L}{2\beta} = \frac{1.23}{2 \times \frac{2\pi}{10}} = 0.979 \text{ m}$$

对于波节点，距离负载最短的距离为 $n = -1$ 时的距离，因为要保证计算得到的 z' 为正，即

$$z' = d_{min} = \frac{\varphi_L + 2\pi - \pi}{2\beta} = \frac{1.23 + \pi}{2 \times \frac{2\pi}{10}} = 3.479 \text{ m}$$

以上证明了距离负载最近的是电压波腹点，即电阻的最大值点，证毕。

（3）输入阻抗为

$$Z_{in} = Z_0 \frac{Z_L + jZ_0 \tan\beta l}{Z_0 + jZ_L \tan\beta l} = 50 \frac{(50 + j35) + j50\tan\frac{12\pi}{5}}{50 + j(50 + j35)\tan\frac{12\pi}{5}} = 48.5 - j34.4 \text{ } \Omega$$

输入导纳为

$$Y_{in} = \frac{1}{Z_{in}} = 0.0137 + j0.00974 \text{ S}$$

2）Smith 圆图法

（1）先将阻抗归一化为

$$\overline{Z}_L = \frac{Z_L}{Z_0} = 1 + j0.70$$

阻抗圆图如图 1.42 所示，在阻抗圆图上找出负载对应点 A，根据反射系数 $|\Gamma|$ 是传输线系统的不变量这一特点，找到等 $|\Gamma|$ 圆上的另外一个点 B。B 点在正实轴上，即该点是电压的波腹点，所以可知 B 点的归一化阻抗为纯电阻，且满足

$$\overline{Z}_B = \rho$$

根据阻抗圆图可以查到 B 点对应的归一化电阻值为 2，所以可得传输线的驻波比为 $\rho = 2$。

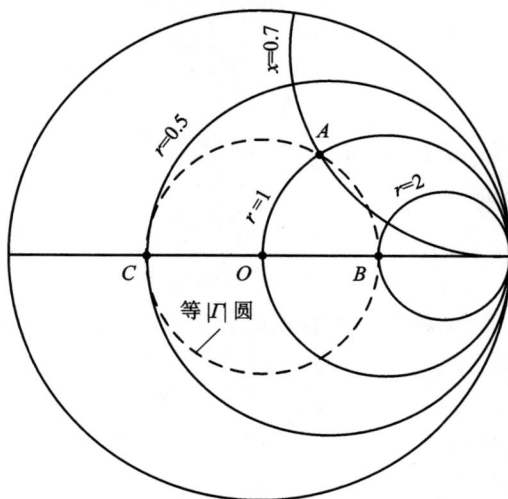

图 1.42　习 1.12 求解示意图 1

再根据驻波比和反射系数的关系，有

$$|\Gamma| = \frac{\rho-1}{\rho+1} = \frac{1}{3}$$

（2）从负载即 A 点出发沿着等 $|\Gamma|$ 圆旋转可以和实轴的正半轴相交于 B 点（电压波腹点），此处的归一化阻抗为

$$\overline{Z}_B = \rho = 2$$

也可以和实轴的负半轴相交于 C 点（电压波节点），此处的归一化阻抗为

$$\overline{Z}_C = \frac{1}{\rho} = 0.50$$

所以可得，传输线上的等效阻抗极值为 100 Ω 和 25 Ω。

另外，从负载即 A 点开始向电源方向旋转，即顺时针旋转，显然最近的是电压的波腹点。

（3）已知传输线的工作波长为 $\lambda = 10$ m，线长为 $l = 12$ m，传输线的长度为

$$l = \frac{12}{10}\lambda = 1.2\lambda$$

Smith 圆图如图 1.43 所示。在阻抗圆图上，从负载即 A 点出发沿着等 $|\Gamma|$ 圆顺时针旋转 1.2λ，到达 D 点，读出该点处的归一化阻抗为

$$\overline{Z}_D = 0.97 - \mathrm{j}0.68$$

反归一化，得到

$$Z_D = \overline{Z}_D Z_0 = 48.5 - \mathrm{j}34.4 \ \Omega$$

此阻抗就是要求的输入阻抗 Z_{in}。

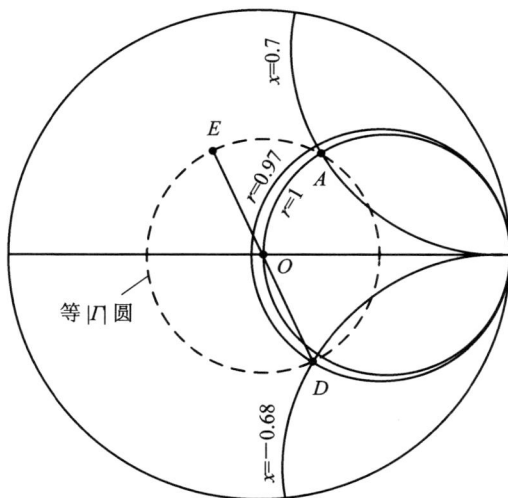

图 1.43 习 1.12 求解示意图 2

使 $\overline{Z}_D$ 旋转 180° 到 E 点，得到了归一化的输入导纳为

$$\overline{Y}_{\text{in}} = 0.70 + \mathrm{j}0.50$$

反归一化得到输入导纳为

$$\overline{Y}_{\text{in}} = \frac{\overline{Y}_{\text{in}}}{Z_0} = 0.014 + \mathrm{j}0.010$$

习 1.13(1-7-1) 无耗同轴线的特性阻抗为 50 Ω，负载阻抗为 100 Ω，工作频率 f 为 1000 MHz，现用 $\lambda/4$ 线进行匹配，求此 $\lambda/4$ 线的特性阻抗和长度。

解：根据 $\lambda/4$ 阻抗变换器的特点，传输线的特性阻抗为

$$Z_{01}=\sqrt{Z_0 R_L}=\sqrt{50\times100}=70.7\ \Omega$$

传输线的长度为

$$l=\frac{\lambda}{4}=\frac{c}{4f}=7.5\ \text{cm}$$

习 1.14(1-7-2) 无耗双导线的归一化负载导纳 $\overline{Y}_L$ 为 $0.45+\text{j}0.20$，用双枝节匹配，求枝节的长度。

解：负载的归一化导纳为

$$\overline{Y}_L=0.45+\text{j}0.20$$

导纳圆图如图 1.44 所示，在导纳圆图上标出负载点 A。

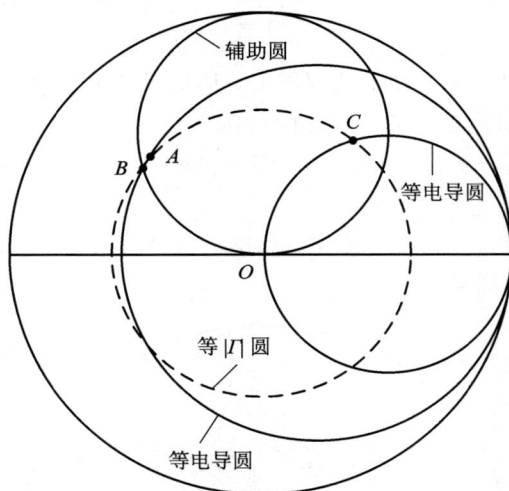

图 1.44 习 1.14 求解示意图

从 A 点出发沿等电导圆旋转与辅助圆交于 B 点，可以读出 B 点的归一化导纳为

$$\overline{Y}_B=0.45+\text{j}0.17$$

由此可以得到距离负载最近的短路枝节的导纳为

$$\overline{Y}_1=\overline{Y}_B-\overline{Y}_L=-\text{j}0.03$$

进而可以得到此短路枝节的长度为

$$l_1=0.245\lambda$$

从 B 点出发沿着等 $|\Gamma|$ 圆顺时针旋转 $\lambda/8$ 与匹配圆交于 C 点，读出 C 点的归一化导纳为

$$\overline{Y}_C=1+\text{j}0.86$$

由此可以得到另一个短路枝节的导纳为

$$\overline{Y}_2=1-\overline{Y}_C=-\text{j}0.86$$

进而可以得到此短路枝节的长度为

$$l_2=0.137\lambda$$

习 1.15(1-7-3) 在特性阻抗为 600 Ω 的无耗双导线上测得 $|U_{max}|=200$ V，

$|U_{\min}| = 40$ V，$d_{\min} = 0.15\lambda$，求 Z_{L}。现用短路枝节进行匹配，求枝节的位置和长度。

解： 由已知条件可以得到，驻波比为

$$\rho = \frac{|U_{\max}|}{|U_{\min}|} = \frac{200}{40} = 5$$

阻抗圆图如图 1.45 所示，在阻抗圆图上找到驻波比 $\rho = 5$ 的等 $|\varGamma|$ 圆，与实轴的负半轴交于 A 点，即电压波节点。

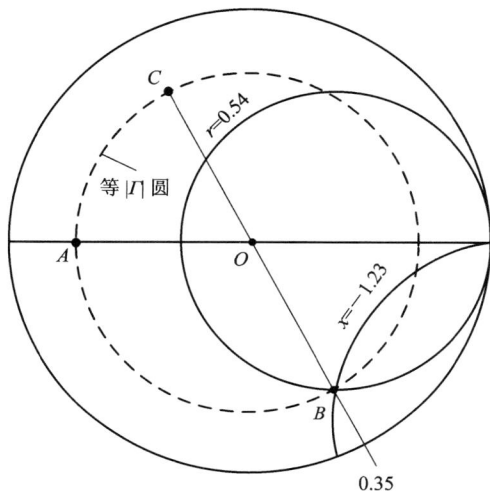

图 1.45 习 1.15 求解示意图 1

从 A 点出发沿着等 $|\varGamma|$ 圆逆时针旋转 0.15λ，到达 B 点，即负载位置。读出此处的归一化阻抗，即负载的归一化阻抗为

$$\overline{Z}_{\mathrm{L}} = 0.54 - \mathrm{j}1.23$$

反归一化后得到负载的阻抗为

$$Z_{\mathrm{L}} = \overline{Z}_{\mathrm{L}} Z_0 = (0.54 - \mathrm{j}1.23) \times 600 = 324 - \mathrm{j}738 \ \Omega$$

利用并联短路枝节进行匹配，采用导纳圆图是最为合适的。导纳圆图如图 1.46 所示，

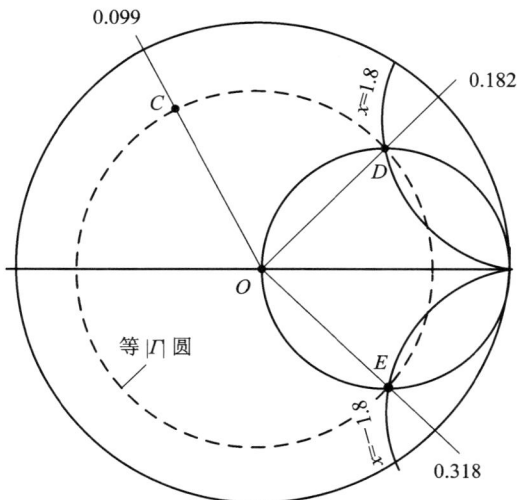

图 1.46 习 1.15 求解示意图 2

在阻抗圆图中将负载对应的 B 点旋转 $180°$，到达 C 点，该点即导纳圆图中归一化负载 $\overline{Y}_{\mathrm{L}}$ 的位置。从 C 点出发沿着等 $|\Gamma|$ 圆顺时针旋转，和匹配圆交于 D 和 E 两点，分别读出这两点对应的归一化导纳值为

$$\overline{Y}_D = 1 + \mathrm{j}1.80（电刻度 0.182）$$

$$\overline{Y}_E = 1 - \mathrm{j}1.80（电刻度 0.318）$$

可以分别计算出单枝节匹配中，枝节距离负载的距离为

$$d_1 = 0.182\lambda - 0.099\lambda = 0.083\lambda$$

$$d_2 = 0.318\lambda - 0.099\lambda = 0.219\lambda$$

接下来确定短路枝节的长度。已知 D 点和 E 点的归一化导纳值，如果要用短路枝节抵消掉它们的电纳值，则短路枝节的导纳应该为

$$\overline{Y}_{\mathrm{S}} = -\mathrm{j}1.80（对应 D 点）$$

$$\overline{Y}_{\mathrm{S}} = \mathrm{j}1.80（对应 E 点）$$

抵消电纳的导纳圆图如图 1.47 所示，从短路点 S 点开始沿着等 $|\Gamma|$ 圆顺时针旋转到 F 和 G 点。其中 F 点的归一化导纳为 $-\mathrm{j}1.80$，G 点的归一化导纳为 $\mathrm{j}1.80$，满足上述抵消电纳的目的。最后，可以得到两组短路枝节的长度为

$$l_1 = 0.331\lambda - 0.25\lambda = 0.081\lambda（对应 D 点）$$

$$l_2 = 0.169\lambda + 0.25\lambda = 0.419\lambda（对应 E 点）$$

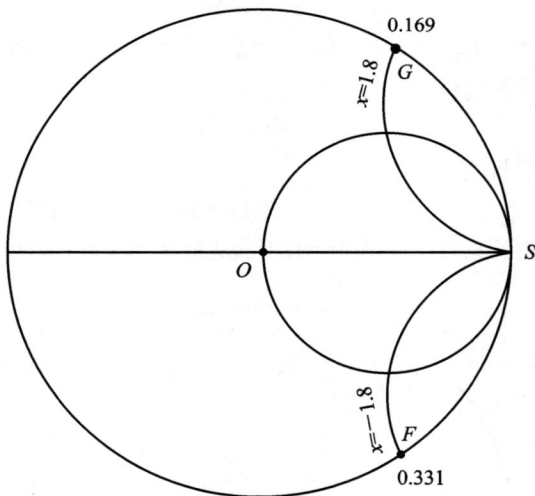

图 1.47　习 1.15 求解示意图 3

习 1.16（1-7-4）　无耗双导线的特性阻抗为 $600\ \Omega$，负载阻抗为 $300+\mathrm{j}300\ \Omega$，采用双枝节进行匹配，第一个枝节距离负载为 0.1λ，两枝节的间距为 $\lambda/8$，求枝节的长度 l_1 和 l_2。

解： 负载归一化阻抗为

$$\overline{Z}_{\mathrm{L}} = \frac{300+\mathrm{j}300}{600} = 0.50 + \mathrm{j}0.50$$

由于采用并联短路枝节匹配，因此采用导纳圆图最为适合，计算出负载的归一化导纳为

$$\overline{Y}_L = \frac{1}{Z_L} = 1 - j$$

导纳圆图如图 1.48 所示，在导纳圆图上将负载表示为 A。从 A 点出发沿等 $|\Gamma|$ 圆顺时针旋转 0.1λ 到达 B 点，得到归一化导纳为

$$\overline{Y}_B = 0.44 - j0.34$$

从 B 点出发沿着等电导圆旋转，与辅助圆相交于 C 点，读出该点的归一化导纳为

$$\overline{Y}_C = 0.44 + j0.18$$

可以得到和负载最近的短路枝节的导纳为

$$\overline{Y}_1 = \overline{Y}_C - \overline{Y}_B = j0.18 + j0.34 = j0.52$$

此短路枝节的长度为

$$l_1 = 0.326\lambda$$

从 C 点出发，沿等 $|\Gamma|$ 圆顺时针旋转 $\lambda/8$，和匹配圆相交于 D 点，读出该点处的归一化导纳为

$$\overline{Y}_D = 1 + j0.90$$

可以得到另外一个短路枝节的导纳为

$$\overline{Y}_2 = -j0.90$$

可以得到该短路枝节的长度为

$$l_2 = 0.133\lambda$$

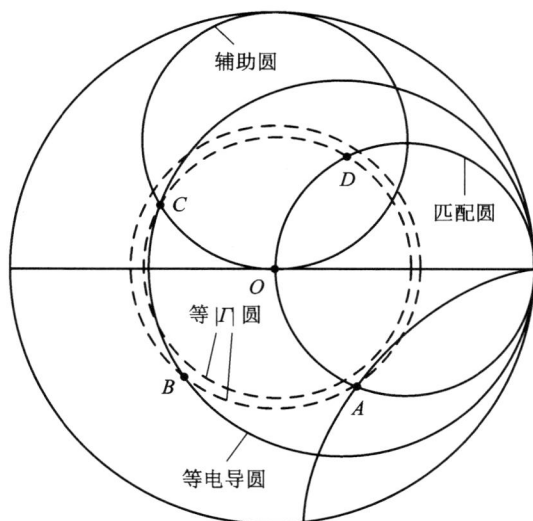

图 1.48　习 1.16 求解示意图

1.5　知　识　图　谱

本章内容的知识图谱如图 1.49 所示。

传输线 ⎰
- 分布参数常数等效电路
- 常用概念 ⎰
  - 相位常数
  - 特性阻抗
  - 相速度
  - 波长
  - 电压反射系数
  - 电压驻波比
  - 输入阻抗
- 匹配方法 ⎰
  - 四分之一波长传输线匹配
  - 单枝节匹配
  - 双枝节匹配
- 传输线方程 ⎰
  - 瞬态场
  - 稳态正弦波
- 工作状态 ⎰
  - 行波
  - 驻波
- Smith 圆图 ⎰
  - 阻抗圆图
  - 导纳圆图

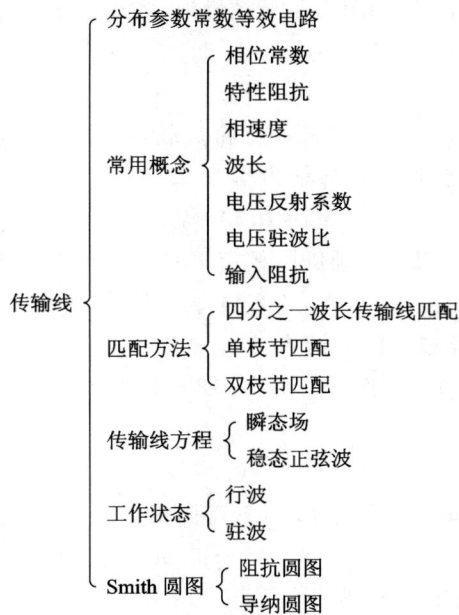

图 1.49　传输线方程知识图谱

本章的重点内容和知识点总结如下。

1. 传输线可以用分布参数 R、L、C、G 来描述。

2. 无耗传输线的特性阻抗为

$$Z_0 = \sqrt{\frac{L}{C}}$$

有耗传输线的特性阻抗为

$$Z_0 = \sqrt{\frac{R + j\omega L}{G + j\omega C}}$$

特性阻抗和线的长度无关。

3. 无耗传输线的传播常数为

$$\gamma = j\beta = j\omega\sqrt{LC}$$

有耗传输线的传播常数为

$$\gamma = \alpha + j\beta = \sqrt{(R + j\omega L)(G + j\omega C)}$$

4. 波的相速度为

$$v_p = \frac{\omega}{\beta}$$

5. 无耗传输线的输入阻抗为

$$Z(z') = Z_0 \frac{Z_L + jZ_0 \tan\beta z'}{Z_0 + jZ_L \tan\beta z'}$$

6. 反射系数的定义为反射电压波比入射电压波，阻抗失配的地方存在反射。

7. 输入反射系数和负载反射系数的关系为

$$\Gamma_{in} = \Gamma_L e^{-j2\beta l}$$

8. 驻波比定义为传输线上电压振幅的最大值比最小值。

9. 反射系数的模值和驻波比的取值范围分别为

$$0 \leqslant |\Gamma| \leqslant 1, \rho \geqslant 1$$

10. 反射系数和驻波比的关系为

$$\rho = \frac{1 + |\Gamma|}{1 - |\Gamma|}$$

$$|\Gamma| = \frac{\rho - 1}{\rho + 1}$$

11. 无耗传输线，当负载短路、开路时的输入阻抗分别为

$$Z(z') = jZ_0 \tan\beta z', \quad Z(z') = -jZ_0 \cot\beta z'$$

12. Smith 圆图上的阻抗和导纳都是归一化后的。

13. Smith 圆图上向电源方向是顺时针，向负载方向是逆时针。

1.6　练　习　题

一、选择题

1. 双导线上传输的波是_____。

(a) TEM

(b) TE

(c) TM

(d) 以上都不是

2. 无耗双导线满足的条件是_____。

(a) $R=0, G=0$

(b) $R=0, G \neq 0$

(c) $R=0, L=0$

(d) $R=0, C=0$

3. 无耗双导线中的 α 和 β 必须满足的条件是_____。

(a) $\alpha=0, \beta=0$

(b) $\alpha=0, \beta \neq 0$

(c) $\alpha \neq 0, \beta=0$

(d) $\alpha \neq 0, \beta \neq 0$

4. 双导线中的参数 R、L、C、G 是_____。

(a) 离散参数

(b) 分布参数

(c) 集总参数

(d) 以上都不是

5. 归一化阻抗的单位是_____。

(a) Ω

(b) Ω/m

(c) 无单位

(d) 以上都不是

6. 衰减常数 α 的单位是_____。

(a) H/m

(b) F/m

(c) Np/m

(d) 以上都不是

7. 相位常数 β 的单位是_____。

(a) rad/m

(b) rad

(c) rad/s

(d) 以上都不是

8. 无耗传输线的传播常数是_____。

(a) 实数
(b) 复数
(c) 虚数
(d) 0

9. 无耗传输线的相位常数是_____。

(a) 实数
(b) 复数
(c) 虚数
(d) 0

10. 用传输线传输行波，则任意点处的电压比电流是_____。

(a) 特性阻抗
(b) 负载阻抗
(c) (a)和(b)都是
(d) 以上都不是

11. 关于无耗传输线，以下说法正确的是_____。

(a) 特性阻抗和频率无关
(b) 衰减常数为0
(c) 相速度和频率无关
(d) 以上都对

12. 无耗双导线的相位常数 β 取决于_____。

(a) 频率
(b) L、C
(c) (a)和(b)
(d) 以上都不是

13. 无耗双导线的相速度取决于_____。

(a) 频率
(b) L、C
(c) (a)和(b)都是
(d) 以上都不是

14. 无耗传输线的相位常数和以下哪一项无关？_____。

(a) 频率
(b) 传输线长度
(c) 分布电容
(d) 分布电感

15. 无耗传输线相速度的表达式是_____。

(a) $v_{\mathrm{p}} = \dfrac{1}{\sqrt{LC}}$
(b) $v_{\mathrm{p}} = \sqrt{\dfrac{L}{C}}$

(c) $v_{\mathrm{p}} = \dfrac{1}{\omega\sqrt{LC}}$
(d) $v_{\mathrm{p}} = \omega\sqrt{LC}$

16. 无耗传输线的分布电容和分布电感分别为 $C = 100\ \mathrm{pF/m}$，$L = 0.25\ \mu\mathrm{H/m}$，则它的特性阻抗为_____。

(a) $25\ \Omega$
(b) $50\ \Omega$
(c) $75\ \Omega$
(d) $200\ \Omega$

17. 四分之一波长转换器的归一化输入阻抗等于_____。

(a) 归一化负载阻抗
(b) 归一化负载导纳
(c) 特性阻抗
(d) 以上都不是

18. 四分之一波长转换器的 βl 等于_____。

(a) $\dfrac{\pi}{2}$
(b) $\dfrac{\pi}{4}$
(c) π
(d) 以上都不是

19. 电压波节点处的输入阻抗为_____。

(a) 纯电阻 (b) 电感

(c) 电容 (d) 复数

20. 从电压波节点开始向电源移动,首先遇到的是_____。

(a) 纯电阻 (b) 感性

(c) 容性 (d) 以上都不是

21. 从电压波节点开始向负载移动,首先遇到的是_____。

(a) 纯电阻 (b) 感性

(c) 容性 (d) 以上都不是

22. 无耗传输线的分布电容和分布电感分别为 $C=100$ pF/m,$L=0.25$ μH/m,则它的相速度为_____。

(a) 3×10^8 m/s (b) 2×10^8 m/s

(c) 3×10^9 m/s (d) 2×10^9 m/s

23. 在以下哪种情况下,传输线会发生反射?_____。

(a) 负载是短路的 (b) 负载是开路的

(c) 负载与传输线的特性阻抗不同 (d) 以上全对

24. 反射系数 Γ 可以是以下哪个参数的比值?_____。

(a) 电流 (b) 电压

(c) (a)和(b)都是 (d) 以上都不是

25. 反射系数 Γ 在一般情况下是_____。

(a) 实数 (b) 纯虚数

(c) 复数 (d) 以上都不是

26. 一无耗传输线上,反射系数的模值是_____。

(a) 常数 (b) 周期的

(c) 非周期的 (d) 以上都不是

27. 一无耗传输线上,反射系数的相位是_____。

(a) 常数 (b) 周期的

(c) 随位置改变的 (d) 以上都不是

28. 反射系数 Γ 模值的取值范围是_____。

(a) 0 到 1 (b) 0 到无穷大

(c) −1 到 1 (d) 以上都不是

29. 电流反射系数是电压反射系数乘以_____。

(a) 1 (b) −1

(c) 2 (d) −2

30. 负载匹配时的反射系数是_____。

(a) 0 (b) 1

(c) −1 (d) 无穷大

31. 接短路或开路负载时,反射系数的模值是_____。

(a) 0 (b) 1

(c) 无穷大 (d) 以上都不是

32. 归一化负载 z_L 处的反射系数为_____。

(a) $\dfrac{z_L - 1}{z_L + 1}$　　　　　　　　　　(b) $\dfrac{z_L + 1}{z_L - 1}$

(c) $Z_0 \dfrac{z_L - 1}{z_L + 1}$　　　　　　　　　(d) $Z_0 \dfrac{z_L + 1}{z_L - 1}$

33. 驻波比可以通过_____参数计算。

(a) $|\Gamma|$　　　　　　　　　　(b) Γ 的相位

(c) (a)和(b)　　　　　　　　　(d) 以上都不是

34. 驻波比具有的特点包括_____。

(a) 在传输线和负载确定的情况下是常数　　(b) 沿线变化

(c) (a)和(b)都是　　　　　　　　　(d) 以上都不是

35. 以下计算驻波比公式正确的是_____。

(a) $\dfrac{|\Gamma| - 1}{|\Gamma| + 1}$　　　　　　　　(b) $\dfrac{|\Gamma| + 1}{|\Gamma| - 1}$

(c) $\dfrac{1 - |\Gamma|}{1 + |\Gamma|}$　　　　　　　　(d) $\dfrac{1 + |\Gamma|}{1 - |\Gamma|}$

36. 驻波比的取值范围是_____。

(a) 0 到 1　　　　　　　　　　(b) 1 到无穷大

(c) -1 到 1　　　　　　　　　(d) 以上都不是

37. 如果驻波比是 1，则反射系数为_____。

(a) 0　　　　　　　　　　　　(b) 1

(c) -1　　　　　　　　　　(d) 无穷大

38. 负载短路和开路情况下的驻波比是_____。

(a) 0　　　　　　　　　　　　(b) 1

(c) -1　　　　　　　　　　(d) 无穷大

39. 负载是纯电阻 R_L 时，传输线的驻波比是_____。

(a) $\dfrac{R_L}{Z_0}$　　　　　　　　　　(b) $\dfrac{Z_0}{R_L}$

(c) (a)或(b)　　　　　　　　　(d) 以上都不是

40. 无耗传输线负载短路和开路时的输入阻抗分别是 j5 Ω 和 $-$j20 Ω，则传输线的特性阻抗为_____。

(a) 10 Ω　　　　　　　　　　(b) 50 Ω

(c) 75 Ω　　　　　　　　　　(d) 200 Ω

41. Smith 圆图中完整的圆表示_____。

(a) 归一化电阻　　　　　　　　(b) 归一化电导

(c) (a)和(b)都是　　　　　　　(d) 以上都不是

42. Smith 圆图中的圆弧表示_____。

(a) 归一化电抗　　　　　　　　(b) 归一化电纳

(c) (a)和(b)都是　　　　　　　(d) 以上都不是

43. 阻抗圆图的上半平面是_____。

(a) 感性
(b) 容性
(c) (a)或(b)
(d) 以上都不是

44. 等驻波比圆的中心在_____。
(a) (-1, 0)
(b) (1, 0)
(c) (0, 0)
(d) 以上都不是

45. Smith 圆图中一圈的长度为_____。
(a) $\lambda/2$
(b) $\lambda/4$
(c) λ
(d) 以上都不是

46. 阻抗圆图的左半平面上,电阻值_____。
(a) 小于 1
(b) 大于 1
(c) (a)和(b)都是
(d) 以上都不是

47. 阻抗圆图的右半平面上,电阻值_____。
(a) 小于 1
(b) 大于 1
(c) (a) 和(b) 都是
(d) 以上都不是

48. 阻抗圆图最左边点的阻抗是_____。
(a) -1
(b) 1
(c) 0
(d) 以上都不是

49. 阻抗圆图最右边点的阻抗是_____。
(a) 1
(b) ∞
(c) 0
(d) 以上都不是

50. 阻抗圆图横轴的正半轴表示_____。
(a) $|U|_{min}$, $|I|_{min}$
(b) $|U|_{max}$, $|I|_{max}$
(c) $|U|_{min}$, $|I|_{max}$
(d) $|U|_{max}$, $|I|_{min}$

51. 在传输线上向电源方向移动,体现在 Smith 圆图上是_____。
(a) 顺时针旋转
(b) 逆时针旋转
(c) (a)和(b)都是
(d) 以上都不是

52. 一段长度小于四分之一波长的短路传输线,其输入阻抗为_____。
(a) 纯电阻
(b) 电感
(c) 电容
(d) 一般阻抗

53. 阻抗圆图中电抗圆的中心是_____。
(a) $\left(1, \dfrac{1}{x}\right)$
(b) $\left(1, -\dfrac{1}{x}\right)$
(c) $\left(\dfrac{r}{r+1}, 1\right)$
(d) $\left(\dfrac{r}{r+1}, 0\right)$

54. 阻抗圆图中电阻圆的中心是_____。
(a) $\left(1, \dfrac{1}{x}\right)$
(b) $\left(1, -\dfrac{1}{x}\right)$
(c) $\left(\dfrac{r}{r+1}, 1\right)$
(d) $\left(\dfrac{r}{r+1}, 0\right)$

55. 匹配负载在 Smith 圆图上的位置是_____。

(a) 中心　　　　　　　　　　　　(b) 上半平面

(c) 下半平面　　　　　　　　　　(d) 以上都不是

56. 阻抗圆图中，沿着等电阻圆顺时针旋转，则_____。

(a) 电抗值增加　　　　　　　　　(b) 电抗值减小

(c) 电抗值不变　　　　　　　　　(d) 阻抗值不变

57. 双枝节匹配中两短路枝节的距离可能的是_____。

(a) $\dfrac{\lambda}{2}$　　　　　　　　　　　　(b) $\dfrac{\lambda}{4}$

(c) λ　　　　　　　　　　　　(d) 2λ

58. 无耗传输线的电压振幅波形如图 1.50 所示，已知传输线的特性阻抗为 50 Ω，则负载和负载处的反射系数分别为_____。

(a) 50 Ω，-0.6　　　　　　　　(b) 12.5 Ω，-0.6

(c) 50 Ω，0.6　　　　　　　　　(d) 12.5 Ω，0.6

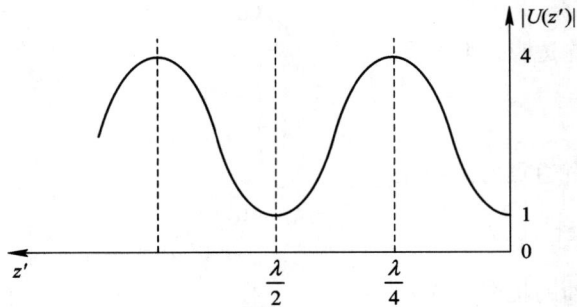

图 1.50　练习题 58 图

59. 图 1.51 中，无耗传输线的特性阻抗均为 R_0，则输入阻抗为_____。

(a) $\dfrac{R_0}{2}$　　　　　　　　　　　(b) $\dfrac{3R_0}{2}$

(c) R_0　　　　　　　　　　　　(d) $2R_0$

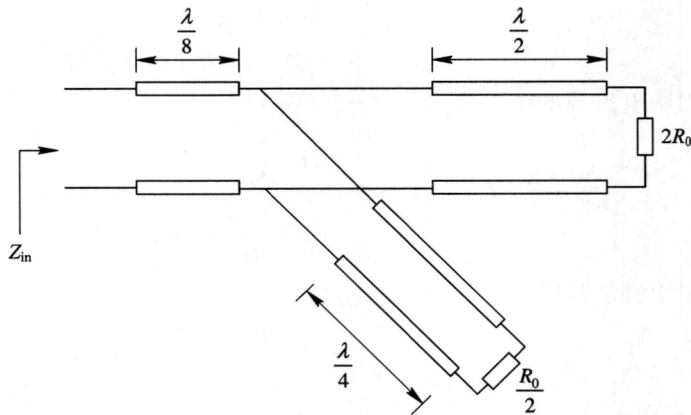

图 1.51　练习题 59 图

二、计算题

1. 证明均匀无耗传输线的负载阻抗为

$$Z_L = Z_0 \frac{1-j\rho\tan\beta d_{\min}}{\rho-j\tan\beta d_{\min}}$$

其中，ρ 为驻波比，$d_{\min}$ 为第一个电压波节点距离负载的距离。

2. 无耗传输线的特性阻抗为 50 Ω，电压波腹点处的输入阻抗为 75 Ω，已知负载处是电压波节点，求负载阻抗和负载反射系数。

3. 无耗传输线上，相邻波腹点的距离为 3 cm，距离负载最近的电压波节点和负载间的距离是 1.5 cm，求负载阻抗。

4. 无耗传输线负载短路和开路时的输入阻抗分别是 Z_{sc} 和 Z_{oc}，该传输线接任意负载 Z_L 时的输入阻抗为 Z_{in}。证明

$$Z_{in} = Z_{oc}\frac{Z_L+Z_{sc}}{Z_L+Z_{oc}}$$

5. 无耗传输线特性阻抗为 50 Ω，负载为 50+j50 Ω，在 Smith 圆图上确定负载的位置，并读出负载处的反射系数。

6. 无耗传输线特性阻抗为 50 Ω，沿线电压波腹和波节处电压的比值为 2，某个电压波节点距离负载为 1.2λ，求负载的阻抗 Z_L。若采用单枝节进行匹配，求枝节的长度和枝节距离负载的距离。

7. 无耗传输线特性阻抗为 $Z_0 = 50$ Ω，负载阻抗为 $Z_L = 150+j10$ Ω，用并联短路枝节和四分之一波长阻抗变换器进行匹配，如图 1.52 所示。求四分之一波长阻抗变换器的特性阻抗 Z_0' 和短路枝节的长度 l。

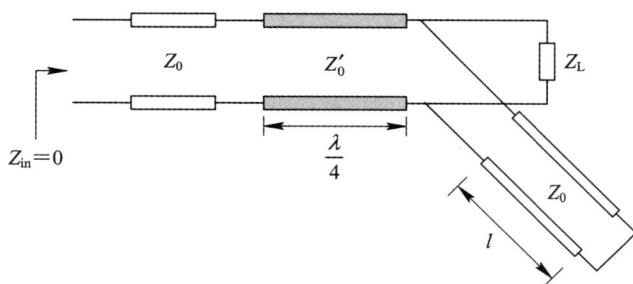

图 1.52　练习题 7 图

练习题答案

一、选择题

1.（a）　2.（a）　3.（b）　4.（b）　5.（c）　6.（c）　7.（a）　8.（c）

9.（a）　10.（c）　11.（d）　12.（c）　13.（b）　14.（b）　15.（a）　16.（b）

17.（b）　18.（a）　19.（a）　20.（b）　21.（c）　22.（b）　23.（d）　24.（c）

25.（c）　26.（a）　27.（b）　28.（a）　29.（b）　30.（a）　31.（b）　32.（a）

33.（a）　34.（a）　35.（d）　36.（b）　37.（a）　38.（d）　39.（c）　40.（a）

41.（c）　42.（c）　43.（a）　44.（c）　45.（a）　46.（a）　47.（b）　48.（c）

49.（b）　50.（d）　51.（a）　52.（b）　53.（a）　54.（d）　55.（a）　56.（a）

57.（b）　58.（b）　59.（c）

二、计算题

（略）

第 2 章

导 波 系 统

2.1 内 容 提 要

第 1 章主要以双导线结构为例讨论传输线。在实际应用中，存在很多其他不同类型的传输线结构，例如金属波导、微带线、带状线等。传输线的主要作用是引导波的传输，所以也可以把它称为导波系统。导波系统包括矩形波导、圆波导、同轴线等，本章进行详细介绍。

2.1.1 导波系统中场的一般解

第 1 章采用了电路的参数即电压和电流分析传输线的特性，然而导波系统传输的是电磁波，一定满足 Maxwell 方程。如果从 Maxwell 方程的角度入手，能否给出传输线方程呢？

以下的分析假设传输线在 z 方向上是均匀的，即横截面的电磁特性不随 z 方向而改变。无源条件下的波动方程为

$$\nabla^2 \boldsymbol{E} + k^2 \boldsymbol{E} = 0 \tag{2-1}$$

$$\nabla^2 \boldsymbol{H} + k^2 \boldsymbol{H} = 0 \tag{2-2}$$

其中，$\boldsymbol{E}$ 和 $\boldsymbol{H}$ 分别为电场和磁场，k 为波数。采用分离变量法，电场和磁场都可以分解为 $f(z)g(x,y)$，其中 $f(z) = \mathrm{e}^{-\mathrm{j}\beta z}$ 或者 $f(z) = \mathrm{e}^{\mathrm{j}\beta z}$，$\beta$ 表示传播常数。以下只讨论向 z 方向传输的情况。算子可以写成横向和纵向两部分：

$$\nabla = \nabla_\mathrm{t} + \nabla_z = \nabla_\mathrm{t} - \mathrm{j}\beta \hat{\boldsymbol{z}} \tag{2-3}$$

电场和磁场可以分解为横向和纵向两部分，即

$$\begin{aligned} \boldsymbol{E}(x,y,z) &= \boldsymbol{E}_\mathrm{t}(x,y,z) + \boldsymbol{E}_z(x,y,z) \\ &= \boldsymbol{e}(x,y)\mathrm{e}^{-\mathrm{j}\beta z} + \boldsymbol{e}_z(x,y)\mathrm{e}^{-\mathrm{j}\beta z} \end{aligned} \tag{2-4}$$

$$\begin{aligned} \boldsymbol{H}(x,y,z) &= \boldsymbol{H}_\mathrm{t}(x,y,z) + \boldsymbol{H}_z(x,y,z) \\ &= \boldsymbol{h}(x,y)\mathrm{e}^{-\mathrm{j}\beta z} + \boldsymbol{h}_z(x,y)\mathrm{e}^{-\mathrm{j}\beta z} \end{aligned} \tag{2-5}$$

其中，$\boldsymbol{E}_\mathrm{t} = \boldsymbol{e}(x,y)\mathrm{e}^{-\mathrm{j}\beta z}$，$\boldsymbol{E}_z = \boldsymbol{e}_z(x,y)\mathrm{e}^{-\mathrm{j}\beta z}$，$\boldsymbol{H}_\mathrm{t} = \boldsymbol{h}(x,y)\mathrm{e}^{-\mathrm{j}\beta z}$ 和 $\boldsymbol{H}_z = \boldsymbol{h}_z(x,y)\mathrm{e}^{-\mathrm{j}\beta z}$ 分别为横向电场、纵向电场、横向磁场和纵向磁场。

则有

$$\nabla \times \boldsymbol{E} = (\nabla_t - \mathrm{j}\beta\hat{z}) \times (\boldsymbol{e} + \boldsymbol{e}_z)\mathrm{e}^{-\mathrm{j}\beta z} = -\mathrm{j}\omega\mu(\boldsymbol{h} + \boldsymbol{h}_z)\mathrm{e}^{-\mathrm{j}\beta z} \tag{2-6}$$

$$\nabla_t \times \boldsymbol{e} - \mathrm{j}\beta\hat{z} \times \boldsymbol{e} + \nabla_t \times \boldsymbol{e}_z + \mathrm{j}\beta\hat{z} \times \boldsymbol{e}_z = -\mathrm{j}\omega\mu\boldsymbol{h} - \mathrm{j}\omega\mu\boldsymbol{h}_z \tag{2-7}$$

其中，

$$\nabla_t \times \boldsymbol{e}_z = \nabla_t \times \hat{z}\boldsymbol{e}_z = -\hat{z} \times \nabla_t\boldsymbol{e}_z \tag{2-8}$$

同时注意到 $\nabla_t \times \boldsymbol{e}$ 只有 z 方向的分量，因为其中仅包含 $\hat{x} \times \hat{y}$，$\hat{x} \times \hat{x}$，$\hat{y} \times \hat{x}$，$\hat{y} \times \hat{y}$ 这些计算项，而这些项叉乘的结果只在 z 方向上存在。将式(2-7)中的横向分量和纵向分量分别列出可以得到以下两个方程：

$$\nabla_t \times \boldsymbol{e} = -\mathrm{j}\omega\mu\boldsymbol{h}_z \tag{2-9}$$

$$-\mathrm{j}\beta\hat{z} \times \boldsymbol{e} + \nabla_t \times \boldsymbol{e}_z = -\mathrm{j}\beta\hat{z} \times \boldsymbol{e} - \hat{z} \times \nabla_t\boldsymbol{e}_z = -\mathrm{j}\omega\mu\boldsymbol{h} \tag{2-10}$$

对于磁场 $\boldsymbol{H}$，类似地，也可以得到两个方程：

$$\nabla_t \times \boldsymbol{h} = \mathrm{j}\omega\varepsilon\boldsymbol{e}_z \tag{2-11}$$

$$\mathrm{j}\beta\hat{z} \times \boldsymbol{h} + \hat{z} \times \nabla_t\boldsymbol{h}_z = -\mathrm{j}\omega\varepsilon\boldsymbol{e} \tag{2-12}$$

对于 Maxwell 方程中的散度方程，有

$$\nabla \cdot \boldsymbol{B} = \nabla \cdot \mu\boldsymbol{H} = (\nabla_t - \mathrm{j}\beta\hat{z}) \cdot (\boldsymbol{h} + \boldsymbol{h}_z)\mu\mathrm{e}^{-\mathrm{j}\beta z}$$

$$= (\nabla_t \cdot \boldsymbol{h} - \mathrm{j}\beta\hat{z} \cdot \boldsymbol{h}_z)\mu\mathrm{e}^{-\mathrm{j}\beta z} = 0 \tag{2-13}$$

进一步简化后可以得到

$$\nabla_t \cdot \boldsymbol{h} = \mathrm{j}\beta h_z \tag{2-14}$$

对于另外一个散度方程，类似地，可以得到

$$\nabla_t \cdot \boldsymbol{e} = \mathrm{j}\beta e_z \tag{2-15}$$

对于大量实用的传输线，为了满足它们各自不同的边界条件，需要有不同的 $\boldsymbol{E}$ 和 $\boldsymbol{H}$ 场分量。对于常用的传输线，有三种最常用的场分量组合：TEM 模式、TE 模式和 TM 模式。当然，在某些情况下，这三种组合也不能满足边界条件，此时可以采用 TE 和 TM 的线性组合去满足边界条件，因为可以证明 TE 和 TM 的线性组合是完备的解。

1. TEM 模式（$E_z = H_z = 0$）

此时 $e_z = h_z = 0$，所以由式(2-9)~式(2-12)、式(2-14)和式(2-15)可得

$$\nabla_t \times \boldsymbol{e} = 0 \tag{2-16}$$

$$-\mathrm{j}\beta\hat{z} \times \boldsymbol{e} = -\mathrm{j}\omega\mu\boldsymbol{h} \tag{2-17}$$

$$\nabla_t \times \boldsymbol{h} = 0 \tag{2-18}$$

$$\mathrm{j}\beta\hat{z} \times \boldsymbol{h} = -\mathrm{j}\omega\varepsilon\boldsymbol{e} \tag{2-19}$$

$$\nabla_t \cdot \boldsymbol{h} = 0 \tag{2-20}$$

$$\nabla_t \cdot \boldsymbol{e} = 0 \tag{2-21}$$

由式(2-16)可知，$\boldsymbol{e}$ 在 XOY 平面上的任意封闭路径积分为 0，这意味着 $\boldsymbol{e}$ 在 XOY 平面上是保守场，因此

$$\boldsymbol{e}(x, y) = -\nabla_t\Phi(x, y) \tag{2-22}$$

$$\nabla_t^2\Phi(x, y) = 0 \tag{2-23}$$

所以，电场可以写成

$$\boldsymbol{E}_t(x, y, z) = -\nabla_t\Phi(x, y)\mathrm{e}^{-\mathrm{j}\beta z} \tag{2-24}$$

已知横向电场满足

$$\nabla^2 \boldsymbol{E}_t + k^2 \boldsymbol{E}_t = 0 \tag{2-25}$$

利用式(2-3)可得

$$\nabla_t^2 \boldsymbol{E}_t + (k^2 - \beta^2) \boldsymbol{E}_t = 0 \tag{2-26}$$

进一步，有

$$\nabla_t \left[\nabla_t^2 \boldsymbol{\Phi} + (k^2 - \beta^2) \boldsymbol{\Phi} \right] = 0 \tag{2-27}$$

式(2-27)中，代入 $\nabla_t^2 \boldsymbol{\Phi}(x, y) = 0$，得到

$$\nabla_t \left[(k^2 - \beta^2) \boldsymbol{\Phi} \right] = 0 \tag{2-28}$$

当 $k^2 \neq \beta^2$ 时，$\nabla_t \boldsymbol{\Phi} = 0$。这意味着横向电场为 0，显然不是一个合适的解，所以只能是 $k^2 = \beta^2$。

得到电场之后，根据 Maxwell 方程，即可得到磁场

$$\frac{\omega \mu}{k} \boldsymbol{h} = \hat{z} \times \boldsymbol{e} = \eta \boldsymbol{h} \tag{2-29}$$

其中，$\eta = \sqrt{\dfrac{\mu}{\varepsilon}}$ 为自由空间波阻抗。

2. TE 模式（$E_z = 0$）

磁场满足的方程为

$$\nabla^2 \boldsymbol{H} + k^2 \boldsymbol{H} = 0 \tag{2-30}$$

式(2-30)可以写成两个方程，横向和纵向，即

$$\nabla_t^2 h_z(x, y) + k_c^2 h_z(x, y) = 0 \tag{2-31}$$

$$\nabla_t^2 \boldsymbol{h}(x, y) + k_c^2 \boldsymbol{h}(x, y) = 0 \tag{2-32}$$

其中，$k_c^2 = k^2 - \beta^2$。

在 $e_z = 0$ 情况下，式(2-9)~式(2-12)、式(2-14)和式(2-15)可以写成

$$\nabla_t \times \boldsymbol{e} = -j\omega\mu h_z \tag{2-33}$$

$$-j\beta\hat{z} \times \boldsymbol{e} = -j\omega\mu\boldsymbol{h} \tag{2-34}$$

$$\nabla_t \times \boldsymbol{h} = 0 \tag{2-35}$$

$$j\beta\hat{z} \times \boldsymbol{h} + \hat{z} \times \nabla_t h_z = -j\omega\varepsilon\boldsymbol{e} \tag{2-36}$$

$$\nabla_t \cdot \boldsymbol{h} = j\beta h_z \tag{2-37}$$

$$\nabla_t \cdot \boldsymbol{e} = 0 \tag{2-38}$$

对于式(2-35)，两边再次求横向旋度得

$$\nabla_t \times (\nabla_t \times \boldsymbol{h}) = \nabla_t \nabla_t \cdot \boldsymbol{h} - \nabla_t^2 \boldsymbol{h} = 0 \tag{2-39}$$

将式(2-37)代入式(2-39)，同时将式(2-32)也代入，可以得到

$$\boldsymbol{h} = -\frac{j\beta}{k_c^2} \nabla_t h_z \tag{2-40}$$

这样就得到了横向磁场和纵向磁场的关系。再利用式(2-34)，可以得到

$$\beta\hat{z} \times (\hat{z} \times \boldsymbol{e}) = \beta \left[\hat{z}(\hat{z} \cdot \boldsymbol{e}) - \boldsymbol{e}(\hat{z} \cdot \hat{z}) \right] = -\beta\boldsymbol{e} = \omega\mu\hat{z} \times \boldsymbol{h} \tag{2-41}$$

即

$$\boldsymbol{e} = \frac{\omega\mu}{-\beta}\hat{z} \times \boldsymbol{h} = -\frac{k}{\beta}\eta\hat{z} \times \boldsymbol{h} \tag{2-42}$$

TE 模式求解的流程可以总结为: 首先解出 h_z

$$\nabla_t^2 h_z(x,y) + k_c^2 h_z(x,y) = 0 \tag{2-43}$$

然后分别给出电场和磁场的横向分量

$$\boldsymbol{h} = -\frac{\mathrm{j}\beta}{k_c^2}\nabla_t h_z \tag{2-44}$$

$$\boldsymbol{e} = \frac{\omega\mu}{-\beta}\hat{z} \times \boldsymbol{h} = -\frac{k}{\beta}\eta\hat{z} \times \boldsymbol{h} = -Z_{\mathrm{TE}}\hat{z} \times \boldsymbol{h} \tag{2-45}$$

其中, $\beta = \sqrt{k^2 - k_c^2}$ 为相位常数; $Z_{\mathrm{TE}} = \dfrac{\omega\mu}{\beta}$ 为 TE 模式的波阻抗。

3. TM 模式 ($H_z = 0$)

和 TE 模式的求解类似, TM 模式求解的流程为

首先求解 e_z:

$$\nabla_t^2 e_z(x,y) + k_c^2 e_z(x,y) = 0 \tag{2-46}$$

然后分别给出电场和磁场的横向分量

$$\boldsymbol{e} = -\frac{\mathrm{j}\beta}{k_c^2}\nabla_t e_z \tag{2-47}$$

$$\boldsymbol{h} = \frac{\omega\varepsilon}{\beta}\hat{z} \times \boldsymbol{e} = \frac{k}{\beta\eta}\hat{z} \times \boldsymbol{e} = \frac{1}{Z_{\mathrm{TM}}}\hat{z} \times \boldsymbol{e} \tag{2-48}$$

其中, $Z_{\mathrm{TM}} = \dfrac{\beta}{\omega\varepsilon}$ 为 TM 模式的波阻抗。

可以看出, TE 和 TM 的波阻抗之间存在以下关系:

$$Z_{\mathrm{TE}}Z_{\mathrm{TM}} = \eta^2 \tag{2-49}$$

2.1.2　矩形波导

最适合矩形波导使用的坐标系是直角坐标系。选定坐标系之后, 可以根据 2.1.1 节对传输线场的分析结果, 具体地给出矩形波导中的场分布。

1. TE 模式

TE 模式下, $E_z = 0$, 所以首先计算 H_z, 则

$$\nabla_t^2 h_z + k_c^2 h_z = 0 \tag{2-50}$$

$$\frac{\partial^2 h_z}{\partial x^2} + \frac{\partial^2 h_z}{\partial y^2} + k_c^2 h_z = 0 \tag{2-51}$$

使用分离变量法 $h_z = f(x)g(y)$, 有

$$\frac{1}{f}\frac{\mathrm{d}^2 f}{\mathrm{d}x^2} + \frac{1}{g}\frac{\mathrm{d}^2 g}{\mathrm{d}y^2} + k_c^2 = 0 \tag{2-52}$$

进一步得到

$$\frac{1}{f}\frac{\mathrm{d}^2 f}{\mathrm{d}x^2} = -k_x^2 \tag{2-53}$$

$$\frac{\mathrm{d}^2 f}{\mathrm{d}x^2} + k_x^2 f = 0 \qquad (2-54)$$

$$\frac{1}{g}\frac{\mathrm{d}^2 g}{\mathrm{d}y^2} = -k_y^2 \qquad (2-55)$$

$$\frac{\mathrm{d}^2 g}{\mathrm{d}y^2} + k_y^2 g = 0 \qquad (2-56)$$

式(2-54)和式(2-56)的解为

$$f(x) = A_1 \cos k_x x + A_2 \sin k_x x \qquad (2-57)$$

$$g(y) = B_1 \cos k_y y + B_2 \sin k_y y \qquad (2-58)$$

对于理想导体边界条件，法向磁场为 0，所以有

$$\hat{\boldsymbol{n}} \cdot \nabla_t h_z = 0 \qquad (2-59)$$

即

$$\frac{\partial h_z}{\partial x} = 0, \ x = 0, \ a \qquad (2-60)$$

$$\frac{\partial h_z}{\partial y} = 0, \ y = 0, \ b \qquad (2-61)$$

代入式(2-57)后，可以得到

$$-k_x A_1 \sin k_x x + k_x A_2 \cos k_x x = 0, \ x = 0, \ a \qquad (2-62)$$

$$k_x = \frac{m\pi}{a}, \ m = 0, \ 1, \ 2, \ \cdots$$

类似地，可以得到

$$k_y = \frac{n\pi}{b}, \ n = 0, \ 1, \ 2, \ \cdots$$

m 和 n 同时为 0 会导致解是常数，进而导致解无效。将 h_z 完整地写出，为

$$h_z = H_{mn} \cos\frac{m\pi x}{a} \cos\frac{n\pi y}{b} \qquad (2-63)$$

截止波数为

$$k_c = \sqrt{\left(\frac{m\pi}{a}\right)^2 + \left(\frac{n\pi}{b}\right)^2} \qquad (2-64)$$

截止频率为

$$f_c = \frac{c}{\lambda_c} = \frac{c}{2\pi}k_c = \frac{c}{2\pi}\sqrt{\left(\frac{m\pi}{a}\right)^2 + \left(\frac{n\pi}{b}\right)^2} \qquad (2-65)$$

根据

$$\boldsymbol{h} = -\frac{\mathrm{j}\beta}{k_c^2}\nabla_t h_z \qquad (2-66)$$

$$\boldsymbol{e} = \frac{\omega\mu}{-\beta}\hat{\boldsymbol{z}} \times \boldsymbol{h} = -\frac{k\eta}{\beta}\hat{\boldsymbol{z}} \times \boldsymbol{h} \qquad (2-67)$$

可以给出矩形波导 TE_{mn} 模式的场为

$$
\begin{cases}
H_z = H_{mn} \cos\left(\dfrac{m\pi}{a}x\right) \cos\left(\dfrac{n\pi}{b}y\right) \mathrm{e}^{-\mathrm{j}\beta z} \\[2mm]
E_x = \mathrm{j}\dfrac{\omega\mu}{k_c^2}\dfrac{n\pi}{b}H_{mn} \cos\left(\dfrac{m\pi}{a}x\right) \sin\left(\dfrac{n\pi}{b}y\right) \mathrm{e}^{-\mathrm{j}\beta z} \\[2mm]
E_y = -\mathrm{j}\dfrac{\omega\mu}{k_c^2}\dfrac{m\pi}{a}H_{mn} \sin\left(\dfrac{m\pi}{a}x\right) \cos\left(\dfrac{n\pi}{b}y\right) \mathrm{e}^{-\mathrm{j}\beta z} \\[2mm]
E_z = 0 \\[2mm]
H_x = \dfrac{\mathrm{j}\beta}{k_c^2}\dfrac{m\pi}{a}H_{mn} \sin\left(\dfrac{m\pi}{a}x\right) \cos\left(\dfrac{n\pi}{b}y\right) \mathrm{e}^{-\mathrm{j}\beta z} \\[2mm]
H_y = \dfrac{\mathrm{j}\beta}{k_c^2}\dfrac{n\pi}{b}H_{mn} \cos\left(\dfrac{m\pi}{a}x\right) \sin\left(\dfrac{n\pi}{b}y\right) \mathrm{e}^{-\mathrm{j}\beta z}
\end{cases} \tag{2-68}
$$

需要指出的是，任意 $E_z = 0$ 的场，都可以由 TE 模式的线性组合来描述。

为了方便地用纵向分量表示横向分量，常常将它们的关系用矩阵方程来表示，即

$$
\begin{bmatrix} E_x \\ E_y \\ H_x \\ H_y \end{bmatrix} = \frac{1}{k_c^2}
\begin{bmatrix}
-\mathrm{j}\beta & 0 & 0 & -\mathrm{j}\omega\mu \\
0 & -\mathrm{j}\beta & \mathrm{j}\omega\mu & 0 \\
0 & \mathrm{j}\omega\varepsilon & -\mathrm{j}\beta & 0 \\
-\mathrm{j}\omega\varepsilon & 0 & 0 & -\mathrm{j}\beta
\end{bmatrix}
\begin{bmatrix} \dfrac{\partial E_z}{\partial x} \\[2mm] \dfrac{\partial E_z}{\partial y} \\[2mm] \dfrac{\partial H_z}{\partial x} \\[2mm] \dfrac{\partial H_z}{\partial y} \end{bmatrix} \tag{2-69}
$$

方程中的 4×4 的矩阵为不变性矩阵，因为在正交坐标系中这个矩阵是不变的，这个方程对矩形波导 TE 和 TM 模式都适用。

2. TM 模式

TM 模式下，$H_z = 0$，所以首先计算 E_z，即

$$
\nabla_t^2 e_z + k_c^2 e_z = 0 \tag{2-70}
$$

类似地，可以得到矩形波导 TM_{mn} 模式的场为

$$
\begin{cases}
E_x = \dfrac{-\mathrm{j}\beta m\pi}{ak_c^2}E_{mn} \cos\dfrac{m\pi x}{a} \sin\dfrac{n\pi y}{b} \mathrm{e}^{-\mathrm{j}\beta z} \\[2mm]
E_y = \dfrac{-\mathrm{j}\beta n\pi}{bk_c^2}E_{mn} \sin\dfrac{m\pi x}{a} \cos\dfrac{n\pi y}{b} \mathrm{e}^{-\mathrm{j}\beta z} \\[2mm]
E_z = E_{mn} \sin\dfrac{m\pi x}{a} \sin\dfrac{n\pi y}{b} \mathrm{e}^{-\mathrm{j}\beta z} \\[2mm]
H_x = \dfrac{\mathrm{j}\omega\varepsilon n\pi}{bk_c^2}E_{mn} \sin\dfrac{m\pi x}{a} \cos\dfrac{n\pi y}{b} \mathrm{e}^{-\mathrm{j}\beta z} \\[2mm]
H_y = \dfrac{-\mathrm{j}\omega\varepsilon m\pi}{ak_c^2}E_{mn} \cos\dfrac{m\pi x}{a} \sin\dfrac{n\pi y}{b} \mathrm{e}^{-\mathrm{j}\beta z} \\[2mm]
H_z = 0
\end{cases} \tag{2-71}
$$

3. 截止波长和凋落模

矩形波导中 TE_{mn} 模式和 TM_{mn} 模式有相同的截止波长，即

$$\lambda_c = \frac{2}{\sqrt{\left(\frac{m}{a}\right)^2 + \left(\frac{n}{b}\right)^2}} \qquad (2-72)$$

当波导的宽边大于窄边时，即 $a>b$ 时，截止波长最长的模式是 TE_{10} 模，称为矩形波导的主模式。注意：TM_{mn} 模式中的 m 和 n 都不能取 0。

型号为 BJ100 的矩形波导，其截止波长的分布图如图 2.1 所示。BJ100 矩形波导中，$a=22.86\ \mathrm{mm}$，$b=10.16\ \mathrm{mm}$。

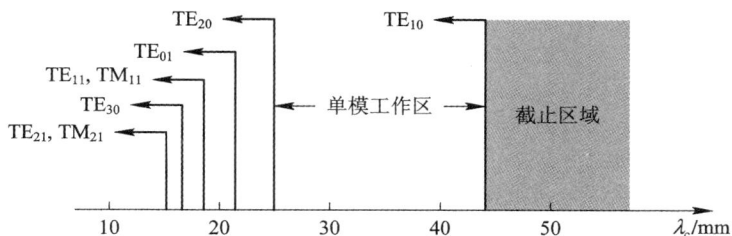

图 2.1　BJ100 矩形波导中模式截止波长分布图

当波长大于截止波长，即 $\lambda>\lambda_c$ 时，电磁波将快速衰减，无法在波导中传播。这种模式称为凋落模或者倏逝波。

4. 波导中的常用参数

1）波导波长

波导波长是波导中 z 方向上相邻等相位面的距离，记作 λ_g，为

$$\lambda_g = \frac{2\pi}{\beta} = \frac{\lambda}{\sqrt{1-\left(\frac{\lambda}{\lambda_c}\right)^2}} \qquad (2-73)$$

其中，λ 为自由空间波长，λ_c 为截止波长。

2）相速度和群速度

相速度的定义为 z 方向等相位面移动的速度，即

$$v_p = \frac{\omega}{\beta} = \frac{c}{\sqrt{1-\left(\frac{\lambda}{\lambda_c}\right)^2}} \qquad (2-74)$$

群速度的定义为包络移动的速度，即

$$v_g = \frac{\mathrm{d}\omega}{\mathrm{d}\beta} = c\sqrt{1-\left(\frac{\lambda}{\lambda_c}\right)^2} \qquad (2-75)$$

可以看到 $v_p v_g = c^2$。

5. 主要模式

矩形波导 TE_{10} 模式是其主要模式，其场分布为

$$\begin{cases} E_y = E_0 \sin\left(\dfrac{\pi}{a}x\right) \mathrm{e}^{-\mathrm{j}\beta z} \\[2mm] H_x = -\dfrac{\beta}{\omega\mu}E_0 \sin\left(\dfrac{\pi}{a}x\right) \mathrm{e}^{-\mathrm{j}\beta z} \\[2mm] H_z = \mathrm{j}\dfrac{1}{\omega\mu}\left(\dfrac{\pi}{a}\right) E_0 \cos\left(\dfrac{\pi}{a}x\right) \mathrm{e}^{-\mathrm{j}\beta z} \end{cases} \tag{2-76}$$

TE 模式的波阻抗 $Z_{\mathrm{TE}} = \dfrac{\omega\mu}{\beta}$，则式（2-76）还可以写为

$$\begin{cases} E_y = E_0 \sin\left(\dfrac{\pi}{a}x\right) \mathrm{e}^{-\mathrm{j}\beta z} \\[2mm] H_x = -\dfrac{1}{Z_{\mathrm{TE}}}E_0 \sin\left(\dfrac{\pi}{a}x\right) \mathrm{e}^{-\mathrm{j}\beta z} \\[2mm] H_z = \mathrm{j}\dfrac{1}{Z_{\mathrm{TE}}}\left(\dfrac{\lambda_\mathrm{g}}{2a}\right) E_0 \cos\left(\dfrac{\pi}{a}x\right) \mathrm{e}^{-\mathrm{j}\beta z} \end{cases} \tag{2-77}$$

矩形波导 TE_{10} 模式对应的电磁场分布如图 2.2 所示。

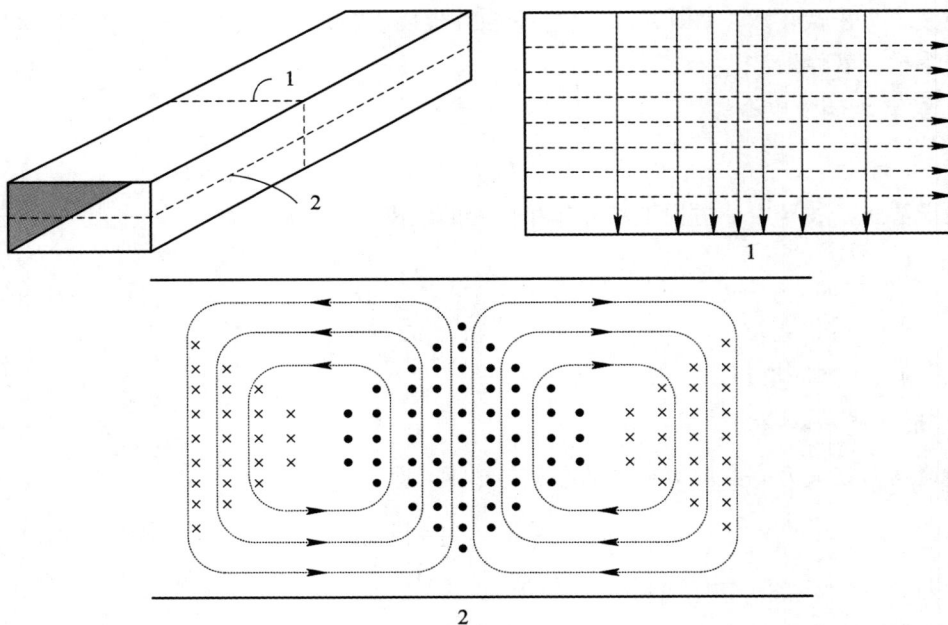

图 2.2　矩形波导 TE_{10} 模式的电磁场力线图

矩形波导 TE_{10} 模式的表面电流分布立体图如图 2.3 所示。

矩形波导中的 TE_{10} 模可以分解为两个平面 TEM 波的和，这两个 TEM 波是曲折前进的。

$$E_y = -\frac{E_0}{2\mathrm{j}}\left(\mathrm{e}^{\mathrm{j}\frac{\pi x}{a}-\mathrm{j}\beta z} - \mathrm{e}^{-\mathrm{j}\frac{\pi x}{a}-\mathrm{j}\beta z}\right) \tag{2-78}$$

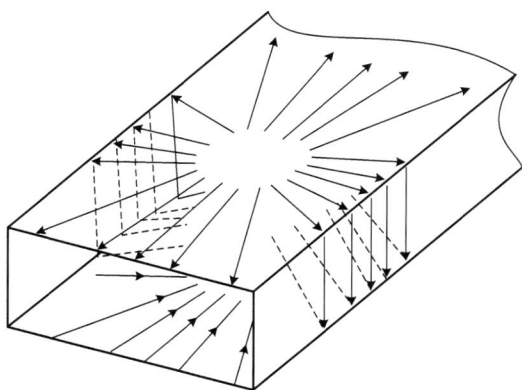

图 2.3　矩形波导 TE_{10} 模式的表面电流分布立体图

可以令

$$\frac{\pi}{a} = k \sin\theta \qquad (2-79)$$

$$\beta = k \cos\theta \qquad (2-80)$$

则式(2-78)可以写为

$$E_y = j\frac{E_0}{2}(e^{-jk_0(x\sin\theta + z\cos\theta)} - e^{-jk(-x\sin\theta + z\cos\theta)}) \qquad (2-81)$$

式(2-81)表明，两个平面波分别朝着 $+\theta$ 和 $-\theta$ 方向传播，合成了 E_y，如图 2.4 所示。

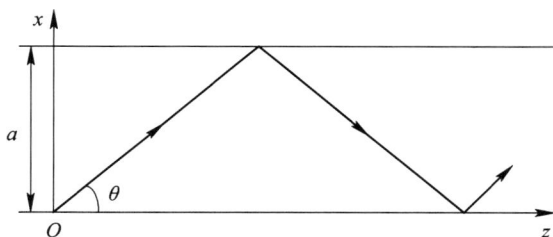

图 2.4　矩形波导 TE_{10} 模中波的折线传播

对于一般的 TE_{mn} 模式，当 m 和 n 都不为 0 时，可以分解出 4 个平面波。这一分解对实际计算并没有太大的帮助，但是对理解相速度为什么超过光速有很大的帮助。

注意，任何空心波导中，主模式总是 TE 模式。原因是，如果主模式是 TM 模式，则根据边界条件要求，在波导壁上 $E_z = 0$，这会导致 E_z 在横截面内有一个很大的变化。而如果主模式是 TE 模式，E_z 本来就是 0，自然满足边界条件，且对 H_z 没有这种变化的要求。另外，对于 TE 的最低模式，H_z 的变化肯定是最小的，这样，m 和 n 就小，根据式(2-72)，截止波长会大，进而截止频率就低。所以，任何空心波导，主模式总是 TE 模式。

6. 简并模式

模式不同却有相同的截止波长的模式称为简并模式。矩形波导中的 TE_{mn} 和 TM_{mn}，虽然电磁场分布不同，但是截止频率是相同的，所以是简并的。

7. 模式正交

设波导中有两种模式$(E_m，H_m)$和$(E_n，H_n)$，当满足条件

$$\int_S E_m \times H_n^* \cdot \hat{z}\,\mathrm{d}S = 0 \tag{2-82}$$

时，则这两种模式是正交的。注意到，式(2-82)中的积分是在波导的横截面上进行的。

当两种模式同时存在时，计算通过横截面的复功率：

$$P = \int_S (E_m + E_n) \times (H_m^* + H_n^*) \cdot \hat{z}\,\mathrm{d}S$$

$$= \int_S E_m \times H_m^* \cdot \hat{z}\,\mathrm{d}S + \int_S E_n \times H_n^* \cdot \hat{z}\,\mathrm{d}S + \int_S E_m \times H_n^* \cdot \hat{z}\,\mathrm{d}S + \int_S E_n \times H_m^* \cdot \hat{z}\,\mathrm{d}S \tag{2-83}$$

当两种模式正交时，式(2-83)中最后两项为 0。则复功率表示为

$$P = \int_S E_m \times H_m^* \cdot \hat{z}\,\mathrm{d}S + \int_S E_n \times H_n^* \cdot \hat{z}\,\mathrm{d}S \tag{2-84}$$

式(2-84)表明，总复功率等于两个模式单独计算的复功率的和，这是正交模式的重要特征。

可以证明，波导中的 TE 模式和 TM 模式总是正交的，即使它们是简并的；在不发生简并的情况下，两个 TE 模式(或者两个 TM 模式)是正交的；两个简并模式是否正交需要具体分析。例如，正方形波导$(a=b)$中的 TE_{10} 和 TE_{01} 模式是简并的，也是正交的，如图 2.5 所示。而在圆波导中，两种不同极化的 TE_{11} 模式可能正交也可能不正交，如图 2.6 和图 2.7 所示。

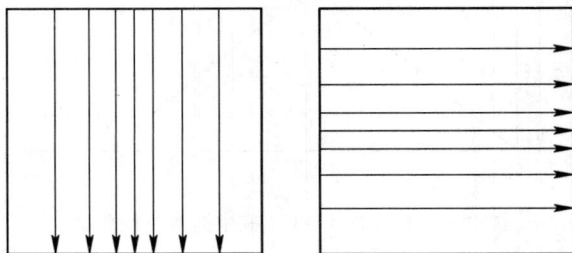

图 2.5　正方形波导中的 TE_{10} 模式和 TE_{01} 模式(正交)

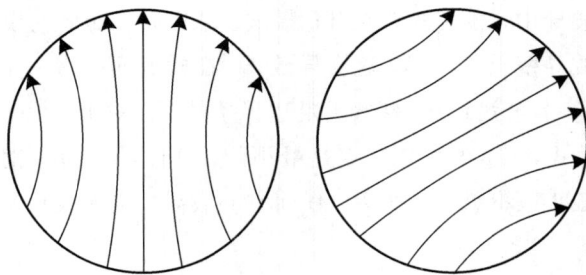

图 2.6　圆波导中两种不同极化的 TE_{11} 模式(不正交)

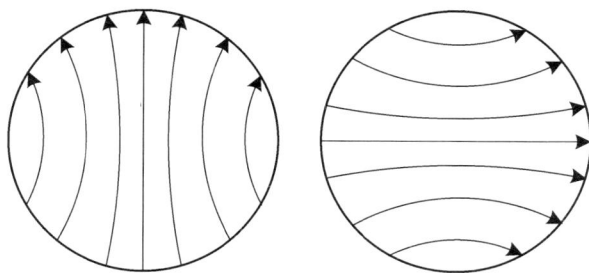

图 2.7 圆波导中两种不同极化的 TE_{11} 模式(正交)

2.1.3 圆波导

根据圆波导的几何结构特点,选择柱坐标系来进行场分析是最适合的。

1. TM 模式

首先分析 TM 模式,电场满足的方程为

$$\nabla_t^2 e_z + k_c^2 e_z = 0 \tag{2-85}$$

注意柱坐标下横向拉普拉斯算子的表达形式与直角坐标系下是不同的,则上式写为

$$\frac{\partial^2 e_z}{\partial r^2} + \frac{1}{r} \frac{\partial e_z}{\partial r} + \frac{1}{r^2} \frac{\partial^2 e_z}{\partial \varphi^2} + k_c^2 e_z = 0 \tag{2-86}$$

采用分离变量法,有

$$e_z = f(r) g(\varphi)$$

$$\frac{1}{f} \frac{d^2 f}{dr^2} + \frac{1}{rf} \frac{df}{dr} + \frac{1}{r^2 g} \frac{d^2 g}{d\varphi^2} + k_c^2 = 0 \tag{2-87}$$

式(2-87)乘 r^2 后,可得

$$\frac{r^2}{f} \frac{d^2 f}{dr^2} + \frac{r}{f} \frac{df}{dr} + r^2 k_c^2 = -\frac{1}{g} \frac{d^2 g}{d\varphi^2} \tag{2-88}$$

式(2-88)可以分离为两个方程:

$$\frac{d^2 f}{dr^2} + \frac{1}{r} \frac{df}{dr} + \left(k_c^2 - \frac{m^2}{r^2} \right) f = 0 \tag{2-89}$$

$$\frac{d^2 g}{d\varphi^2} + m^2 g = 0 \tag{2-90}$$

在圆柱结构中的场关于 φ 必须是周期的,且周期为 2π,所以式(2-90)中的 m 必须取整数。这样可以得到 $g(\varphi)$:

$$g(\varphi) = A_1 \cos m\varphi + A_2 \sin m\varphi = \begin{pmatrix} \cos m\varphi \\ \sin m\varphi \end{pmatrix} \tag{2-91}$$

式(2-89)是 Bessel 方程,该方程有两个解 $J_m(k_c r)$ 和 $N_m(k_c r)$,分别为 m 阶 Bessel 函数和 m 阶 Neumann 函数(第一类 Bessel 函数和第二类 Bessel 函数),函数的曲线如图 2.8 所示。

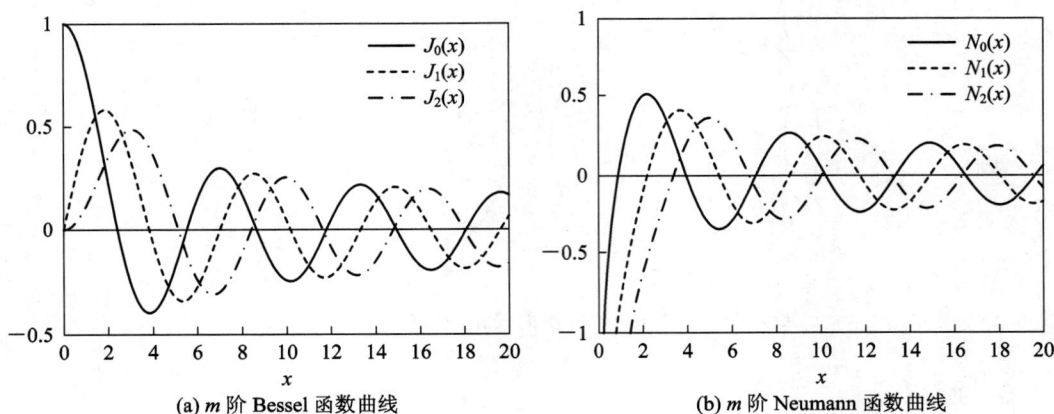

(a) m 阶 Bessel 函数曲线　　　　　　(b) m 阶 Neumann 函数曲线

图 2.8　第一类和第二类 Bessel 函数曲线

可以看出，Bessel 函数像一个衰减的正弦函数，以准周期的方式通过零点。Neumann 函数在 $r=0$ 时趋向于无穷大，所以不能出现在解中。综合上面的结果，可以得到解为

$$e_z(r,\varphi)=(A_1\cos m\varphi+A_2\sin m\varphi)J_m(k_c r) \qquad (2-92)$$

接下来使用边界条件，即理想导体边界上切向电场为 0。可知当 $r=R$ 时，e_z 必须为 0，则有 $J_m(k_c R)=0$。令 $J_m(x)=0$ 的第 n 个根为 ν_{mn}，则 k_c 可以写成

$$k_c=\frac{\nu_{mn}}{R} \qquad (2-93)$$

每一种 m、n 的组合代表着一种 TM 模式，所以圆波导有无穷多种 TM 模式。其截止波长可以表示为

$$\lambda_c=\frac{2\pi R}{\nu_{mn}} \qquad (2-94)$$

圆波导 TM 模式的场分布为

$$
\begin{cases}
E_r=-\dfrac{\mathrm{j}\beta}{k_c}E_{mn}J'_m\left(\dfrac{\nu_{mn}}{R}r\right)\begin{pmatrix}\cos m\varphi\\\sin m\varphi\end{pmatrix}\mathrm{e}^{-\mathrm{j}\beta z}\\[3mm]
E_\varphi=\pm\dfrac{\mathrm{j}\beta m}{k_c^2 r}E_{mn}J_m\left(\dfrac{\nu_{mn}}{R}r\right)\begin{pmatrix}\sin m\varphi\\\cos m\varphi\end{pmatrix}\mathrm{e}^{-\mathrm{j}\beta z}\\[3mm]
E_z=E_{mn}J_m\left(\dfrac{\nu_{mn}}{R}r\right)\begin{pmatrix}\cos m\varphi\\\sin m\varphi\end{pmatrix}\mathrm{e}^{-\mathrm{j}\beta z}\\[3mm]
H_r=\mp\dfrac{\mathrm{j}\omega\varepsilon m}{k_c^2 r}E_{mn}J_m\left(\dfrac{\nu_{mn}}{R}r\right)\begin{pmatrix}\sin m\varphi\\\cos m\varphi\end{pmatrix}\mathrm{e}^{-\mathrm{j}\beta z}\\[3mm]
H_\varphi=-\dfrac{\mathrm{j}\omega\varepsilon}{k_c}E_{mn}J'_m\left(\dfrac{\nu_{mn}}{R}r\right)\begin{pmatrix}\cos m\varphi\\\sin m\varphi\end{pmatrix}\mathrm{e}^{-\mathrm{j}\beta z}\\[3mm]
H_z=0
\end{cases} \qquad (2-95)
$$

2. TE 模式

接下来分析 TE 模式，首先计算纵向的磁场分量，可以得到

$$h_z(r,\varphi) = (B_1 \cos m\varphi + B_2 \sin m\varphi)J_m(k_c r) \tag{2-96}$$

此时的边界条件为：当 $r=R$ 时，$\dfrac{\partial h_z}{\partial r}=0$，可以得到

$$\frac{\mathrm{d}J_m(k_c r)}{\mathrm{d}r}=0,\ r=R \tag{2-97}$$

令式（2-97）的解为 μ_{mn}，则可得到此时的 k_c 为

$$k_c = \frac{\mu_{mn}}{R} \tag{2-98}$$

圆波导 TE 模式的场分布为

$$
\begin{cases}
E_r = \pm \mathrm{j}\dfrac{\omega\mu m}{k_c^2 r}H_{mn}J_m\left(\dfrac{\mu_{mn}}{R}r\right)\begin{pmatrix}\sin m\varphi\\\cos m\varphi\end{pmatrix}\mathrm{e}^{-\mathrm{j}\beta z}\\[3mm]
E_\varphi = \mathrm{j}\dfrac{\omega\mu}{k_c}H_{mn}J_m'\left(\dfrac{\mu_{mn}}{R}r\right)\begin{pmatrix}\cos m\varphi\\\sin m\varphi\end{pmatrix}\mathrm{e}^{-\mathrm{j}\beta z}\\[3mm]
E_z = 0\\[2mm]
H_r = -\mathrm{j}\dfrac{\beta}{k_c}H_{mn}J_m'\left(\dfrac{\mu_{mn}}{R}r\right)\begin{pmatrix}\cos m\varphi\\\sin m\varphi\end{pmatrix}\mathrm{e}^{-\mathrm{j}\beta z}\\[3mm]
H_\varphi = \pm \mathrm{j}\dfrac{\beta m}{k_c^2 r}H_{mn}J_m\left(\dfrac{\mu_{mn}}{R}r\right)\begin{pmatrix}\sin m\varphi\\\cos m\varphi\end{pmatrix}\mathrm{e}^{-\mathrm{j}\beta z}\\[3mm]
H_z = H_{mn}J_m\left(\dfrac{\mu_{mn}}{R}r\right)\begin{pmatrix}\cos m\varphi\\\sin m\varphi\end{pmatrix}\mathrm{e}^{-\mathrm{j}\beta z}
\end{cases} \tag{2-99}
$$

由于 Bessel 函数的递推公式为

$$\frac{\mathrm{d}J_0(x)}{\mathrm{d}x} = -J_1(x) \tag{2-100}$$

所以 $\mu_{0n}=\nu_{1n}$，即 TE_{0n} 和 TM_{1n} 是简并的。

3. 主模式

圆波导 TE_{11} 模式是其主模式，场分布为

$$
\begin{cases}
E_r = \pm \mathrm{j}\dfrac{\omega\mu}{k_c^2 r}H_0 J_1\left(\dfrac{\mu_{11}}{R}r\right)\begin{pmatrix}\sin\varphi\\\cos\varphi\end{pmatrix}\mathrm{e}^{-\mathrm{j}\beta z}\\[3mm]
E_\varphi = \mathrm{j}\dfrac{\omega\mu}{k_c}H_0 J_1'\left(\dfrac{\mu_{11}}{R}r\right)\begin{pmatrix}\cos\varphi\\\sin\varphi\end{pmatrix}\mathrm{e}^{-\mathrm{j}\beta z}\\[3mm]
E_z = 0\\[2mm]
H_r = -\mathrm{j}\dfrac{\beta}{k_c}H_0 J_1'\left(\dfrac{\mu_{11}}{R}r\right)\begin{pmatrix}\cos\varphi\\\sin\varphi\end{pmatrix}\mathrm{e}^{-\mathrm{j}\beta z}\\[3mm]
H_\varphi = \pm \mathrm{j}\dfrac{\beta}{k_c^2 r}H_0 J_1\left(\dfrac{\mu_{11}}{R}r\right)\begin{pmatrix}\sin\varphi\\\cos\varphi\end{pmatrix}\mathrm{e}^{-\mathrm{j}\beta z}\\[3mm]
H_z = H_0 J_1\left(\dfrac{\mu_{11}}{R}r\right)\begin{pmatrix}\cos\varphi\\\sin\varphi\end{pmatrix}\mathrm{e}^{-\mathrm{j}\beta z}
\end{cases} \tag{2-101}
$$

圆波导 TE_{11} 模式对应的电磁场分布如图 2.9 所示。

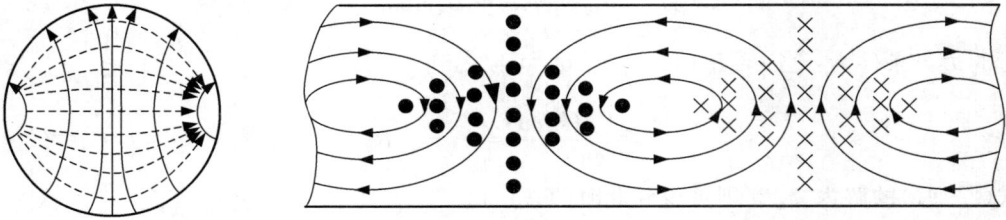

图 2.9 圆波导 TE_{11} 模式的电磁场力线图

在圆波导的场中，需要注意以下问题。

（1）圆波导中不存在 TE_{m0} 和 TM_{m0} 模式，原因是 $n=0$ 代表的是 Bessel 函数或者其导数的第 0 个根，是不存在的。

（2）圆波导中存在 TE_{0n} 和 TM_{0n} 模式。$m=0$ 意味着场与 φ 无关，也就是说场是圆周对称的。

（3）圆波导中存在两种简并模式。第一种是极化简并，如图 2.10 所示，TE_{11} 模式中，关于 φ 的函数取 $\cos m\varphi$ 和 $\sin m\varphi$，可以得到两个不同的场，场之间是旋转 90° 的关系。圆波导波型的极化简并，使传输造成不稳定，这是圆波导的应用受限制的主要原因。

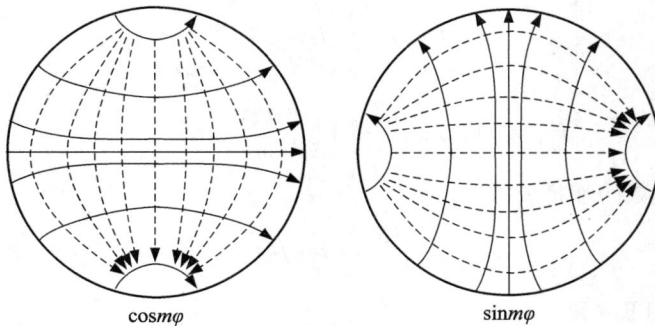

$\cos m\varphi$ $\sin m\varphi$

图 2.10 圆波导 TE_{11} 模的极化简并

第二种是 TE_{0n} 和 TM_{1n} 简并，圆波导中不存在矩形波导中的 TE_{mn} 和 TM_{mn} 简并。

（4）圆波导中的三种主要模式和特点。圆波导的主模式是 TE_{11} 模式，主要用途是方圆过度；TE_{01} 模式的特点是损耗最小，因为没有纵向电流，所以这种模式的金属损耗是最小的；TM_{01} 模式的特点是轴对称，而且在所有轴对称模式中，它的截止频率是最低的，常用来做雷达的旋转关节。

2.1.4 同轴线

同轴线是一种典型的可以传输 TEM 模式的导波系统。同轴线的结构满足传输 TEM 模式的条件，即至少有两个导体而且介质均匀填充。根据同轴线的结构特点，选择柱坐标是合适的坐标系。

同轴线传输 TEM 模式时，满足的方程为拉普拉斯方程

$$\nabla_t^2 \boldsymbol{E}_t = 0 \tag{2-102}$$

$$\nabla_t^2 \boldsymbol{H}_t = 0 \tag{2-103}$$

可以采用分离变量法直接求解以上两个方程。但是由于采用了柱坐标系，其中的单位矢量 $\hat{r}$ 和 $\hat{\varphi}$ 都是变单位矢量，方程求解过程中需要考虑变矢量的影响，这会使得求解复杂。所以一般情况下，可以通过引入位函数 $\Phi(r,\varphi)$ 使求解过程简单。利用前面对 TEM 模式的讨论可知

$$\boldsymbol{e}(r,\varphi)=-\nabla_t\Phi(r,\varphi) \tag{2-104}$$

$$\nabla_t^2\Phi(r,\varphi)=0 \tag{2-105}$$

利用柱坐标系的横向拉普拉斯算子，可得

$$\frac{1}{r}\frac{\partial}{\partial r}\left(r\frac{\partial\Phi}{\partial r}\right)+\frac{1}{r^2}\frac{\partial^2\Phi}{\partial\varphi^2}=0 \tag{2-106}$$

由于同轴线圆周对称，可以假设场与 φ 无关，则有

$$\frac{1}{r}\frac{\partial}{\partial r}\left(r\frac{\partial\Phi}{\partial r}\right)=0 \tag{2-107}$$

对式(2-107)积分两次，可得

$$\Phi=C_1\ln r+C_2 \tag{2-108}$$

可以得到 TEM 模式时的电场和磁场为

$$\boldsymbol{E}=-\hat{\boldsymbol{r}}\frac{\partial\Phi}{\partial r}\mathrm{e}^{-jkz}=-\frac{U_0}{\ln\left(\frac{a}{b}\right)}\frac{\hat{\boldsymbol{r}}}{r}\mathrm{e}^{-jkz}=\frac{U_0}{\ln\left(\frac{b}{a}\right)}\frac{\hat{\boldsymbol{r}}}{r}\mathrm{e}^{-jkz} \tag{2-109}$$

$$\boldsymbol{H}=\frac{1}{\eta}\hat{\boldsymbol{z}}\times\boldsymbol{e}\,\mathrm{e}^{-jkz}=\frac{U_0}{\eta\ln\left(\frac{b}{a}\right)}\frac{\hat{\boldsymbol{\varphi}}}{r}\mathrm{e}^{-jkz} \tag{2-110}$$

2.1.5　带状线

带状线是一种典型的可以传输 TEM 模式的导波系统，可以认为带状线是由扁平同轴线演化而来的。将同轴线的外导体分开展平，就得到了带状线，如图 2.11 所示。

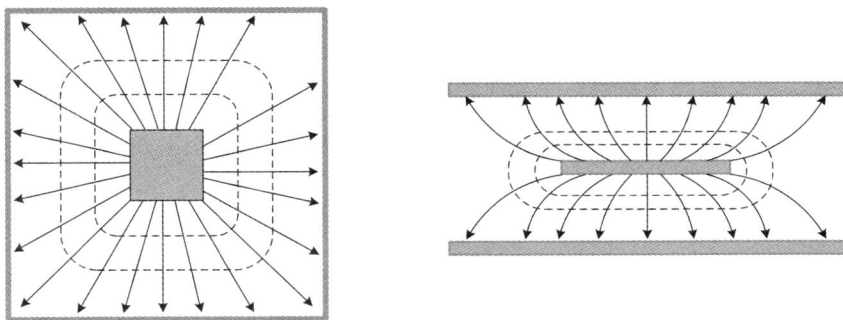

图 2.11　从同轴线到带状线的演变

图 2.12 为带状线的结构示意图，其电磁场分布已在图 2.11 中给出。

带状线特性阻抗 Z_0 的计算和传输 TEM 模式的双导线的特性阻抗计算公式是一致的，即

$$Z_0=\sqrt{\frac{L}{C}}=\frac{1}{v_pC} \tag{2-111}$$

其中，$v_p = \dfrac{1}{\sqrt{LC}} = \dfrac{c}{\sqrt{\varepsilon_r}}$。所以计算带状线的特性阻抗 Z_0 通常都会被转化为计算分布电容 C，而分布电容的计算常常会借助保角变换这一数学工具。另外，由于带状线主模式是 TEM 模，因此带状线中的波导波长为

$$\lambda_g = \frac{\lambda_0}{\sqrt{\varepsilon_r}} \qquad (2-112)$$

其中，λ_0 为真空中的波长。

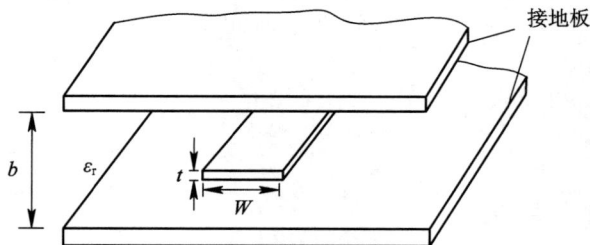

图 2.12　带状线的结构示意图

2.1.6　微带线

图 2.13 为微带线的结构示意图和传输准 TEM 模式时的电磁场分布图。由于微带线是开放结构，存在空气和介质的交界面，因此不能传输 TEM 模式。但在工程上近似地认为传输的是 TEM 模式，称为准 TEM 模式。

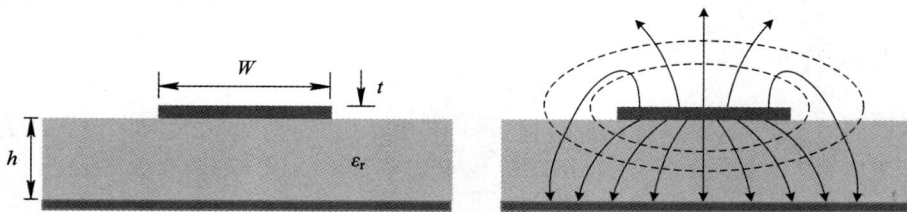

图 2.13　微带线的结构示意和其电磁场分布图

微带线中，一部分电场在空气中，而另一部分电场在介质中，这使分析变得复杂，通常可以采用等效的方式进行分析。根据之前的分析可知，TEM 模传输线的特性阻抗可以通过以下公式计算：

$$Z_0 = \sqrt{\frac{L}{C}} = \frac{1}{v_p C} \qquad (2-113)$$

微带线传输的是准 TEM 模，近似认为可以采用同样的公式，其中，C 和 L 分别是微带线的分布电容和分布电感，v_p 是相速度。因此，只要得到微带线的分布电容 C 和相速度 v_p 就可以得到其特性阻抗。

为了实现这一目标，首先研究空气微带线，由于导带周围是均匀的空气，因此传输 TEM 模，其特性阻抗 Z_{01} 为

$$Z_{01} = \frac{1}{c C_{01}} \qquad (2-114)$$

其中，c 为光速，C_{01} 为空气微带的分布电容。

当微带线周围全部用相对介电常数为 ε_r（ε_r 是原微带线中介质的相对介电常数）的介质填充时，由于此时是均匀的介质填充，因此仍然传输 TEM 模，其特性阻抗 Z_{02} 为

$$Z_{02} = \frac{1}{v_{p2}C_{02}} = \frac{Z_{01}}{\sqrt{\varepsilon_r}} \tag{2-115}$$

其中，$v_{p2} = \dfrac{c}{\sqrt{\varepsilon_r}}$，为相速；$C_{02} = \varepsilon_r C_{01}$，为此种类型微带的分布电容。

对于实际的微带线，由于部分填充介质、部分填充空气，因此波的相速度 v_p 一定满足

$$\frac{c}{\sqrt{\varepsilon_r}} < v_p < c \tag{2-116}$$

同样地，分布电容 C 满足

$$C_{01} < C < \varepsilon_r C_{01} \tag{2-117}$$

特性阻抗满足

$$\frac{Z_{01}}{\sqrt{\varepsilon_r}} < Z_0 < Z_{01} \tag{2-118}$$

因此，引入一种等效的介质，它的相对介电常数 ε_e 满足

$$1 < \varepsilon_e < \varepsilon_r \tag{2-119}$$

用这种介质均匀填充整个微带线空间，构成等效微带线，并且保持它的尺寸、特性阻抗、相速、分布电容等参数与原来实际的微带线相同。我们把相对介电常数 ε_e 称为有效介电常数。由于此时介质是均匀填充的，所以传输 TEM 模式。因此，微带线的相速度为

$$v_p = \frac{c}{\sqrt{\varepsilon_e}} \tag{2-120}$$

微带线的分布电容为

$$C = \varepsilon_e C_{01} \tag{2-121}$$

微带线的特性阻抗为

$$Z_0 = \frac{1}{\dfrac{c}{\sqrt{\varepsilon_e}}C_{01}\varepsilon_e} = \frac{1}{cC_{01}\sqrt{\varepsilon_e}} = \frac{Z_{01}}{\sqrt{\varepsilon_e}} \tag{2-122}$$

微带线中的波导波长为

$$\lambda_g = \frac{\lambda_0}{\sqrt{\varepsilon_e}} \tag{2-123}$$

其中，λ_0 为真空中的波长。

由此可见，分析微带线的特性阻抗转化为分析空气微带的特性阻抗 Z_{01} 和有效介电常数 ε_e。利用保角变换法，可以得到有效介电常数为

$$\varepsilon_e = 1 + q(\varepsilon_r - 1) \tag{2-124}$$

其中，q 是填充因子，用来表征介质填充的程度。当 $q=0$ 时，$\varepsilon_e=1$，表示全部填充空气，即空气微带；当 $q=1$ 时，$\varepsilon_e=\varepsilon_r$，表示全部填充相对介电常数为 ε_r 的介质。

q 的计算公式为

$$q = \frac{1}{2}\left[1 + \left(1 + \frac{10h}{W}\right)^{-\frac{1}{2}}\right] \tag{2-125}$$

其中，W 是导带的宽度，h 是介质的厚度。

2.1.7　耦合传输线

耦合传输线是由两根或者多根靠得很近且没有屏蔽的传输线组成的结构。有时候，为了完成一定的微波工程应用，需要采用耦合传输线的结构，例如，在微波工程设计中，定向耦合器、滤波器等元件需要使用耦合传输线。耦合传输线的耦合结构如图2.14所示。

图 2.14　耦合传输线

耦合的两根或者多根传输线中，每根线的特性都和独立单根传输线的特性不同。耦合传输线的分析方法是奇偶模分析法。

将如图 2.14 所示的耦合结构中的激励电压 U_1 和 U_2 进行分解，分解成偶模电压 U_e 和奇模电压 U_o 的组合：

$$\begin{bmatrix} U_1 \\ U_2 \end{bmatrix} = \begin{bmatrix} \frac{1}{2}(U_1+U_2) \\ \frac{1}{2}(U_1+U_2) \end{bmatrix} + \begin{bmatrix} \frac{1}{2}(U_1-U_2) \\ -\frac{1}{2}(U_1-U_2) \end{bmatrix} = \begin{bmatrix} U_e \\ U_e \end{bmatrix} + \begin{bmatrix} U_o \\ -U_o \end{bmatrix} \tag{2-126}$$

因此原激励可以分解为两种不同的激励，即偶模激励和奇模激励。进一步可以得到对应的响应，即偶模电流 I_e 和奇模电流 I_o：

$$\begin{bmatrix} I_e \\ I_o \end{bmatrix} = \begin{bmatrix} Y_{0e} & 0 \\ 0 & Y_{0o} \end{bmatrix} \begin{bmatrix} U_e \\ U_o \end{bmatrix} \tag{2-127}$$

其中，Y_{0e} 和 Y_{0o} 分别是偶模导纳和奇模导纳。这种做法把互耦问题化成两个独立问题，从数学上而言，也是矩阵对角化的方法。

进一步考察这两种特征激励的物理意义可知，偶模激励形成磁壁（偶对称轴）；奇模激励形成电壁（奇对称轴），如图 2.15 所示。

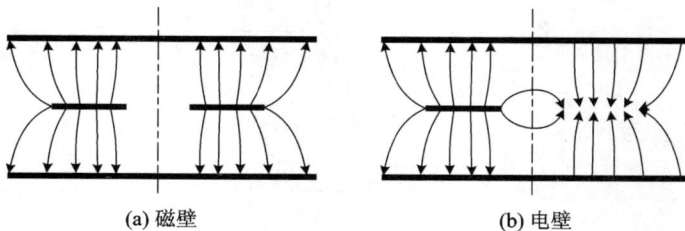

(a) 磁壁　　　　　　(b) 电壁

图 2.15　偶模激励和奇模激励

需要指出的是，上述的分析是针对对称耦合传输线进行的，非对称耦合传输线的奇偶模分析过程较为复杂，请读者参考相关教材，这里不再详述。

2.1.8　介质波导

介质波导是一种毫米波导波系统，最典型的介质波导结构是圆柱介质波导，它是一种空间开放的结构。

圆柱介质波导的场分布求解和金属圆波导中的场求解过程类似，但是需要注意的是，由于介质波导是开放结构，因此场需要在介质内部和介质外部分别求解，这一点与圆波导是不同的。圆柱介质波导中不存在 TE_{mn} 和 TM_{mn} 模式，存在 TE_{0n} 和 TM_{0n} 模式，还存在两种混合模式（HE_{mn} 和 EH_{mn} 模式）。圆柱介质波导的主模式是 HE_{11}，它的截止频率为 0。

圆柱介质波导的截止条件是

$$k_{c2} = 0 \tag{2-128}$$

2.1.9　波导中的色散现象

由上面的分析可知，对于一些波导的某些模式，波的相速度和频率有关。例如，对于矩形波导的主模式 TE_{10} 模，其相速度为

$$v_p = \frac{\omega}{\beta} = \frac{c}{\sqrt{1 - \left(\frac{\lambda}{\lambda_c}\right)^2}} = \frac{c}{\sqrt{1 - \left(\frac{f_c}{f}\right)^2}} \tag{2-129}$$

显然，这是色散现象。需要注意的是，波导中填充的介质并不是色散媒质，所以波导中的色散现象并不是由媒质的色散引起的，而是由波导的结构引起的。

当波导中传输非 TEM 模式时，相位常数和波数的关系是

$$k \neq \beta$$

这会导致波的相速度和频率有关，出现色散现象。而当传输 TEM 模时，不会出现色散现象。

2.1.10　几种常见的导波系统比较

为了方便比较，表 2-1 列出了常见的导波系统的主要特性。可以看出，TEM 模式是无色散的，而 TE 和 TM 模式一般都是有色散的，且是有截止频率的。不同的导波系统适用于不同的应用场景。

表 2-1　常见导波系统的特性比较

导波系统	导波系统特性				
	主模式	带宽	损耗	色散	功率容量
矩形波导	TE_{10}	窄	小	中	大
圆波导	TE_{11}	窄	小	中	大
同轴线	TEM	宽	中	无	中
带状线	TEM	宽	大	无	小
微带线	准 TEM	宽	大	小	小

2.2　难点解析

1. 波导求解的出发点为什么是无源区的 Maxwell 方程？

这是数学上的本征模分析方法。虽然实际中波导中的电磁场一定是源激励的结果，但

是波导中能传输什么形式的电磁场结构（即模式）是由波导本身决定的，称为波导的本征模。本征模和激励无关，所以在求解波导时从无源区的 Maxwell 方程出发。这样求解的模式是波导所有可能传输的模式。当源存在时所能激励的模式只是本征模式的线性组合。

2. 波导中场的求解过程需要注意哪些重点内容？

回顾波导中场的求解过程，我们发现需要注意的重点内容包含以下几个方面。

（1）坐标系匹配原则。为了便于进行场的求解，首先要选定合适的坐标系。对于矩形波导，选择直角坐标系；对于圆波导和同轴线，选择柱坐标系。当然，坐标系匹配原则也限制了能够解析求解的波导结构的范围。前面在分析矩形和圆波导的时候已指出，选取的坐标系要和波导截面的尺寸相匹配。如果是任意形状的波导，我们很难选用一个合适的坐标系进行解析求解。

（2）先求解纵向分量。TE 和 TM 的定义都是针对 z 方向的。也就是说，所谓的"横"这个概念是针对 z 方向而言的。因此，z 方向可以称为波导求解中的优势方向。在求解场的过程中，先求解电场或者磁场的 z 方向分量。另外，对于直角坐标系和柱坐标系，纵向的电场和磁场都满足亥姆霍兹方程：

$$\nabla^2 E_z + k^2 E_z = 0$$
$$\nabla^2 H_z + k^2 H_z = 0$$

因此，可以进行相对简单的求解。而柱坐标系中的其他场分量 E_r、E_φ、H_r、H_φ 可能不能满足亥姆霍兹方程。

（3）分离变量法。对上述 E_z 和 H_z 的方程采用分离变量法进行求解，这种可分离变量有数学上的保证，即在 11 种坐标系中分离变量法都是可以运用的。如果只把关于 z 的函数分离出来，可以写为

$$E_z = e_z Z(z)$$
$$H_z = h_z Z(z)$$

对于分离出来的关于 z 的函数 $Z(z)$，一定满足

$$\frac{d^2 Z(z)}{dz^2} + \beta^2 Z(z) = 0$$

这是广义传输线理论保证的，即在 z 方向上，系统是均匀的导波系统，场关于 z 的函数一定满足以上方程，它的解和传输线方程的解是一致的，即

$$Z(z) = C_1 e^{-j\beta z} + C_2 e^{j\beta z}$$

引入横向算子 ∇_t，即

$$\nabla = \nabla_t + \hat{z}\frac{\partial}{\partial z}$$

亥姆霍兹方程可以写成

$$\nabla_t^2 E_z + (k^2 - \beta^2)E_z = \nabla_t^2 E_z + k_c^2 E_z = 0$$
$$\nabla_t^2 H_z + (k^2 - \beta^2)H_z = \nabla_t^2 H_z + k_c^2 H_z = 0$$

（4）用纵向分量表示横向分量。求出纵向分量 E_z 和 H_z 之后，其他分量不必重新从最初的亥姆霍兹方程求解，可以用纵向分量表示。这种表示方法有两种形式。

第一种是用一个不变性矩阵表示，即

$$\begin{bmatrix} E_x \\ E_y \\ H_x \\ H_y \end{bmatrix} = \frac{1}{k_c^2} \begin{bmatrix} -\mathrm{j}\beta & 0 & 0 & -\mathrm{j}\omega\mu \\ 0 & -\mathrm{j}\beta & \mathrm{j}\omega\mu & 0 \\ 0 & \mathrm{j}\omega\varepsilon & -\mathrm{j}\beta & 0 \\ -\mathrm{j}\omega\varepsilon & 0 & 0 & -\mathrm{j}\beta \end{bmatrix} \begin{bmatrix} \dfrac{\partial E_z}{\partial x} \\ \dfrac{\partial E_z}{\partial y} \\ \dfrac{\partial H_z}{\partial x} \\ \dfrac{\partial H_z}{\partial y} \end{bmatrix}$$

以上的矩阵方程是直角坐标系下的情况。柱坐标系下的矩阵方程为

$$\begin{bmatrix} E_r \\ E_\varphi \\ H_r \\ H_\varphi \end{bmatrix} = \frac{1}{k_c^2} \begin{bmatrix} -\mathrm{j}\beta & 0 & 0 & -\mathrm{j}\omega\mu \\ 0 & -\mathrm{j}\beta & \mathrm{j}\omega\mu & 0 \\ 0 & \mathrm{j}\omega\varepsilon & -\mathrm{j}\beta & 0 \\ -\mathrm{j}\omega\varepsilon & 0 & 0 & -\mathrm{j}\beta \end{bmatrix} \begin{bmatrix} \dfrac{\partial E_z}{\partial r} \\ \dfrac{1}{r}\dfrac{\partial E_z}{\partial \varphi} \\ \dfrac{\partial H_z}{\partial r} \\ \dfrac{1}{r}\dfrac{\partial H_z}{\partial \varphi} \end{bmatrix}$$

　　须注意，虽然等号右边的 4×1 的矩阵和直角坐标系中的对应矩阵有所不同，但是中间的矩阵是不变的，而且可以证明在正交曲线柱坐标系中，该矩阵是不变的，所以称之为不变性矩阵。在正交曲线柱坐标系中，上面的矩阵方程可以写成

$$\begin{bmatrix} E_u \\ E_v \\ H_u \\ H_v \end{bmatrix} = \frac{1}{k_c^2} \begin{bmatrix} -\mathrm{j}\beta & 0 & 0 & -\mathrm{j}\omega\mu \\ 0 & -\mathrm{j}\beta & \mathrm{j}\omega\mu & 0 \\ 0 & \mathrm{j}\omega\varepsilon & -\mathrm{j}\beta & 0 \\ -\mathrm{j}\omega\varepsilon & 0 & 0 & -\mathrm{j}\beta \end{bmatrix} \begin{bmatrix} \dfrac{1}{h_1}\dfrac{\partial E_z}{\partial u} \\ \dfrac{1}{h_2}\dfrac{\partial E_z}{\partial v} \\ \dfrac{1}{h_1}\dfrac{\partial H_z}{\partial u} \\ \dfrac{1}{h_2}\dfrac{\partial H_z}{\partial v} \end{bmatrix}$$

其中，u 和 v 是正交曲线柱坐标系中横截面上的曲线坐标，h_1 和 h_2 是 u 和 v 坐标的拉梅系数。

　　第二种形式是直接利用 Maxwell 方程给出纵向分量和横向分量的关系，参见式(2-40)、式(2-42)、式(2-47)和式(2-48)，可得

$$\boldsymbol{e} = -\frac{\mathrm{j}\beta}{k_c^2}\nabla_t e_z - \frac{k}{\beta}\eta\hat{\boldsymbol{z}}\times\left(-\frac{\mathrm{j}\beta}{k_c^2}\nabla_t h_z\right)$$

$$\boldsymbol{h} = -\frac{\mathrm{j}\beta}{k_c^2}\nabla_t h_z + \frac{k}{\beta\eta}\hat{\boldsymbol{z}}\times\left(-\frac{\mathrm{j}\beta}{k_c^2}\nabla_t e_z\right)$$

对上述两式都乘以 $\mathrm{e}^{-\mathrm{j}\beta z}$，可以得到

$$\boldsymbol{E}_t = -\frac{\mathrm{j}\beta}{k_c^2}\nabla_t E_z - \frac{k}{\beta}\eta\hat{\boldsymbol{z}}\times\left(-\frac{\mathrm{j}\beta}{k_c^2}\nabla_t H_z\right)$$

$$\boldsymbol{H}_t = -\frac{\mathrm{j}\beta}{k_c^2}\nabla_t H_z + \frac{k}{\beta\eta}\hat{\boldsymbol{z}}\times\left(-\frac{\mathrm{j}\beta}{k_c^2}\nabla_t E_z\right)$$

其中，$\eta=\sqrt{\dfrac{\mu}{\varepsilon}}$ 为波阻抗。上述结果同样适用于正交曲线柱坐标系，本质上和用不变性矩阵表示是等价的。

（5）边界条件。微分方程的求解是需要通解和边界条件的，亥姆霍兹方程的求解也不例外。虽然边界条件要根据具体的波导结构确定，但是无论什么类型的波导，一旦边界条件确定了，截止波数 k_c 就确定了。进而，模式的场分布、截止波长、截止频率等都可以确定下来。例如，矩形波导中，利用边界条件可以得到

$$k_c=\sqrt{\left(\frac{m\pi}{a}\right)^2+\left(\frac{n\pi}{b}\right)^2}$$

由此可以得到模式的场分布、截止波长等。而在圆波导中，利用边界条件可以得到

$$k_c=\frac{\mu_{mn}}{R}\text{（TE）}$$

$$k_c=\frac{\nu_{mn}}{R}\text{（TM）}$$

同样可以确定模式的场分布、截止波长等。

3. 为什么直接将导波系统中的场按照 TE、TM 和 TEM 分类，难道没有其他类型了吗？

按照 TE、TM 和 TEM 分类的原因是它们是导波系统中最常见的三种场分布或者模式。在导波系统中确实存在其他类型的模式，例如介质波导中的 EH 和 HE 模式、微带线中的混合模式等。这些模式本质上可以看作是 TE、TM 和 TEM 模式的线性组合。

4. 求解 TE 波时，使用的边界条件为什么是磁场分量 H_z 在边界上对法向的导数为零？

在求解 TE 模式时，首先求解的分量是 H_z，这一分量是和导体边界相切的。我们知道，理想导体边界条件是切向电场为零或者法向磁场为零。显然，作为切向磁场的 H_z 无法直接使用边界条件。第一种做法是把其他场分量用 H_z 表示，然后再代入边界条件。第二种做法是直接利用边界条件：

$$\frac{\partial H_z}{\partial n}=0\text{（仅在边界上成立）}$$

这一条件也称为亥姆霍兹方程的第二类边界条件。可以推导如下，根据式（2-40），有

$$\boldsymbol{h}=-\frac{\mathrm{j}\beta}{k_c^2}\nabla_t h_z$$

可以得到横向磁场为

$$\boldsymbol{H}_t=\boldsymbol{h}\mathrm{e}^{-\mathrm{j}\beta z}=-\frac{\mathrm{j}\beta}{k_c^2}\nabla_t h_z\mathrm{e}^{-\mathrm{j}\beta z}$$

满足边界上法向磁场为零的条件，即

$$\boldsymbol{H}_t\cdot\hat{\boldsymbol{n}}=-\frac{\mathrm{j}\beta}{k_c^2}\hat{\boldsymbol{n}}\cdot\nabla_t h_z\mathrm{e}^{-\mathrm{j}\beta z}=0\text{（仅在边界上成立）}$$

进一步可以简化为

$$\frac{\partial h_z}{\partial n}\mathrm{e}^{-\mathrm{j}\beta z}=\frac{\partial H_z}{\partial n}=0\text{（仅在边界上成立）}$$

5. k 和 k_c 的关系是什么？

k 称为波数，且

$$k = \omega \sqrt{\mu\varepsilon}$$

可以看到 k 与频率以及媒质参数有关，和具体的模式、导波系统的结构无关。

而 k_c 是截止波数，它和导波系统的尺寸和传输的模式是相关的。例如，在矩形波导中，有

$$k_c = \sqrt{\left(\frac{m\pi}{a}\right)^2 + \left(\frac{n\pi}{b}\right)^2}.$$

二者之间的关系是

$$k^2 = k_c^2 + \beta^2$$

6. 波导中，相速大于光速的意义是什么？

相速是等相位面移动的速度，并不是能量传输的速度。如前所述，波在矩形波导中是以光速曲线前进的，定义波的传播方向和 z 轴之间的夹角为 θ，如图 2.16 所示。则沿着 z 轴的方向，等相位面移动的速度为

$$v_{pz} = \frac{c}{\cos\theta}$$

这一速度就是波导中的相速度，显然它是大于光速的。但相速度并不表示任何能量或者信号传播的速度，它只是一个假定的速度。当波在波导中以光速曲线传播时，这个速度能够保证在 z 轴方向上，等相位面的移动与其 k 方向上是同步的。在 z 方向上，能量传输的速度为

$$v_{ez} = c\cos\theta$$

这一速度是小于光速的，是能量真正传输的速度。

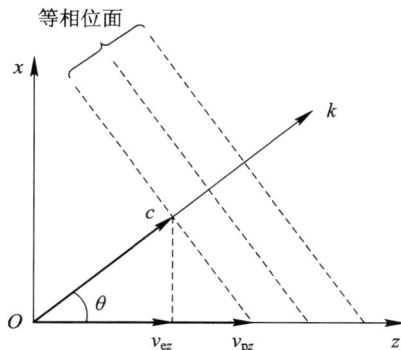

图 2.16 相速和群速示意图

7. 什么是模式？

能在导波系统中独立存在的电磁场结构称为模式或者波型。数学上，它是满足边界条件的波动方程的特解。

8. k 和 β 有什么区别？

如前面所述，k 称为波数，且有

$$k = \omega \sqrt{\mu\varepsilon}$$

可以看到 k 与频率以及媒质参数有关，和具体的模式、导波系统的结构无关。

而 β 为相位常数，是电磁波在波导中传播时的参数。所以，它和频率、波导尺寸、模式都有关。例如，对于矩形波导，相位常数为

$$\beta = \sqrt{k^2 - k_c^2} = \sqrt{\omega^2 \mu \varepsilon - \left[\left(\frac{m\pi}{a} \right)^2 + \left(\frac{n\pi}{b} \right)^2 \right]}$$

当导波系统中传输 TEM 模式时，截止波数 $k_c = 0$，所以相位常数 $\beta = k$。也就是说，此时电磁波在导波系统中的相速度等于在自由空间中的相速度。

9. λ、λ_g 和 λ_c 有什么区别？

λ 称为工作波长，是电磁波在自由空间传播时的波长，可以表示为

$$\lambda = \frac{2\pi}{k} = \frac{c}{f}$$

λ_g 称为波导波长，是电磁波在导波系统传播时的波长，可以表示为

$$\lambda_g = \frac{\lambda}{\sqrt{1 - \left(\frac{\lambda}{\lambda_c} \right)^2}}$$

λ_c 称为截止波长，是由波导的结构和波的模式决定的。当工作波长小于截止波长时，即 $\lambda < \lambda_c$ 时，电磁波可以在导波系统中传输。

当 $\lambda_c \rightarrow \infty$ 时，$\lambda_g = \lambda$。（当波导中传输 TEM 波时，就满足这一条件。）

10. 导波系统和双导线的分析方法有什么区别？

对于双导线传输 TEM 模式的波，我们讨论的重点在纵向上，即 z 方向上，横截面上的场分布没有重点讨论，给出的传输线方程也只是关于方向 z 和时间 t 的方程，当讨论正弦波时，传输线方程只是关于 z 的方程。而关于导波系统的讨论中，要研究其模式，也就是电磁场的分布情况，基本的模式有 TE、TM 和 TEM，因此，横截面上的电磁场分布是讨论的一个重点。显然，这一侧重点和双导线的情况是不同的。基于此，双导线分析中用到的主要方法是路的分析方法，即采用电压和电流进行分析；而导波系统分析中采用的是场的分析方法，即采用电场和磁场进行分析。当然，采用什么方法并不是绝对的，在某些情况下，采用等效电压和等效电流的观念可以将场和路两种方法进行相互转换。

11. 什么是简并？

模式不同却有相同的截止波长的模式称为简并模式。例如矩形波导中的 TE_{mn} 和 TM_{mn}，虽然电磁场分布不同，但是截止频率是相同的，所以是简并的。

12. 矩形波导中的凋落模式沿着 z 方向衰减，是否可以认为此时波导是有耗结构？如果不是，衰减的能量损耗在哪里？

对于凋落模，可以证明其复坡印廷矢量是纯虚数，也就是说，此时沿 z 传输的平均功率为零，即沿着 z 方向没有能量的损耗。所以，凋落模式的衰减并不伴随着能量的损耗，而是由电磁波不满足传输条件而引起的电抗性衰减，实际上能量是被全反射了。此时可以计算得到凋落模式下的波阻抗为纯虚数，计算得到的反射系数的模值为 1，即全反射。

13. 在波导的研究中，使用波导波长还是工作波长？

波导波长表示为 λ_g，是波在波导中传输时的波长。工作波长 λ 是波在自由空间中传播时的波长。

　　因此，当涉及波导内波的传输状态分析时，用的是波导波长，例如分析波导中的相速度 v_p：

$$v_p = f\lambda_g$$

上式中使用的是波导波长 λ_g，利用 λ_g 和工作波长 λ 的关系，可以得到

$$v_p = f\lambda_g = \frac{f\lambda}{\sqrt{1-\left(\dfrac{\lambda}{\lambda_c}\right)^2}} = \frac{c}{\sqrt{1-\left(\dfrac{\lambda}{\lambda_c}\right)^2}}$$

这是波导中经常用来计算相速度的公式。另外，当分析波导中波的周期性时，也需要用到波导波长，波导中波节点之间的距离是 $\lambda_g/2$，而不是 $\lambda/2$。

　　当涉及分析某个波长的波所具有的性质时，应采用工作波长来分析。例如讨论某个波长的波能否在波导中传输、能以什么模式传输时，要用工作波长和某个模式的截止波长做比较，即当

$$\lambda < \lambda_c$$

时，波才能在波导中以某个模式传输。

14. Np 和 dB 的关系是什么?

　　奈培(Np)是用来衡量电压、电场等衰减的无量纲的量。1 Np/m 表示在 1 m 的距离，电压、电场等的振幅衰减为原来的 $1/e$。而分贝(dB)是用来衡量功率衰减的量，其定义为

$$dB = 10\lg\frac{W_1}{W_2}$$

dB 也经常采用电压振幅表示，即

$$dB = 20\lg\frac{U_1}{U_2}$$

这一公式只有在 U_1 和 U_2 施加在相同的阻抗上时成立。

　　dB/m 表示衰减和 Np/m 表示衰减的关系是

$$8.686 \text{ dB/m} = 1 \text{ Np/m}$$

这一关系式的推导如下：假设初始电压是 U_1，经过 1 m 的距离后衰减为 $U_2 = U_1 e^{-1}$，根据 Np 的定义，此时衰减为 1 Np/m。另一方面，用 dB 去考察衰减，则

$$20\lg\frac{U_1}{U_2} = 20\lg e = 8.686 \text{ dB/m}$$

所以，可得

$$1 \text{ Np/m} = 8.686 \text{ dB/m}$$

2.3　例　题　精　解

　　例 2.1　证明波导的 TM 模式中横向电场沿边界上任意两点间的线积分为 0。

　　证：对于波导的 TM 模式，根据 Maxwell 方程可以写出

$$\nabla_t \times \boldsymbol{e} = -j\omega\mu\boldsymbol{h}_z = 0$$

因此，横截面上的电场类似静电场，即电场积分与路径无关，且边界上即导体上电位相等。

所以，可以得到横截面上电场沿边界上任意两点间的线积分为 0，证毕。

例 2.2　证明波导中 TE 模式下横向电场在边界上任意两点间的线积分与积分路径有关。

证： 对于波导的 TE 模式，根据 Maxwell 方程可以写出

$$\nabla_t \times \boldsymbol{e} = -\mathrm{j}\omega\mu\boldsymbol{h}_z$$

可以看出，在横截面上横向电场不是保守场。所以，横向电场在边界上任意两点间的线积分是与积分路径有关的，证毕。

例 2.3　矩形波导尺寸为 4 cm×2 cm，工作在 TE_{10} 模式。工作频率为截止频率的 125%，计算工作频率下的波导波长 λ_g 和相速度 v_p。

解： 根据矩形波导尺寸，可以计算出截止波长为

$$\lambda_c = 2a = 8 \text{ cm}$$

进而可以计算出截止频率为

$$f_c = \frac{c}{\lambda_c} = \frac{3\times10^8}{8\times10^{-2}} = 3.75 \text{ GHz}$$

由题意可知，工作频率是截止频率的 125%，即工作频率为

$$f = 1.25 \times f_c = 4.6875 \text{ GHz}$$

对应的工作波长为

$$\lambda = \frac{\lambda_c}{1.25} = 6.4 \text{ cm}$$

因此，可以计算波导波长为

$$\lambda_g = \frac{\lambda}{\sqrt{1-\left(\frac{\lambda}{\lambda_c}\right)^2}} = \frac{6.4}{\sqrt{1-\left(\frac{6.4}{8}\right)^2}} = 10.67 \text{ cm}$$

相速度为

$$v_p = \frac{c}{\sqrt{1-\left(\frac{\lambda}{\lambda_c}\right)^2}} = \frac{3\times10^8}{\sqrt{1-\left(\frac{6.4}{8}\right)^2}} = 5\times10^8 \text{ m/s}$$

例 2.4　矩形波导尺寸为 $a \times b$，工作在 TE_{10} 模式，波导中填充介质。证明截止频率为 $f_c = c/(2a\varepsilon_r^{1/2})$，其中，$c$ 是自由空间的光速，ε_r 是介质的相对介电常数。证明介质填充的波导波长比空气填充的波导小。

证： 根据矩形波导尺寸，可以给出截止波长为

$$\lambda_c = 2a$$

进而可以计算出截止频率为

$$f_c = \frac{c/\sqrt{\varepsilon_r}}{\lambda_c} = \frac{c}{2a\sqrt{\varepsilon_r}}$$

注意，此时波导中有介质填充，所以光速应该取介质中的光速，即 $c/\sqrt{\varepsilon_r}$。

在介质填充的波导中，波导波长为

$$\lambda_g = \frac{\lambda}{\sqrt{1-\left(\frac{\lambda}{\lambda_c}\right)^2}} = \frac{\lambda_0/\sqrt{\varepsilon_r}}{\sqrt{1-\left(\frac{\lambda_0/\sqrt{\varepsilon_r}}{\lambda_c}\right)^2}} = \frac{\lambda_0/\sqrt{\varepsilon_r}}{\sqrt{1-\frac{1}{\varepsilon_r}\left(\frac{\lambda_0}{\lambda_c}\right)^2}} < \frac{\lambda_0}{\sqrt{1-\left(\frac{\lambda_0}{\lambda_c}\right)^2}}$$

式中，λ_0 表示空气中的工作波长，λ 表示介质中的工作波长。很显然，介质中的波导波长小于空气中的波导波长。

例 2.5　矩形波导尺寸为 6 cm×4 cm，分别计算 TE_{10}、TE_{01}、TE_{11} 和 TM_{11} 模式的截止频率。

解：矩形波导 TE_{mn} 和 TM_{mn} 的截止频率为

$$f_c = \frac{c}{2}\sqrt{\left(\frac{m}{a}\right)^2 + \left(\frac{n}{b}\right)^2}$$

TE_{10} 模式的截止频率为

$$f_{cTE10} = \frac{3\times10^8}{2}\sqrt{\left(\frac{1}{0.06}\right)^2} = 2.5 \text{ GHz}$$

TE_{01} 模式的截止频率为

$$f_{cTE01} = \frac{3\times10^8}{2}\sqrt{\left(\frac{1}{0.04}\right)^2} = 3.75 \text{ GHz}$$

TE_{11} 模式和 TM_{11} 模式的截止频率是相同的，因为这两种模式简并，故该频率为

$$f_{cTE11} = f_{cTM11} = \frac{3\times10^8}{2}\sqrt{\left(\frac{1}{0.06}\right)^2 + \left(\frac{1}{0.04}\right)^2} = 4.506 \text{ GHz}$$

例 2.6　矩形波导的尺寸为 2.29 cm×1.45 cm，工作频率为 10 GHz。计算工作波长、主模式的截止波长和截止频率、波导波长、相速度、波阻抗。

解：根据给定的工作频率 10 GHz，首先可以计算出工作波长为

$$\lambda = \frac{c}{f} = \frac{3\times10^8}{10\times10^9} = 3 \text{ cm}$$

该波导尺寸满足 $a > b$ 的条件，所以工作的主模式是 TE_{10} 模式，可以计算出主模式的截止波长为

$$\lambda_c = 2a = 4.58 \text{ cm}$$

进而可以计算出截止频率为

$$f_c = \frac{c}{\lambda_c} = \frac{3\times10^8}{4.58\times10^{-2}} = 6.55 \text{ GHz}$$

波导波长为

$$\lambda_g = \frac{\lambda}{\sqrt{1-\left(\frac{\lambda}{\lambda_c}\right)^2}} = \frac{3}{\sqrt{1-\left(\frac{3}{4.58}\right)^2}} = 3.97 \text{ cm}$$

相速度为

$$v_p = \frac{c}{\sqrt{1-\left(\frac{\lambda}{\lambda_c}\right)^2}} = \frac{3\times10^8}{\sqrt{1-\left(\frac{3}{4.58}\right)^2}} = 3.97\times10^8 \text{ m/s}$$

波阻抗为

$$Z_{TE} = \eta_0 \frac{\lambda_g}{\lambda} = 377\times\frac{3.97}{3} = 499 \text{ }\Omega$$

例 2.7　矩形波导工作在 20 GHz，且传输主模式为 TE_{10} 模式。已知波导波长为 6 cm，求该波导的宽边长度 a。

解：首先可以计算出工作波长为

$$\lambda = \frac{c}{f} = \frac{3 \times 10^8}{20 \times 10^9} = 1.5 \text{ cm}$$

根据波导波长的计算公式，有

$$\lambda_g = \frac{\lambda}{\sqrt{1 - \left(\frac{\lambda}{\lambda_c}\right)^2}} = \frac{1.5}{\sqrt{1 - \left(\frac{1.5}{\lambda_c}\right)^2}} = 6 \text{ cm}$$

由上式可以计算出截止波长为

$$\lambda_c = 1.55 \text{ cm}$$

因为该波导工作在主模式 TE_{10} 模式，所以可知

$$\lambda_c = 2a = 1.55 \text{ cm}$$

可以得到矩形波导的宽边长度为

$$a = 0.775 \text{ cm}$$

例 2.8 圆波导的半径 $R = 6$ cm，工作频率为 2 GHz。计算主模式 TE_{11} 的截止频率、截止波长和波导波长。

解：圆波导 TE_{11} 的截止波长为

$$\lambda_c = 3.41R = 20.46 \text{ cm}$$

进而可以计算出截止频率为

$$f_c = \frac{c}{\lambda_c} = \frac{3 \times 10^8}{20.46 \times 10^{-2}} = 1.47 \text{ GHz}$$

由工作频率计算出工作波长为

$$\lambda = \frac{c}{f} = \frac{3 \times 10^8}{2 \times 10^9} = 15 \text{ cm}$$

所以波导波长为

$$\lambda_g = \frac{\lambda}{\sqrt{1 - \left(\frac{\lambda}{\lambda_c}\right)^2}} = \frac{15}{\sqrt{1 - \left(\frac{15}{20.46}\right)^2}} = 22.06 \text{ cm}$$

例 2.9 圆波导工作在 $f = 4$ GHz，已知主模式的截止频率和工作频率的关系为 $f_c = 0.6f$。计算该圆波导的半径和主模式的波阻抗。

解：由工作频率和截止频率的关系，可以得到截止频率为

$$f_c = 0.6f = 2.4 \text{ GHz}$$

所以此时的截止波长为

$$\lambda_c = \frac{c}{f_c} = \frac{3 \times 10^8}{2.4 \times 10^9} = 12.5 \text{ cm}$$

圆波导的主模式是 TE_{11} 模式，它的截止波长为

$$\lambda_c = 3.41R$$

由此可以得到圆波导的半径为

$$R = \frac{\lambda_c}{3.41} = \frac{12.5}{3.41} = 3.67 \text{ cm}$$

波阻抗为

$$Z_{TE} = \frac{\eta_0}{\sqrt{1 - \left(\frac{\lambda}{\lambda_c}\right)^2}} = \frac{\eta_0}{\sqrt{1 - \left(\frac{f_c}{f}\right)^2}} = 471.3 \ \Omega$$

2.4　习　题　详　解

习 2.1(2 - 1 - 1)　证明：在空心波导内部不可能存在 TEM 波。

证： 本题有两种证明方法。

1）**方法 1**

由于波导要传输电磁能量，必须要有 z 方向的坡印廷矢量。所以，它必须具有横向的电场和磁场。其中，磁场 **H** 必须是封闭成圈的，因而只有图 2.17(a)和(b)所示的两种可能。

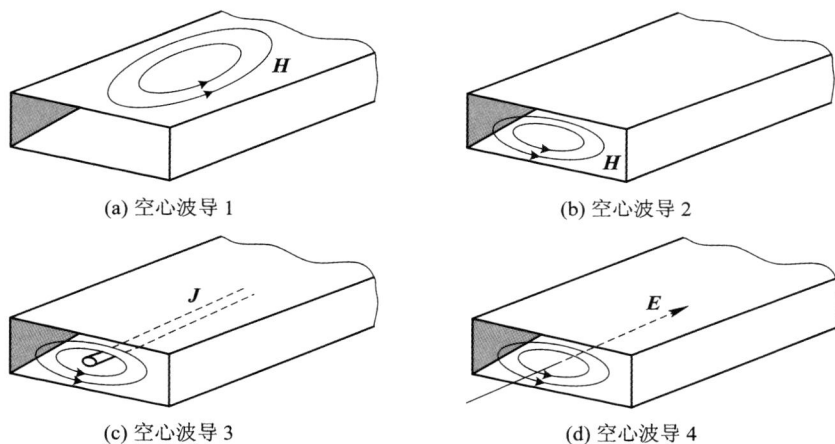

(a) 空心波导 1　　　　　　　　　　　(b) 空心波导 2

(c) 空心波导 3　　　　　　　　　　　(d) 空心波导 4

图 2.17　习 2.1 示意图

根据 Maxwell 方程，要求

$$\nabla \times \boldsymbol{H} = \boldsymbol{J} + \varepsilon \frac{\partial \boldsymbol{E}}{\partial t}$$

图 2.17(a)有 H_z 分量，明显不满足 TEM 波要求；而图 2.17(b)的小巢中间要么有传导电流 **J**，要么有电场 **E**，即图 2.17(c)和(d)所示的情况。图 2.17(c)中有中心导体——即同轴线，它可以传播 TEM 波，但不属于这里讨论的"空心"波导。图 2.17(d)很明显存在 E_z 分量，不是 TEM 波。

综上所述，空心波导不能传输 TEM 波，证毕。

2）**方法 2**

根据 Maxwell 方程，有

$$\nabla \times \boldsymbol{H} = j\omega\varepsilon \boldsymbol{E}$$

可以得到第一组方程为

$$\begin{cases} \dfrac{\partial H_z}{\partial y}+\mathrm{j}\beta H_y=\mathrm{j}\omega\varepsilon E_x \\[2mm] -\mathrm{j}\beta H_x-\dfrac{\partial H_z}{\partial x}=\mathrm{j}\omega\varepsilon E_y \\[2mm] \dfrac{\partial H_y}{\partial x}-\dfrac{\partial H_x}{\partial y}=\mathrm{j}\omega\varepsilon E_z \end{cases}$$

同理,根据另一旋度方程

$$\nabla\times\boldsymbol{E}=-\mathrm{j}\omega\mu\boldsymbol{H}$$

可得第二组方程为

$$\begin{cases} \dfrac{\partial E_z}{\partial y}+\mathrm{j}\beta E_y=-\mathrm{j}\omega\mu H_x \\[2mm] -\mathrm{j}\beta E_x-\dfrac{\partial E_z}{\partial x}=-\mathrm{j}\omega\mu H_y \\[2mm] \dfrac{\partial E_y}{\partial x}-\dfrac{\partial E_x}{\partial y}=-\mathrm{j}\omega\mu H_z \end{cases}$$

当传输 TEM 模,即 $E_z=H_z=0$ 时,上面第一组方程中的第一个方程和第二组方程中的第二个方程可以写为

$$\mathrm{j}\beta H_y=\mathrm{j}\omega\varepsilon E_x$$
$$-\mathrm{j}\beta E_x=-\mathrm{j}\omega\mu H_y$$

联立这两个方程可以得到

$$\beta^2 E_x=\omega^2\mu\varepsilon E_x$$
$$\beta=k$$

所以 TEM 模中的相位常数 β 就等于波数 k,这一结论与 2.1 节中的结论是一致的。

空心波导满足无源区的 Maxwell 方程,即

$$\nabla^2\boldsymbol{E}+k^2\boldsymbol{E}=0$$
$$\nabla^2\boldsymbol{H}+k^2\boldsymbol{H}=0$$

如果能传输 TEM 波,则只存在横向电场 $\boldsymbol{E}_t$ 和横向磁场 $\boldsymbol{H}_t$。再将拉普拉斯算子 ∇^2 分解为

$$\nabla^2=\nabla_t^2+\dfrac{\partial^2}{\partial z^2}$$

可得

$$\nabla_t^2\boldsymbol{E}_t+\dfrac{\partial^2}{\partial z^2}\boldsymbol{E}_t+k^2\boldsymbol{E}_t=\nabla_t^2\boldsymbol{E}_t+(\mathrm{j}\beta)^2\boldsymbol{E}_t+k^2\boldsymbol{E}_t$$

进一步得到

$$\nabla_t^2\boldsymbol{E}_t=0$$

可以看到,横向电场 $\boldsymbol{E}_t$ 在波导横截面内是一个保守场,类似于静电场,即

$$\boldsymbol{E}_t=e(x,y)\mathrm{e}^{-jkz}$$

有

$$\nabla_t^2\boldsymbol{e}(x,y)=0$$

则可以引入位函数 $\Phi(x,y)$:

$$\boldsymbol{e}(x,y)=-\nabla_t\Phi(x,y)$$

根据静电场的特点，导体上的电位 $\Phi(x,y)$ 是处处相等的。空心波导只有唯一的导体即波导壁，所以波导壁在相同横截面上的每一点的电位都是相等的，即没有电位差。而电场线是从低电位指向高电位的，所以空心波导内不存在电场，当然也不存在磁场。至此，证明了空心波导不能传输 TEM 波，证毕。

习 2.2(2-1-2)　不同截面的波导在广义传输线理论中有什么不同？

$$\begin{cases} \dfrac{\mathrm{d}U(z)}{\mathrm{d}z}=-\mathrm{j}\omega LI(z) \\[2mm] \dfrac{\mathrm{d}I(z)}{\mathrm{d}z}=-\mathrm{j}\omega CU(z) \end{cases}$$

试具体说明之。

解：不同截面的波导对应的分布电感 L 和分布电容 C 不同，即分布电感和分布电容是和横截面有关的，即

$$\begin{cases} L=\mu\iint_S\left(\boldsymbol{h}_\mathrm{t}\cdot\boldsymbol{h}_\mathrm{t}+\boldsymbol{h}_\mathrm{t}\cdot\dfrac{\nabla_\mathrm{t}^2\boldsymbol{h}_\mathrm{t}}{k^2}\right)\mathrm{d}S \\[4mm] C=\varepsilon\iint_S\left(\boldsymbol{e}_\mathrm{t}\cdot\boldsymbol{e}_\mathrm{t}+\boldsymbol{e}_\mathrm{t}\cdot\dfrac{\nabla_\mathrm{t}^2\boldsymbol{e}_\mathrm{t}}{k^2}\right)\mathrm{d}S \end{cases}$$

由广义传输线理论可知

$$\boldsymbol{E}_\mathrm{t}=\boldsymbol{e}_\mathrm{t}u(z)$$

$$\boldsymbol{H}_\mathrm{t}=\boldsymbol{h}_\mathrm{t}i(z)$$

不同截面的波导的特性阻抗 Z_0 和传输常数 β 也不同，因为

$$\beta=\omega\sqrt{LC}$$

$$Z_0=\sqrt{\dfrac{L}{C}}$$

因此，虽然从广义传输线方程来看，似乎波导和横截面无关，但实际上横截面对导波系统的传输是有影响的。

习 2.3(2-1-3)　证明在 TEM 波情况下 $\nabla_\mathrm{t}^2\boldsymbol{e}_\mathrm{t}=0$。

证：已知 TEM 模的 $E_z=H_z=0$，所以对 Maxwell 方程

$$\nabla_\mathrm{t}\times\boldsymbol{E}_\mathrm{t}=0$$

两边取旋度可得

$$\nabla_\mathrm{t}\times\nabla_\mathrm{t}\times\boldsymbol{E}_\mathrm{t}=\nabla_\mathrm{t}\nabla_\mathrm{t}\cdot\boldsymbol{E}_\mathrm{t}-\nabla_\mathrm{t}^2\boldsymbol{E}_\mathrm{t}=0$$

再利用 Maxwell 方程

$$\nabla\cdot\boldsymbol{E}=\left(\nabla_\mathrm{t}+\hat{z}\dfrac{\partial}{\partial z}\right)\cdot(\boldsymbol{E}_\mathrm{t}+\hat{z}E_z)=0$$

因为 TEM 模的 $E_z=0$，所以由上式可得

$$\nabla_\mathrm{t}\cdot\boldsymbol{E}_\mathrm{t}=0$$

即

$$\nabla_\mathrm{t}^2\boldsymbol{E}_\mathrm{t}=0$$

将 $\boldsymbol{E}_\mathrm{t}=\boldsymbol{e}_\mathrm{t}u(z)$ 代入即可得到

$$\nabla_\mathrm{t}^2\boldsymbol{e}_\mathrm{t}=0$$

证毕。

习 2.4(2 - 2 - 1)　如图 2.18 所示，$a \times b$ 为截面的矩形波导，求其中可能传播的 TM 模式场表示形式。它与 TE 模式有何不同，试加以比较。

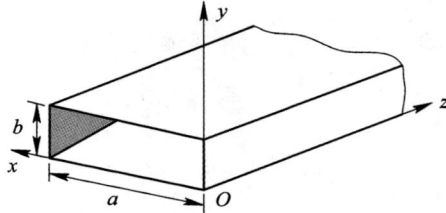

图 2.18　习 2.4 题图

解：对于 TM 模式情况，有 $H_z = 0$。电场 E_z 满足波动方程

$$\left(\frac{\partial^2}{\partial x^2}+\frac{\partial^2}{\partial y^2}+\frac{\partial^2}{\partial z^2}\right)E_z+k^2E_z=0$$

利用分离变量法，令

$$E_z(x,y,z)=X(x)Y(y)Z(z)$$

可以得到解为

$$X(x)=A_1\cos k_x x+A_2\sin k_x x$$
$$Y(y)=B_1\cos k_y y+B_2\sin k_y y$$
$$Z(z)=e^{-j\beta z}$$

其中，$e^{j\beta z}$ 也是 $Z(z)$ 的解，表示向 $-z$ 方向传播。为了简单起见，我们只取 $e^{-j\beta z}$ 的形式来表示向 $+z$ 方向传播的波。这样 E_z 的解表示为

$$E_z=(A_1\cos k_x x+A_2\sin k_x x)(B_1\cos k_y y+B_2\sin k_y y)e^{-j\beta z}$$

利用边界条件：在 $x=0$、a 处，$E_z=0$；在 $y=0$、b 处，$E_z=0$，可以得到最终 E_z 的通解为

$$E_z=E_{mn}\sin\left(\frac{m\pi}{a}x\right)\sin\left(\frac{n\pi}{b}y\right)e^{-j\beta z}$$

其中，

$$k_x=\frac{m\pi}{a},\ m=1,2,3,\cdots$$
$$k_y=\frac{n\pi}{b},\ n=1,2,3,\cdots$$

将 E_z 代入不变性矩阵中：

$$\begin{bmatrix}E_x\\E_y\\H_x\\H_y\end{bmatrix}=\frac{1}{k_c^2}\begin{bmatrix}-j\beta&0&0&-j\omega\mu\\0&-j\beta&j\omega\mu&0\\0&j\omega\varepsilon&-j\beta&0\\-j\omega\varepsilon&0&0&-j\beta\end{bmatrix}\begin{bmatrix}\frac{\partial E_z}{\partial x}\\\frac{\partial E_z}{\partial y}\\0\\0\end{bmatrix}$$

得到横向场分量为

$$E_x=\frac{-j\beta m\pi}{ak_c^2}E_{mn}\cos\left(\frac{m\pi}{a}x\right)\sin\left(\frac{n\pi}{b}y\right)e^{-j\beta z}$$

$$E_y = \frac{-\mathrm{j}\beta n\pi}{bk_c^2}E_{mn}\sin\left(\frac{m\pi}{a}x\right)\cos\left(\frac{n\pi}{b}y\right)\mathrm{e}^{-\mathrm{j}\beta z}$$

$$H_x = \frac{\mathrm{j}\omega\varepsilon n\pi}{bk_c^2}E_{mn}\sin\left(\frac{m\pi}{a}x\right)\cos\left(\frac{n\pi}{b}y\right)\mathrm{e}^{-\mathrm{j}\beta z}$$

$$H_y = \frac{-\mathrm{j}\omega\varepsilon m\pi}{ak_c^2}E_{mn}\cos\left(\frac{m\pi}{a}x\right)\sin\left(\frac{n\pi}{b}y\right)\mathrm{e}^{-\mathrm{j}\beta z}$$

其中，$k_c^2 = k_x^2 + k_y^2$。

由上面 TM 模场方程可知，若 $m=0$ 或 $n=0$，则横向场表达式恒为 0，因此 TM 模式的最低模式为 TM_{11} 模式。

习 2.5(2 - 2 - 2)　已知均匀空间填充 ε，μ，且电场 $\boldsymbol{E}$ 只有 $\hat{\boldsymbol{y}}$ 分量，即

$$\boldsymbol{E} = \hat{\boldsymbol{y}}E_0\sin\left(\frac{\pi}{a}x\right)\mathrm{e}^{-\mathrm{j}\beta z}$$

试求磁场 $\boldsymbol{H}$ 的各个分量。

解：根据 Maxwell 方程

$$\nabla\times\boldsymbol{E} = -\mathrm{j}\omega\mu\boldsymbol{H}$$

可以得到

$$\boldsymbol{H} = \mathrm{j}\frac{\nabla\times\boldsymbol{E}}{\omega\mu}$$

即

$$H_x = -\frac{\beta}{\omega\mu}E_0\sin\left(\frac{\pi}{a}x\right)\mathrm{e}^{-\mathrm{j}\beta z}$$

$$H_y = 0$$

$$H_z = \frac{\mathrm{j}\pi}{\omega\mu a}E_0\cos\left(\frac{\pi}{a}x\right)\mathrm{e}^{-\mathrm{j}\beta z}$$

习 2.6(2 - 3 - 1)　矩形波导 $a\times b = 22.86\times10.16~\mathrm{mm}^2$，求其中主模式 TE_{10} 波的可能工作频率范围。

解：由于 $a>2b$，所以该矩形波导第一个高次模为 TE_{20}，该模式的截止波长为

$$\lambda_{c\mathrm{TE}20} = a = 22.86~\mathrm{mm}$$

相应的截止频率为

$$f_{c\mathrm{TE}20} = \frac{c}{\lambda_{c\mathrm{TE}20}} = \frac{3\times10^8}{22.86\times10^{-3}} = 13.12~\mathrm{GHz}$$

该矩形波导主模式 TE_{10} 的截止波长为

$$\lambda_{c\mathrm{TE}10} = 2a = 45.72~\mathrm{mm}$$

相应的截止频率为

$$f_{c\mathrm{TE}10} = \frac{c}{\lambda_{c\mathrm{TE}10}} = \frac{3\times10^8}{45.72\times10^{-3}} = 6.56~\mathrm{GHz}$$

所以该矩形波导主模式 TE_{10} 波的可能工作频率范围为

$$6.56~\mathrm{GHz} < f < 13.12~\mathrm{GHz}$$

习 2.7(2 - 3 - 2)　某矩形波导如图 2.19 所示，画出 TE_{10} 波电磁场 E_y，H_x 和 H_z 的具体场型图。

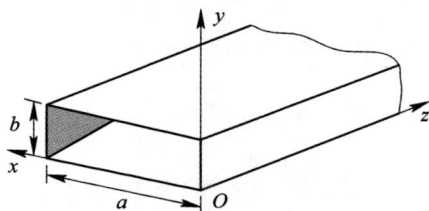

图 2.19   习 2.7 题图

解：TE_{10} 模式的电磁场分布为

$$
\begin{cases}
E_y = E_0 \sin\left(\dfrac{\pi}{a}x\right)e^{-j\beta z} \\[2mm]
H_x = -\dfrac{\beta}{\omega\mu}E_0 \sin\left(\dfrac{\pi}{a}x\right)e^{-j\beta z} \\[2mm]
H_z = j\dfrac{1}{\omega\mu}\left(\dfrac{\pi}{a}\right)E_0 \cos\left(\dfrac{\pi}{a}x\right)e^{-j\beta z}
\end{cases}
$$

画出电磁场分布图如图 2.20 所示。

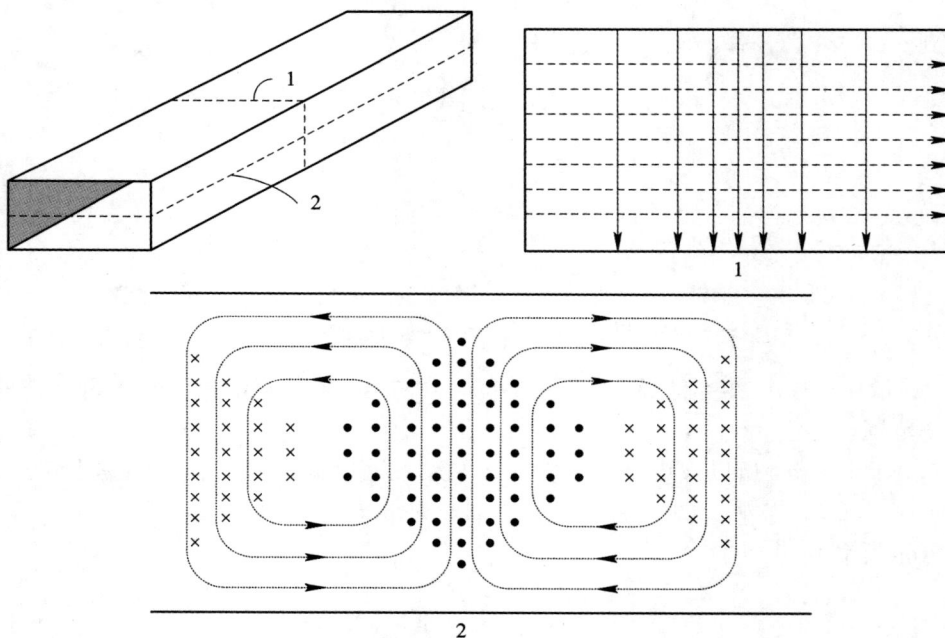

图 2.20   习 2.7 求解示意图

习 2.8(2 - 3 - 3)   画出宽壁 $y=0$ 的表面电流分布图并指出何处 J_z 最大。

解：TE_{10} 模式的电磁场分布为

$$
\begin{cases}
E_y = E_0 \sin\left(\dfrac{\pi}{a}x\right)e^{-j\beta z} \\[2mm]
H_x = -\dfrac{\beta}{\omega\mu}E_0 \sin\left(\dfrac{\pi}{a}x\right)e^{-j\beta z} \\[2mm]
H_z = j\dfrac{1}{\omega\mu}\left(\dfrac{\pi}{a}\right)E_0 \cos\left(\dfrac{\pi}{a}x\right)e^{-j\beta z}
\end{cases}
$$

对于 $y=0$ 的面，其法向为 $\hat{\boldsymbol{n}}=\hat{\boldsymbol{y}}$，表面的切向磁场为

$$\boldsymbol{H}_s=(H_x\hat{\boldsymbol{x}}+H_z\hat{\boldsymbol{z}})\mid_{y=0}$$

利用表面电流计算公式

$$\boldsymbol{J}=\hat{\boldsymbol{n}}\times\boldsymbol{H}_s$$

可以得到

$$\hat{\boldsymbol{n}}\times\boldsymbol{H}_s=(\hat{\boldsymbol{y}}\times\hat{\boldsymbol{x}})H_x+(\hat{\boldsymbol{y}}\times\hat{\boldsymbol{z}})H_z$$

$$J_z=-H_x\mid_{y=0}=\frac{\beta}{\omega\mu}E_0\sin\left(\frac{\pi}{a}x\right)\mathrm{e}^{-\mathrm{j}\beta z}$$

$$J_x=H_z\mid_{y=0}=\mathrm{j}\frac{1}{\omega\mu}\left(\frac{\pi}{a}\right)E_0\cos\left(\frac{\pi}{a}x\right)\mathrm{e}^{-\mathrm{j}\beta z}$$

为了方便画出电流分布图，将电流写为瞬时形式

$$J_z=\frac{\beta}{\omega\mu}E_0\sin\left(\frac{\pi}{a}x\right)\cos(\omega t-\beta z)$$

$$J_x=-\frac{1}{\omega\mu}\left(\frac{\pi}{a}\right)E_0\cos\left(\frac{\pi}{a}x\right)\sin(\omega t-\beta z)$$

画出宽壁 $y=0$ 的电流分布图，如图 2.21 所示。

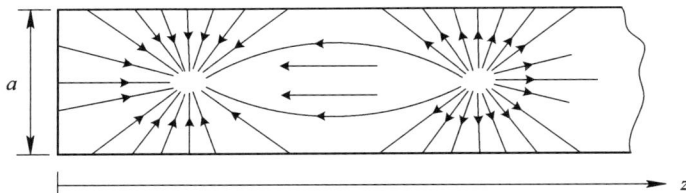

图 2.21　习 2.8 求解示意图

根据 J_z 的计算公式，可以看出当 $x=a/2$ 时，即在宽边的中线位置时，J_z 最大。

习 2.9(2-4-1)　已知 $a\times b$ 矩形波导，分别写出 TE_{11} 波和 TM_{11} 波的一般场方程。若要求它们是凋落模，写出条件。

解：TE_{11} 模式的场方程为

$$\begin{cases}H_z=H_0\cos\left(\frac{\pi}{a}x\right)\cos\left(\frac{\pi}{b}y\right)\mathrm{e}^{-\mathrm{j}\beta z}\\[2mm]E_x=\mathrm{j}\frac{\omega\mu\pi}{bk_c^2}H_0\cos\left(\frac{\pi}{a}x\right)\sin\left(\frac{\pi}{b}y\right)\mathrm{e}^{-\mathrm{j}\beta z}\\[2mm]E_y=-\mathrm{j}\frac{\omega\mu\pi}{ak_c^2}H_0\sin\left(\frac{\pi}{a}x\right)\cos\left(\frac{\pi}{b}y\right)\mathrm{e}^{-\mathrm{j}\beta z}\\[2mm]E_z=0\\[2mm]H_x=\frac{\mathrm{j}\beta\pi}{ak_c^2}H_0\sin\left(\frac{\pi}{a}x\right)\cos\left(\frac{\pi}{b}y\right)\mathrm{e}^{-\mathrm{j}\beta z}\\[2mm]H_y=\frac{\mathrm{j}\beta\pi}{bk_c^2}H_0\cos\left(\frac{\pi}{a}x\right)\sin\left(\frac{\pi}{b}y\right)\mathrm{e}^{-\mathrm{j}\beta z}\end{cases}$$

TM_{11} 模式的场方程为

$$\begin{cases} E_z = E_0 \sin\left(\dfrac{\pi}{a}x\right)\sin\left(\dfrac{\pi}{b}y\right)\mathrm{e}^{-\mathrm{j}\beta z} \\[2mm] E_x = \dfrac{-\mathrm{j}\beta\pi}{ak_c^2}E_0\cos\left(\dfrac{\pi}{a}x\right)\sin\left(\dfrac{\pi}{b}y\right)\mathrm{e}^{-\mathrm{j}\beta z} \\[2mm] E_y = \dfrac{-\mathrm{j}\beta\pi}{bk_c^2}E_0\sin\left(\dfrac{\pi}{a}x\right)\cos\left(\dfrac{\pi}{b}y\right)\mathrm{e}^{-\mathrm{j}\beta z} \\[2mm] H_x = \dfrac{\mathrm{j}\omega\varepsilon\pi}{bk_c^2}E_0\sin\left(\dfrac{\pi}{a}x\right)\cos\left(\dfrac{\pi}{b}y\right)\mathrm{e}^{-\mathrm{j}\beta z} \\[2mm] H_y = \dfrac{-\mathrm{j}\omega\varepsilon\pi}{ak_c^2}E_0\cos\left(\dfrac{\pi}{a}x\right)\sin\left(\dfrac{\pi}{b}y\right)\mathrm{e}^{-\mathrm{j}\beta z} \\[2mm] H_z = 0 \end{cases}$$

矩形波导 TE_{11} 模式和 TM_{11} 模式是简并的，因此它们的截止波长是相同的，即

$$\lambda_c = \frac{2}{\sqrt{\left(\dfrac{1}{a}\right)^2 + \left(\dfrac{1}{b}\right)^2}}$$

所以，当 $\lambda > \lambda_c$ 时，TE_{11} 模式和 TM_{11} 模式成为凋落模。

习 2.10(2-4-2) BJ48 波导工作在 5 cm 波段。$f \in [3.94, 5.99]$GHz，$a \times b = 47.55 \times 22.15 \text{ mm}^2$，检验其是否符合波导设计标准？

解：根据波导工作频率范围，计算出 λ 相应的波长范围为 50.083～76.142 mm。根据波导设计标准，有

$$0.555\lambda_{\max} < a < \lambda_{\min}$$

BJ48 波导中，$\lambda_{\min} = 50.083$ mm，$0.555\lambda_{\max} = 42.259$ mm，所以 $a = 47.55$ mm，符合设计要求。

另外，对波导窄边 b 的要求为

$$b \leqslant 0.5a$$

BJ48 波导中，$0.5a = 23.775$ mm，所以 b 也合格。

习 2.11(2-6-3) 已知半径为 R 的圆波导，电场有唯一分量

$$E_\varphi = E_0 J_1\left(\frac{3.832}{R}r\right)\mathrm{e}^{-\mathrm{j}\beta z}$$

(1) 求它是 TE 模式还是 TM 模式。

(2) 求出磁场 $\boldsymbol{H}$。

(3) 试分析它的 m 和 n，并说出其物理意义。

(4) 画出场型图。

解：(1) 由于电场只有一个分量，且为横向分量，所以是 TE 波型。

(2) 由于电场只有唯一分量，实际上表示已知了全部电场分量，利用 Maxwell 方程

$$\nabla \times \boldsymbol{E} = -\mathrm{j}\omega\mu\boldsymbol{H}$$

可以得到

$$H = \mathrm{j}\frac{\nabla \times \boldsymbol{E}}{\omega\mu} = \frac{\mathrm{j}}{\omega\mu}\frac{1}{r}\begin{vmatrix} \hat{\boldsymbol{r}} & r\hat{\boldsymbol{\varphi}} & \hat{\boldsymbol{z}} \\ \dfrac{\partial}{\partial r} & \dfrac{\partial}{\partial \varphi} & \dfrac{\partial}{\partial z} \\ 0 & rE_\varphi & 0 \end{vmatrix}$$

$$= \frac{\mathrm{j}}{\omega\mu}\left[\hat{\boldsymbol{r}}\left(-\frac{\partial E_\varphi}{\partial z}\right) + \hat{\boldsymbol{z}}\frac{1}{r}\frac{\partial(rE_\varphi)}{\partial r}\right]$$

$$= -\hat{\boldsymbol{r}}\frac{\beta}{\omega\mu}E_0 J_1\left(\frac{3.832}{R}r\right)\mathrm{e}^{-\mathrm{j}\beta z} + \hat{\boldsymbol{z}}\left[\frac{\mathrm{j}}{\omega\mu r}E_0 J_1\left(\frac{3.832}{R}r\right) + \frac{\mathrm{j}}{\omega\mu}\frac{3.832}{R}E_0 J_1'\left(\frac{3.832}{R}r\right)\right]\mathrm{e}^{-\mathrm{j}\beta z}$$

$$= -\hat{\boldsymbol{r}}\frac{\beta}{\omega\mu}E_0 J_1\left(\frac{3.832}{R}r\right)\mathrm{e}^{-\mathrm{j}\beta z} + \hat{\boldsymbol{z}}\frac{\mathrm{j}3.832}{\omega\mu R}E_0 J_0\left(\frac{3.832}{R}r\right)\mathrm{e}^{-\mathrm{j}\beta z}$$

其中用到了 Bessel 函数的递推公式

$$xJ_n'(x) + nJ_n(x) = xJ_{n-1}(x)$$

（3）根据场分布可知，场分布和 φ 无关，所以 $m=0$。如上所述，该场型是 TE 波型，所以截止波数为

$$k_c = \frac{\mu_{mn}}{R}$$

其中，μ_{mn} 是 m 阶 Bessel 函数导数的第 n 个根。又有 $m=0$，所以可知

$$k_c = \frac{\mu_{0n}}{R}$$

即

$$\mu_{0n} = 3.832$$

查阅 Bessel 函数相关数据，可知 $n=1$。所以场是 TE_{01} 波。

（4）TE_{01} 波的电磁场分布图如图 2.22 所示。

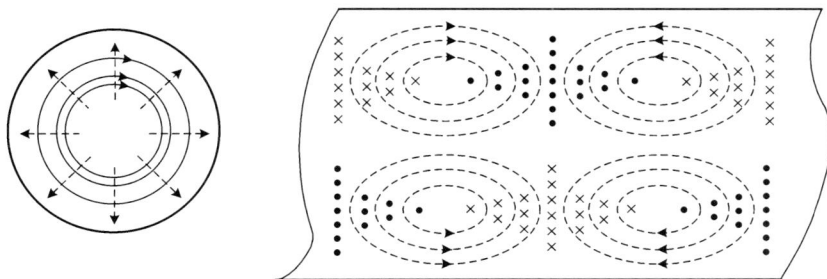

图 2.22　习 2.11 求解示意图

需要注意的是，虽然题目给出的电场分布中是 1 阶 Bessel 函数的形式，即

$$E_\varphi = E_0 J_1\left(\frac{3.832}{R}r\right)\mathrm{e}^{-\mathrm{j}\beta z}$$

但是不代表此时 $m=1$，因为这里的 1 阶 Bessel 函数很有可能是用 Bessel 函数递推公式后的结果。所以 m 的取值仍取决于关于 φ 的关系式。

习 2.12(2-6-4)　已知半径为 R 的圆波导，磁场有唯一分量为

$$H_\varphi = H_0 J_0' \left(\frac{\nu_{01}}{R} r \right) \mathrm{e}^{-\mathrm{j}\beta z}$$

(1) 求它是 TE 波型还是 TM 波型。

(2) 求电场 $\boldsymbol{E}$。

(3) 试分析它的 m 和 n，并说出其物理意义。

(4) 画出场型图。

解：(1) 由于磁场只有一个分量，且为横向分量，所以是 TM 波型。

(2) 由于磁场只有唯一分量，实际上表示已知了全部磁场分量，利用 Maxwell 方程

$$\nabla \times \boldsymbol{H} = \mathrm{j}\omega\varepsilon \boldsymbol{E}$$

可以得到

$$\boldsymbol{E} = -\mathrm{j}\frac{\nabla \times \boldsymbol{H}}{\omega\varepsilon} = -\frac{\mathrm{j}}{\omega\varepsilon}\frac{1}{r}\begin{vmatrix} \hat{\boldsymbol{r}} & r\hat{\boldsymbol{\varphi}} & \hat{\boldsymbol{z}} \\ \frac{\partial}{\partial r} & \frac{\partial}{\partial \varphi} & \frac{\partial}{\partial z} \\ 0 & rH_\varphi & 0 \end{vmatrix}$$

$$= -\frac{\mathrm{j}}{\omega\varepsilon}\left[\hat{\boldsymbol{r}}\left(-\frac{\partial H_\varphi}{\partial z} \right) + \hat{\boldsymbol{z}}\frac{1}{r}\frac{\partial (rH_\varphi)}{\partial r} \right]$$

$$= \hat{\boldsymbol{r}}\frac{\beta}{\omega\varepsilon}H_0 J_0'\left(\frac{\nu_{01}}{R}r \right)\mathrm{e}^{-\mathrm{j}\beta z} - \hat{\boldsymbol{z}}\left[\frac{\mathrm{j}}{\omega\varepsilon r}H_0 J_0'\left(\frac{\nu_{01}}{R}r \right) + \frac{\mathrm{j}}{\omega\varepsilon}\frac{\nu_{01}}{R}H_0 J_0''\left(\frac{\nu_{01}}{R}r \right) \right]\mathrm{e}^{-\mathrm{j}\beta z}$$

$$= -\hat{\boldsymbol{r}}\frac{\beta}{\omega\varepsilon}H_0 J_1\left(\frac{\nu_{01}}{R}r \right)\mathrm{e}^{-\mathrm{j}\beta z} - \hat{\boldsymbol{z}}\left[-\frac{\mathrm{j}}{\omega\varepsilon r}H_0 J_1\left(\frac{\nu_{01}}{R}r \right) - \frac{\mathrm{j}}{\omega\varepsilon}\frac{\nu_{01}}{R}H_0 J_1'\left(\frac{\nu_{01}}{R}r \right) \right]\mathrm{e}^{-\mathrm{j}\beta z}$$

$$= -\hat{\boldsymbol{r}}\frac{\beta}{\omega\varepsilon}H_0 J_1\left(\frac{\nu_{01}}{R}r \right)\mathrm{e}^{-\mathrm{j}\beta z} + \hat{\boldsymbol{z}}\frac{\mathrm{j}}{\omega\varepsilon}\frac{\nu_{01}}{R}H_0 J_0\left(\frac{\nu_{01}}{R}r \right)\mathrm{e}^{-\mathrm{j}\beta z}$$

其中用到了 Bessel 函数的递推公式：

$$xJ_n'(x) + nJ_n(x) = xJ_{n-1}(x)$$

(3) 由于截止波数为

$$k_c = \frac{\nu_{01}}{R}$$

其中，ν_{01} 是 0 阶 Bessel 函数的第 1 个根，所以 $m=0$，$n=1$。该场型是 TM_{01}。

(4) TM_{01} 波的电磁场分布图如图 2.23 所示。

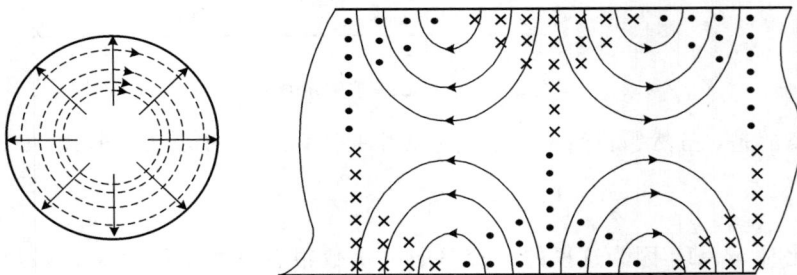

图 2.23　习 2.12 求解示意图

习 2.13(2 - 6 - 5)　半圆波导如图 2.24 所示，半径为 R，解出其中的 TE 和 TM 波型。

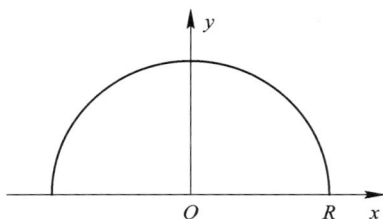

图 2.24 习 2.13 题图

解：半圆波导需要采用圆柱坐标系来分析，柱坐标系下的拉普拉斯算子为

$$\nabla^2 = \frac{1}{r}\frac{\partial}{\partial r}\left(r\frac{\partial}{\partial r}\right) + \frac{1}{r^2}\frac{\partial^2}{\partial \phi^2} + \frac{\partial^2}{\partial z^2}$$

场同样满足波动方程

$$\nabla^2 \boldsymbol{E} + k^2 \boldsymbol{E} = 0$$
$$\nabla^2 \boldsymbol{H} + k^2 \boldsymbol{H} = 0$$

先求解纵向分量，即求解方程

$$\nabla^2 E_z + k^2 E_z = 0$$
$$\nabla^2 H_z + k^2 H_z = 0$$

先求解 TE 的情况，设

$$H_z = R(r)\Phi(\varphi)Z(z)$$

根据广义传输线理论，其中，$Z(z)$ 的解为

$$Z(z) = C e^{-j\beta z}$$

另外，有

$$\frac{r^2}{R}\frac{\partial^2 R}{\partial r^2} + \frac{r}{R}\frac{\partial R}{\partial r} + k_c^2 r^2 + \frac{1}{\Phi}\frac{\partial^2 \Phi}{\partial \varphi^2} = 0$$

可以分解为两个方程

$$\begin{cases} \frac{1}{\Phi}\frac{d^2\Phi}{d\varphi^2} = -m^2 \\ r^2\frac{d^2R}{dr^2} + r\frac{dR}{dr} + (k_c^2 r^2 - m^2)R = 0 \end{cases}$$

求解可以得到

$$\begin{cases} \Phi(\varphi) = C_1\cos m\varphi + C_2\sin m\varphi = \begin{pmatrix}\cos m\varphi \\ \sin m\varphi\end{pmatrix} \\ R(r) = C_3 J_m(k_c r) + C_4 N_m(k_c r) = \begin{pmatrix} J_m(k_c r) \\ N_m(k_c r)\end{pmatrix}\end{cases}$$

根据场在 $r=0$ 时是有界的，即 $f(r=0)\neq\infty$，可以将上式中的 $N_m(k_c r)$ 略掉，即只保留 Bessel 函数，为

$$H_z = H_{mn}J_m(k_c r)\begin{pmatrix}\cos m\varphi \\ \sin m\varphi\end{pmatrix}e^{-j\beta z}$$

利用纵向分量来表示横向分量，即

$$
\begin{bmatrix} E_r \\ E_\varphi \\ H_r \\ H_\varphi \end{bmatrix} = \frac{1}{k_c^2} \begin{bmatrix} -\mathrm{j}\beta & 0 & 0 & -\mathrm{j}\omega\mu \\ 0 & -\mathrm{j}\beta & \mathrm{j}\omega\mu & 0 \\ 0 & \mathrm{j}\omega\varepsilon & -\mathrm{j}\beta & 0 \\ -\mathrm{j}\omega\varepsilon & 0 & 0 & -\mathrm{j}\beta \end{bmatrix} \begin{bmatrix} \dfrac{\partial E_z}{\partial r} \\[2mm] \dfrac{1}{r}\dfrac{\partial E_z}{\partial \varphi} \\[2mm] \dfrac{\partial H_z}{\partial r} \\[2mm] \dfrac{1}{r}\dfrac{\partial H_z}{\partial \varphi} \end{bmatrix}
$$

可以得到横向分量为

$$
\begin{cases}
E_r = \pm H_{mn} \dfrac{\mathrm{j}\omega\mu m}{k_c^2 r} J_m(k_c r) \begin{pmatrix} \sin m\varphi \\ \cos m\varphi \end{pmatrix} \mathrm{e}^{-\mathrm{j}\beta z} \\[4mm]
E_\varphi = H_{mn} \dfrac{\mathrm{j}\omega\mu}{k_c} J_m'(k_c r) \begin{pmatrix} \cos m\varphi \\ \sin m\varphi \end{pmatrix} \mathrm{e}^{-\mathrm{j}\beta z} \\[4mm]
H_r = -H_{mn} \dfrac{\mathrm{j}\beta}{k_c} J_m'(k_c r) \begin{pmatrix} \cos m\varphi \\ \sin m\varphi \end{pmatrix} \mathrm{e}^{-\mathrm{j}\beta z} \\[4mm]
H_\varphi = \pm H_{mn} \dfrac{\mathrm{j}\beta m}{k_c^2 r} J_m(k_c r) \begin{pmatrix} \sin m\varphi \\ \cos m\varphi \end{pmatrix} \mathrm{e}^{-\mathrm{j}\beta z}
\end{cases}
$$

下面利用边界条件，即周期条件和理想导体边界条件。

（1）周期条件。需要满足

$$
f(\varphi = 0) = f(\varphi = 2\pi)
$$

可以得到 m 必须是整数。

（2）理想导体边界条件，即在导体边界上切向电场为 0，具体为

$$
E_t(r = R) = 0
$$
$$
E_t(\varphi = 0, \pi) = 0
$$

具体地，可以写出

$$
E_\varphi(r = R) = 0
$$
$$
E_z(r = R) = 0
$$
$$
E_r(\varphi = 0, \pi) = 0
$$
$$
E_z(\varphi = 0, \pi) = 0
$$

代入场中可以得到半圆波导的 TE 模式场分布为

$$
\begin{cases}
E_r = H_{mn} \dfrac{\mathrm{j}\omega\mu m}{k_c^2 r} J_m(k_c r) \sin m\varphi \, \mathrm{e}^{-\mathrm{j}\beta z} \\[4mm]
E_\varphi = H_{mn} \dfrac{\mathrm{j}\omega\mu}{k_c} J_m'(k_c r) \cos m\varphi \, \mathrm{e}^{-\mathrm{j}\beta z} \\[4mm]
H_r = -H_{mn} \dfrac{\mathrm{j}\beta}{k_c} J_m'(k_c r) \cos m\varphi \, \mathrm{e}^{-\mathrm{j}\beta z} \\[4mm]
H_\varphi = H_{mn} \dfrac{\mathrm{j}\beta m}{k_c^2 r} J_m(k_c r) \sin m\varphi \, \mathrm{e}^{-\mathrm{j}\beta z} \\[4mm]
H_z = H_{mn} J_m(k_c r) \cos m\varphi \, \mathrm{e}^{-\mathrm{j}\beta z}
\end{cases}
$$

其中，

$$J'_m(k_cR)=0$$

$$k_cR=\mu_{mn},\ (n=1,2,3,\cdots)$$

$$k_c=\frac{\mu_{mn}}{R}=\frac{2\pi}{\lambda_c}$$

注意，半圆波导不具有圆对称性，所以不会出现圆波导中的极化简并现象。

类似地，可以求出 TM 波形的场分布为

$$
\begin{cases}
E_r=-\dfrac{\mathrm{j}\beta}{k_c}E_{mn}J'_m\left(\dfrac{\nu_{mn}}{R}r\right)\sin m\varphi\,\mathrm{e}^{-\mathrm{j}\beta z}\\[2mm]
E_\varphi=-\dfrac{\mathrm{j}\beta m}{k_c^2 r}E_{mn}J_m\left(\dfrac{\nu_{mn}}{R}r\right)\cos m\varphi\,\mathrm{e}^{-\mathrm{j}\beta z}\\[2mm]
E_z=E_{mn}J_m\left(\dfrac{\nu_{mn}}{R}r\right)\sin m\varphi\,\mathrm{e}^{-\mathrm{j}\beta z}\\[2mm]
H_r=\dfrac{\mathrm{j}\omega\varepsilon m}{k_c^2 r}E_{mn}J_m\left(\dfrac{\nu_{mn}}{R}r\right)\cos m\varphi\,\mathrm{e}^{-\mathrm{j}\beta z}\\[2mm]
H_\varphi=-\dfrac{\mathrm{j}\omega\varepsilon}{k_c}E_{mn}J'_m\left(\dfrac{\nu_{mn}}{R}r\right)\sin m\varphi\,\mathrm{e}^{-\mathrm{j}\beta z}\\[2mm]
H_z=0
\end{cases}
$$

习 2.14(2-7-1) 论述 TEM 模式传输线的主要特点，并说明它们满足什么支配方程。

解： TEM 模式传输线的主要特点为 $E_z=H_z=0$。它们满足的支配方程为拉普拉斯方程，即

$$\nabla_t^2 \boldsymbol{E}=0$$

$$\nabla_t^2 \boldsymbol{H}=0$$

习 2.15(2-7-2) 导出圆同轴线的功率 P 和导体衰减常数 α_c 的表达式。

解： 同轴线中的平均坡印廷矢量为

$$\boldsymbol{S}=\frac{1}{2}\mathrm{Re}(\boldsymbol{E}\times\boldsymbol{H}^*)=\hat{z}\,\frac{1}{2}\mathrm{Re}\left(E_0\,\frac{a}{r}\mathrm{e}^{-\mathrm{j}\beta z}\cdot E_0\,\frac{a}{\eta r}\mathrm{e}^{\mathrm{j}\beta z}\right)=\hat{z}\,\frac{E_0^2 a^2}{2\eta r^2}$$

其中，$\eta=120\pi/\sqrt{\varepsilon_r}$。计算出功率为

$$P=\int_a^b S\cdot 2\pi r\,\mathrm{d}r=\int_a^b \frac{E_0^2 a^2}{2\eta r^2}\cdot 2\pi r\,\mathrm{d}r=\frac{\sqrt{\varepsilon_r}E_0^2 a^2}{120}\ln\frac{b}{a}$$

假定同轴线中功率是以 $\mathrm{e}^{-2\alpha z}$ 的形式衰减的，即

$$P=P_0\mathrm{e}^{-2\alpha z}$$

可以得到

$$\frac{\mathrm{d}P}{\mathrm{d}z}=-2\alpha P_0\mathrm{e}^{-2\alpha z}=-2\alpha P$$

由上式可计算出衰减为

$$\alpha=\frac{\mathrm{d}P/\mathrm{d}z}{-2P}=\frac{P_l}{2P}$$

其中，$P_l=-\dfrac{\mathrm{d}P}{\mathrm{d}z}$ 表示单位长度的功率损耗，负号代表功率减少。在小衰减的条件下，$P\approx$

P_0，于是有

$$\alpha \approx \frac{P_1}{2P_0}$$

在同轴线内壁 $\mathrm{d}\sigma = \mathrm{d}l\,\mathrm{d}z$ 上衰减功率的功率为

$$\mathrm{d}P_1 = \frac{1}{2} J_{sm}^2 R_s \mathrm{d}l\,\mathrm{d}z$$

式中，J_{sm} 表示表面电流密度，R_s 为表面电阻。则同轴线在 $\mathrm{d}z$ 上衰减的功率为

$$\oint_c \mathrm{d}P_1 = \frac{1}{2}\oint_c J_{sm}^2 R_s \mathrm{d}l\,\mathrm{d}z = \frac{1}{2}R_s \mathrm{d}z \oint_c J_{sm}^2 \mathrm{d}l = \frac{1}{2}R_s \mathrm{d}z \oint_c H_{sm}^2 \mathrm{d}l$$

可以得到单位长度的功率损耗为

$$P_1 = -\frac{\mathrm{d}P}{\mathrm{d}z} = \frac{1}{2}R_s \oint_c H_{sm}^2 \mathrm{d}l$$

另一方面，有

$$P_0 = \frac{1}{2}\iint_S E_{tm} H_{tm} \mathrm{d}S = \frac{1}{2}\eta \iint_S H_{tm}^2 \mathrm{d}S$$

所以得到

$$\alpha = \frac{P_1}{2P_0} = \frac{R_s}{2\eta}\frac{\oint_c H_{sm}^2 \mathrm{d}l}{\iint_S H_{tm}^2 \mathrm{d}s} \quad \mathrm{NP/m}$$

其中，

$$\oint_c H_{sm}^2 \mathrm{d}l = \oint_c H_\varphi^2 \mathrm{d}l = \int_0^{2\pi}\frac{E_0^2 a^2}{\eta^2 b}\mathrm{e}^{-\mathrm{j}2\beta z}\mathrm{d}\theta + \int_0^{2\pi}\frac{E_0^2 a^2}{\eta^2 a}\mathrm{e}^{-\mathrm{j}2\beta z}\mathrm{d}\theta$$

$$= \frac{E_0^2 a^2}{\eta^2}\cdot 2\pi \mathrm{e}^{-\mathrm{j}2\beta z}\left(\frac{1}{a}+\frac{1}{b}\right)$$

另外，有

$$\iint_S H_{tm}^2 \mathrm{d}S = \int_a^b \frac{E_0^2 a^2}{\eta^2 r}\cdot 2\pi \mathrm{e}^{-\mathrm{j}2\beta z}\mathrm{d}r = \frac{E_0^2 a^2}{\eta^2}\cdot 2\pi \mathrm{e}^{-\mathrm{j}2\beta z}\ln\frac{b}{a}$$

所以，

$$\alpha = \frac{P_1}{2P_0} = \frac{R_s}{2\eta}\frac{\oint_c H_{sm}^2 \mathrm{d}l}{\iint_S H_{tm}^2 \mathrm{d}S} = \frac{\sqrt{\varepsilon_r}R_s}{2\cdot 120\pi}\frac{1/a+1/b}{\ln(b/a)} \quad \mathrm{NP/m}$$

该式中给出的单位是 NP/m，一般采用 dB/m，则

$$\alpha_c = \frac{8.686\sqrt{\varepsilon_r}R_s}{2\cdot 120\pi}\frac{1/a+1/b}{\ln(b/a)} \quad \mathrm{dB/m}$$

习 2.16(2-7-4)　如图 2.25 所示，有两种不同的圆同轴线，$a_1/b_1 = a_2/b_2$，$a_1 > a_2$。
求：(1) 哪种特性阻抗 Z_0 大？
(2) 哪种波长 λ 大？
(3) 哪种同轴线功率容量 P_{max} 大？
(4) 哪种同轴线 TEM 波频带宽？

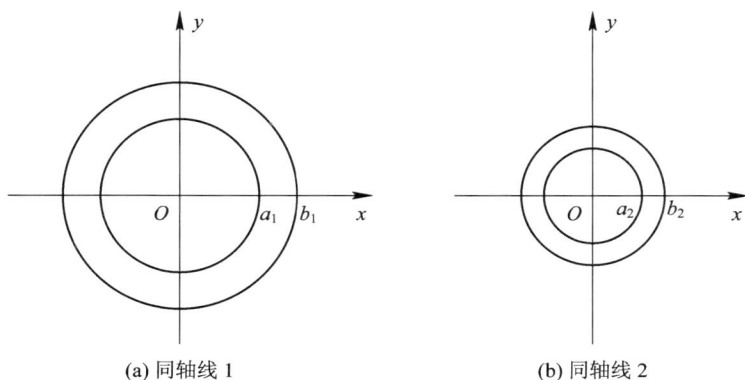

(a) 同轴线 1   (b) 同轴线 2

图 2.25 习 2.16 题图

解：（1）同轴线的特性阻抗为

$$Z_0 = \frac{60}{\sqrt{\varepsilon_r}} \ln \frac{b}{a}$$

若填充介质一样，即 $\varepsilon_{r1} = \varepsilon_{r2}$，且根据题意 $\dfrac{a_1}{b_1} = \dfrac{a_2}{b_2}$，则两种同轴线的特性阻抗一样大。

（2）如果同轴线都工作在主模式 TEM 模式，传输相同频率的信号时，波长 λ 是一样大的。这也是 TEM 模式的共同特点。

（3）同轴线的功率容量为

$$P_{max} = \frac{\sqrt{\varepsilon_r} E_{max}^2 a^2}{120} \ln \frac{b}{a}$$

若填充介质一样，$\varepsilon_{r1} = \varepsilon_{r2}$，且 $\dfrac{a_1}{b_1} = \dfrac{a_2}{b_2}$，$a_1 > a_2$。所以，同轴线 1 的功率大。

（4）同轴线的第一个高次模的截止波长为

$$\lambda_c = \pi(a + b)$$

根据题意 $a_1 > a_2$，可以得到

$$\lambda_{c1} > \lambda_{c2}$$

所以同轴线 2 的 TEM 频带宽。

习 2.17(2 - 9 - 3) 比较带线和微带之间的共同点和不同点。

解： 带线和微带的共同点是体积小、频带宽，功率容量小。

带线和微带的不同点如下。

（1）微带线只有一侧存在地面，不用机械加工，采用金属薄膜工艺。带状线两边都存在地面，需要进行机械加工。

（2）带状线工作的主模式是 TEM 模式，无色散。而微带线工作的主模式是准 TEM 模式，存在色散现象。

（3）由于微带线是开放结构，所以存在辐射损耗，Q 值低。而带状线几乎没有辐射损耗，Q 值高。

（4）带状线不便于外接固态器件，因此不宜用于微波有源电路。而微带线易于集成，适用于微波有源电路。

习 2.18(2-9-4) 已知微带基片厚 $h=1$ mm，$\varepsilon_r=9.0$。试求出 100 Ω、50 Ω 和 20 Ω 特性阻抗 Z_0 所对应的带宽 W。

解：

$$A=\frac{Z_0}{60}\left(\frac{\varepsilon_r+1}{2}\right)^{1/2}+\frac{\varepsilon_r-1}{\varepsilon_r+1}\left(0.23+\frac{0.11}{\varepsilon_r}\right)$$

将 $\varepsilon_r=9.0$ 代入上式，有

$$A=\frac{2.24Z_0}{60}+0.192$$

当特性阻抗 $Z_0=100$ Ω 时，$A=3.92>1.5$，属于窄带情况，此时

$$W=\frac{8e^A}{e^{2A}-2}h=0.15 \text{ mm}$$

当特性阻抗 $Z_0=50$ Ω 时，$A=2.05>1.5$，属于窄带情况，此时

$$W=\frac{8e^A}{e^{2A}-2}h=1.1 \text{ mm}$$

当特性阻抗 $Z_0=20$ Ω 时，$A=0.93<1.5$，属于宽带情况，此时

$$\frac{W}{h}=\frac{2}{\pi}\left\{B-1-\ln(2B-1)+\frac{\varepsilon_r-1}{2\varepsilon_r}\left[\ln(B-1)+0.39-\frac{0.61}{\varepsilon_r}\right]\right\}$$

$$B=\frac{60\pi^2}{Z_0\sqrt{\varepsilon_r}}=9.86$$

$$W=\frac{2h}{\pi}\left\{B-1-\ln(2B-1)+\frac{\varepsilon_r-1}{2\varepsilon_r}\left[\ln(B-1)+0.39-\frac{0.61}{\varepsilon_r}\right]\right\}=0.0045 \text{ m}=4.5 \text{ mm}$$

习 2.19(2-10-1) 介质波导理论是光纤的基础，求解其场方程时，有几个约束条件，试加以分析。

解： 应用分离变量法导出的两个微分方程为

$$\begin{cases}\dfrac{d^2\Phi(\varphi)}{d\varphi^2}+m^2\Phi(\varphi)=0 \\[2mm] r^2\dfrac{d^2R(r)}{dr^2}+r\dfrac{dR(r)}{dr}+\left[(n_1^2k_0^2-\beta^2)r^2-m^2\right]R(r)=0\end{cases}$$

因为介质波导的开波导特点，对于介质波导内部，有

$$\beta^2<n_1^2k_0^2$$

所以内部的解必定是驻波型解，只能是第一类 Bessel 函数。而在介质波导外部，有

$$\beta^2>n_2^2k_0^2$$

外部的解又必须是衰减场，所以只能取第二类修正 Bessel 函数。

根据 $r=0$ 和 $r=\infty$ 的边界条件，省去了 $N_m(r)$（Neumann）函数和 $I_m(r)$ 函数，因此

$$\Phi(\varphi)=C\begin{pmatrix}\cos m\varphi\\\sin m\varphi\end{pmatrix}=Ce^{jm\varphi}$$

$$\begin{cases}R_1(r)=D_1J_m(k_{c1}r), & (r<a) \\ R_2(r)=D_2K_m(k_{c2}r), & (r>a)\end{cases}$$

其中，

$$\begin{cases} k_{c1}^2 = \omega^2 \mu_0 \varepsilon_1 - \beta^2 = -\beta^2 + \omega^2 \mu_0 \varepsilon_0 \varepsilon_{r1} = k_0^2 n_1^2 - \beta^2 \\ k_{c2}^2 = \beta^2 - \omega^2 \mu_0 \varepsilon_2 = \beta^2 - \omega^2 \mu_0 \varepsilon_0 \varepsilon_{r2} = \beta^2 - k_0^2 n_2^2 \end{cases}$$

根据边界 $r=a$ 的条件(注意开导波系统要满足场连续条件),有

$$\begin{cases} R_1(a) = D_1 J_m(k_{c1}a) = D_1 J_m(u) \\ R_2(a) = D_2 K_m(k_{c2}a) = D_2 K_m(w) \end{cases}$$

其中,

$$\begin{cases} D_1 = \dfrac{R_1(a)}{J_m(u)} \\ D_2 = \dfrac{R_2(a)}{K_m(w)} \end{cases}$$

$$u = k_{c1}a = (k_0^2 n_1^2 - \beta^2)^{1/2} a$$
$$w = k_{c2}a = (\beta^2 - k_0^2 n_2^2)^{1/2} a$$

于是有

$$\begin{cases} R(r) = \dfrac{R_1(a)}{J_m(u)} J_m(uR), & R = \dfrac{r}{a} < 1 \\ R(r) = \dfrac{R_2(a)}{K_m(w)} K_m(wR), & R = \dfrac{r}{a} > 1 \end{cases}$$

可以得到电场和磁场的纵向分量为

$$E_z = \begin{cases} \dfrac{A_{m1}}{J_m(u)} J_m(uR) e^{jm\varphi} e^{-j\beta z}, & R < 1 \\ \dfrac{A_{m2}}{K_m(w)} K_m(wR) e^{jm\varphi} e^{-j\beta z}, & R > 1 \end{cases}$$

$$H_z = \begin{cases} \dfrac{B_{m1}}{J_m(u)} J_m(uR) e^{jm\varphi} e^{-j\beta z}, & R < 1 \\ \dfrac{B_{m2}}{K_m(w)} K_m(wR) e^{jm\varphi} e^{-j\beta z}, & R > 1 \end{cases}$$

利用不变性矩形,可以得到横向场分量为

$$\begin{cases} E_r = -\dfrac{j}{k_c^2}\left[\beta \dfrac{\partial E_z}{\partial r} + j\omega\mu \dfrac{m}{r} H_z\right] \\ E_\varphi = -\dfrac{j}{k_c^2}\left[\dfrac{jm\beta}{r} E_z - \omega\mu \dfrac{\partial H_z}{\partial r}\right] \\ H_r = -\dfrac{j}{k_c^2}\left[\beta \dfrac{\partial H_z}{\partial r} - j\omega\varepsilon_i \dfrac{m}{r} E_z\right] \\ H_\varphi = -\dfrac{j}{k_c^2}\left[\dfrac{jm\beta}{r} H_z + \omega\varepsilon_i \dfrac{\partial E_z}{\partial r}\right] \end{cases}$$

再次考察边界条件,当 $r=a$ 时,有

$$\begin{cases} E_{z1} = E_{z2} \\ H_{z1} = H_{z2} \\ E_{\varphi 1} = E_{\varphi 2} \\ H_{\varphi 1} = H_{\varphi 2} \end{cases}$$

可导出

$$(\eta_1+\eta_2)(k_1^2\eta_1+k_2^2\eta_2)=m^2\beta^2\left(\frac{1}{u^2}+\frac{1}{w^2}\right)$$

习 2.20(2-10-2)　试解释介质波导的截止条件为什么是 $k_{c2}=0$。

解： 对于介质波导，当 $k_{c2}<0$ 时，波沿 r 方向有辐射，且沿 z 方向仍有传播——称为辐射模，所以 $k_{c2}\geqslant0$ 是波导外无辐射场的条件。因此介质波导的截止条件是 $k_{c2}=0$。

习 2.21(2-12-1)　已知对称耦合传输线的偶模阻抗和奇模阻抗分别为 Z_{0e} 和 Z_{0o}。两根线的电压激励分别为 U_1 和 U_2。求这两根线的 I_1 和 I_2。

解： 由于耦合传输线是对称的，可以方便地写出偶模电压 U_e 和奇模电压 U_o，即

$$\begin{bmatrix}U_e\\U_o\end{bmatrix}=\frac{1}{2}\begin{bmatrix}1&1\\1&-1\end{bmatrix}\begin{bmatrix}U_1\\U_2\end{bmatrix}$$

由上式可得

$$\begin{bmatrix}U_1\\U_2\end{bmatrix}=\begin{bmatrix}U_e+U_o\\U_e-U_o\end{bmatrix}=\begin{bmatrix}1&1\\1&-1\end{bmatrix}\begin{bmatrix}U_e\\U_o\end{bmatrix}$$

同样地，偶模电流和奇模电流也可以写为

$$\begin{bmatrix}I_e\\I_o\end{bmatrix}=\frac{1}{2}\begin{bmatrix}1&1\\1&-1\end{bmatrix}\begin{bmatrix}I_1\\I_2\end{bmatrix}$$

同样地，可以得到

$$\begin{bmatrix}I_1\\I_2\end{bmatrix}=\begin{bmatrix}1&1\\1&-1\end{bmatrix}\begin{bmatrix}I_e\\I_o\end{bmatrix}$$

由奇偶模分析中电流与电压的关系可知

$$\begin{bmatrix}I_e\\I_o\end{bmatrix}=\begin{bmatrix}Y_{0e}&0\\0&Y_{0o}\end{bmatrix}\begin{bmatrix}U_e\\U_o\end{bmatrix}$$

其中，偶模导纳和奇模导纳分别为

$$Y_{0e}=\frac{1}{Z_{0e}}$$

$$Y_{0o}=\frac{1}{Z_{0o}}$$

代入原电流电压方程，得到

$$\begin{bmatrix}I_1\\I_2\end{bmatrix}=\frac{1}{2}\begin{bmatrix}1&1\\1&-1\end{bmatrix}\begin{bmatrix}\dfrac{1}{Z_{0e}}&0\\0&\dfrac{1}{Z_{0o}}\end{bmatrix}\begin{bmatrix}1&1\\1&-1\end{bmatrix}\begin{bmatrix}U_1\\U_2\end{bmatrix}$$

$$=\frac{1}{2}\begin{bmatrix}\dfrac{1}{Z_{0e}}+\dfrac{1}{Z_{0o}}&\dfrac{1}{Z_{0e}}-\dfrac{1}{Z_{0o}}\\\dfrac{1}{Z_{0e}}-\dfrac{1}{Z_{0o}}&\dfrac{1}{Z_{0e}}+\dfrac{1}{Z_{0o}}\end{bmatrix}\begin{bmatrix}U_1\\U_2\end{bmatrix}$$

习 2.22(2-12-2)　若习 2.21 中 $Z_{0e}=120\ \Omega$，$Z_{0o}=45\ \Omega$，$U_1=3$ V，$U_2=5$ V，具体求出 I_1 和 I_2。

解：将数值代入习 2.21 的结果，得

$$\begin{bmatrix} I_1 \\ I_2 \end{bmatrix} = \frac{1}{2} \begin{bmatrix} \dfrac{1}{120}+\dfrac{1}{45} & \dfrac{1}{120}-\dfrac{1}{45} \\ \dfrac{1}{120}-\dfrac{1}{45} & \dfrac{1}{120}+\dfrac{1}{45} \end{bmatrix} \begin{bmatrix} 3 \\ 5 \end{bmatrix} = \begin{bmatrix} \dfrac{1}{90} \\ \dfrac{1}{18} \end{bmatrix}$$

所以，得

$$I_1 = 1/90 = 0.011A$$
$$I_2 = 1/18 = 0.056A$$

2.5　知 识 图 谱

本章内容的知识图谱如图 2.26 所示。

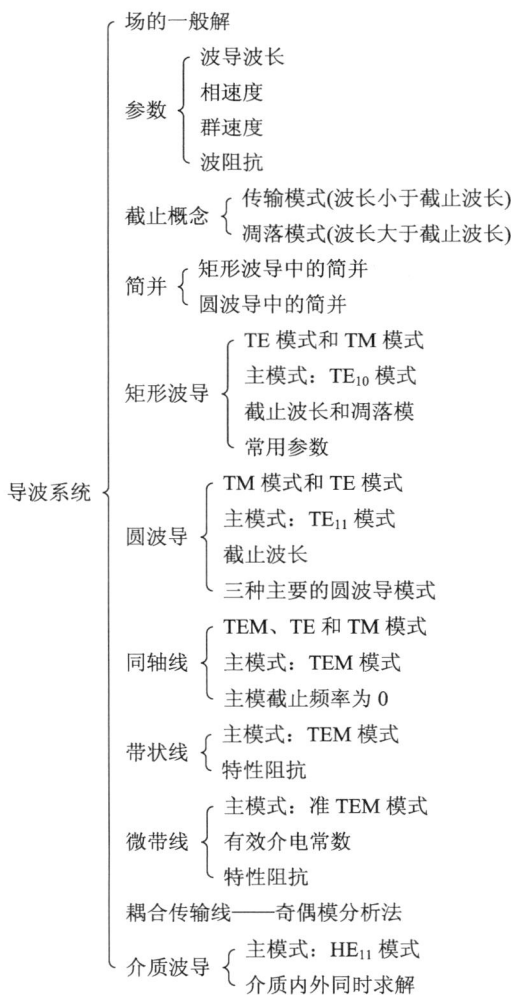

图 2.26　导波系统知识图谱

重点内容和知识点总结如下。

1. 金属波导是柱形空心管，横截面为矩形、圆形等，电磁波在其内部传播。

2. 波导是一种"高通滤波器"，即只有当频率高于某一频率时，电磁波才能在波导中传播。

3. 波导中的场型结构称为模式，波导中有无穷多种模式。矩形波导和圆波导中存在 TE 模式和 TM 模式。

4. 当频率高于模式的截止频率时，电磁波能以该模式传播，称为传播模；频率低于模式的截止频率时，电磁波在该模式下衰减，称为凋落模或倏逝模。

5. 主模式是截止频率最低的模式，主模式的单模工作频率范围大于主模式的截止频率，小于第一个高次模的截止频率。

6. 不同模式有相同的截止频率的现象称为简并，例如矩形波导中的 TE_{mn} 和 TM_{mn} 简并，圆波导中的 TE_{01} 和 TM_{11} 简并、极化简并。

7. 空心金属波导不能传输 TEM 模式。

8. TEM 模式的截止频率为 0。

9. 波导中沿着纵向即 z 方向的波长称为波导波长，计算公式为

$$\lambda_g = \frac{2\pi}{\beta} = \frac{\lambda}{\sqrt{1-\left(\frac{\lambda}{\lambda_c}\right)^2}}$$

其中，λ 为工作波长，λ_c 为截止波长。

10. 相速度定义为 z 方向等相位面移动的速度，即

$$v_p = \frac{\omega}{\beta} = \frac{c}{\sqrt{1-\left(\frac{\lambda}{\lambda_c}\right)^2}}$$

而群速度定义为包络移动的速度，即

$$v_g = \frac{\mathrm{d}\omega}{\mathrm{d}\beta} = c\sqrt{1-\left(\frac{\lambda}{\lambda_c}\right)^2}$$

可以看到 $v_p v_g = c^2$。

11. 波阻抗（波型阻抗）定义为横向电场和横向磁场的比值（电场和磁场取不同的横向分量），对于矩形波导有

$$Z = \frac{E_x}{H_y} = -\frac{E_y}{H_x}$$

$$Z_{TE} = \frac{\omega\mu}{\beta} = \frac{\eta}{\sqrt{1-\left(\frac{\lambda}{\lambda_c}\right)^2}}$$

$$Z_{TM} = \frac{\beta}{\omega\varepsilon} = \eta\sqrt{1-\left(\frac{\lambda}{\lambda_c}\right)^2}$$

Z_{TE} 和 Z_{TM} 分别为 TE 和 TM 模式的波阻抗，η 为自由空间波阻抗，可以看出 $Z_{TE}Z_{TM} = \eta^2$。

12. 矩形波导的主模式是 TE_{10}，截止波长 $\lambda_c = 2a$；圆波导的主模式是 TE_{11}，截止波长 $\lambda_c = 3.412R$。

13. 矩形波导的截止波长和截止频率分别为

$$\lambda_c = \frac{2}{\sqrt{\left(\dfrac{m}{a}\right)^2 + \left(\dfrac{n}{b}\right)^2}}$$

$$f_c = \frac{c}{\lambda_c} = \frac{c}{2}\sqrt{\left(\frac{m}{a}\right)^2 + \left(\frac{n}{b}\right)^2}$$

14. 带状线的主模式是 TEM 模式，微带线的主模式是准 TEM 模式。

15. 微带线的三种损耗分别是介质损耗、金属损耗和辐射损耗。

2.6 练 习 题

一、选择题

1. TEM 波是_____。

(a) 纵向电场为 0   (b) 纵向磁场为 0

(c) (a)和(b)都是   (d) 以上都不是

2. 矩形波导的截止波长是_____。

(a) $\lambda_c = \dfrac{2}{\sqrt{\left(\dfrac{m}{a}\right)^2 + \left(\dfrac{n}{b}\right)^2}}$ (b) $\lambda_c = \dfrac{2\pi}{\sqrt{\left(\dfrac{m}{a}\right)^2 + \left(\dfrac{n}{b}\right)^2}}$

(c) $\lambda_c = 2\sqrt{\left(\dfrac{m}{a}\right)^2 + \left(\dfrac{n}{b}\right)^2}$ (d) 以上都不是

3. 矩形波导 TE_{m0} 模式的相位常数 β 等于_____。

(a) $\beta = k\sqrt{1 + \left(\dfrac{\lambda}{\lambda_c}\right)^2}$ (b) $\beta = k\sqrt{1 + \left(\dfrac{f_c}{f}\right)^2}$

(c) $\beta = \sqrt{k^2 - \left(\dfrac{m\pi}{a}\right)^2}$ (d) 以上都是_____。

4. 波导的截止波长是_____。

(a) 波导中两相邻等相位面的距离   (b) 能在波导中传播的最大波长

(c) (a)和(b)都是   (d) 以上都不是

5. 矩形波导的主模式是_____。

(a) TE_{10} (b) TM_{10}

(c) TEM   (d) TE_{01}

6. 矩形波导 TE_{m0} 模式的截止波长等于_____。

(a) $\lambda_c = \dfrac{2a}{m}$ (b) $\lambda_c = 2ma$

(c) $\lambda_c = \dfrac{m}{2a\sqrt{\mu\varepsilon}}$ (d) $\lambda_c = \dfrac{a}{2m\sqrt{\mu\varepsilon}}$

7. 波导中的波导波长是_____。

(a) 波导中两相邻等相位面的距离   (b) 信号在自由空间中的波长

(c) (a)和(b)都是   (d) 以上都不是

8. 波导波长等于_____。

(a) $\lambda_g = \dfrac{\lambda}{\sqrt{1-\left(\dfrac{\lambda}{\lambda_c}\right)^2}}$ (b) $\lambda_g = \dfrac{\lambda}{\sqrt{1-\left(\dfrac{f_c}{f}\right)^2}}$

(c) $\lambda_g = \dfrac{2\pi}{\beta}$ (d) 以上都是

9. 波导中的相速度是_____。

(a) 波导中等相位面移动的速度   (b) 波导中信号传播的速度

(c) (a)和(b)都是   (d) 以上都不是

10. 波导中的相速度等于_____。

(a) $v_p = \dfrac{c}{\sqrt{1-\left(\dfrac{\lambda}{\lambda_c}\right)^2}}$ (b) $v_p = \dfrac{c}{\sqrt{1-\left(\dfrac{f_c}{f}\right)^2}}$

(c) $v_p = \dfrac{\omega}{\beta}$ (d) 以上都是

11. 以下哪种波型中的相速度和频率无关？_____。

(a) TE   (b) TM

(c) TEM   (d) 以上都不是

12. 以下哪种波型中电场和磁场的比值是自由空间波阻抗？_____。

(a) TE   (b) TM

(c) TEM   (d) 以上都不是

13. TEM 波的截止波长是_____。

(a) 0   (b) 无穷大

(c) $\dfrac{2\pi}{\beta}$ (d) 以上都不是

14. 波导中的群速度是_____。

(a) 波导中等相位面移动的速度   (b) 波导中信号传播的速度

(c) (a)和(b)都是   (d) 以上都不是

15. 波导中的群速度为_____

(a) $v_g = c\sqrt{1-\left(\dfrac{\lambda}{\lambda_c}\right)^2}$ (b) $v_g = \dfrac{c^2}{v_p}$

(c) (a)和(b)都是   (d) 以上都不是

16. 矩形波导尺寸的一般要求是_____。

(a) $a > \dfrac{\lambda}{2}$ (b) $\dfrac{a}{b} \approx 2$

(c) (a)和(b)都是   (d) 以上都不是

17. 圆波导的截止波长为_____。

(a) $\dfrac{2\pi R}{\mu_{mn}}$　　　　　　　　　　　(b) $\dfrac{2\pi R}{\upsilon_{mn}}$

(c) (a)和(b)都是　　　　　　　　　(d) 以上都不是

18. 波导中 TE 模式的波阻抗为_____。

(a) $\dfrac{\eta}{\sqrt{1-\left(\dfrac{\lambda}{\lambda_c}\right)^2}}$　　　　　　　　(b) $\eta\sqrt{1-\left(\dfrac{\lambda}{\lambda_c}\right)^2}$

(c) $\dfrac{\beta}{\omega\varepsilon}$　　　　　　　　　　　(d) 以上都不是

19. 波导中 TM 模式的波阻抗为_____。

(a) $\dfrac{\eta}{\sqrt{1-\left(\dfrac{\lambda}{\lambda_c}\right)^2}}$　　　　　　　　(b) $\eta\sqrt{1-\left(\dfrac{\lambda}{\lambda_c}\right)^2}$

(c) $\dfrac{\omega\mu}{\beta}$　　　　　　　　　　　(d) 以上都不是

20. 圆波导的主模式是_____。

(a) TE_{10}　　　　　　　　　　　(b) TM_{11}

(c) TEM　　　　　　　　　　　(d) TE_{11}

21. 矩形波导主模式工作在 3 GHz，应该选取哪个尺寸？_____。

(a) $6\times3\ cm^2$　　　　　　　　　(b) $5\times2\ cm^2$

(c) $4\times3\ cm^2$　　　　　　　　　(d) $6\times4\ cm^2$

22. 矩形波导尺寸为 $5\times2.5\ cm^2$，单模工作的带宽约为_____。

(a) 2 GHz　　　　　　　　　　　(b) 3 GHz

(c) 6 GHz　　　　　　　　　　　(d) 10 GHz

23. 矩形波导模式中的下标 m 和 n 表示_____。

(a) 半波个数　　　　　　　　　　(b) 全波个数

(c) 场中零点的个数　　　　　　　(d) 以上都不是

24. 圆波导中的简并模式是_____。

(a) TE_{mn} 和 TM_{mn}　　　　　　　(b) TE_{01} 和 TM_{11}

(c) TE_{11} 和 TM_{01}　　　　　　　(d) TM_{01} 和 TM_{11}

25. 当频率趋于无穷大，波导中的波导波长趋于_____。

(a) 无穷大　　　　　　　　　　　(b) 0

(c) 自由空间中的波长　　　　　　(d) 波导的截止波长

26. 矩形波导尺寸为 $6\times4\ cm^2$，其主模式的截止频率为_____。

(a) 2.5 GHz　　　　　　　　　　(b) 25 GHz

(c) 250 GHz　　　　　　　　　　(d) 0.25 GHz

27. 矩形波导尺寸为 $6\times4\ cm^2$，工作在主模式，工作频率为 3 GHz，相速度为_____。

(a) 5.42×10^8 m/s　　　　　　　(b) 3.78×10^8 m/s

(c) 5.42×10^6 m/s　　　　　　　(d) 3.78×10^6 m/s

28. 矩形波导尺寸为 $6\times4\,\text{cm}^2$，工作在主模式，工作频率为 3 GHz，群速度为_____。

(a) 5.42×10^8 m/s
(b) 1.659×10^8 m/s
(c) 5.42×10^6 m/s
(d) 1.659×10^6 m/s

29. 矩形波导尺寸为 $6\times4\,\text{cm}^2$，工作在主模式，工作频率为 3 GHz，波阻抗为_____。

(a) 377 Ω
(b) 682 Ω
(c) 200 Ω
(d) 400 Ω

30. 以下哪些参数决定了波导的截止频率？_____。

(a) 波导的尺寸
(b) 波导中填充的介质
(c) 波导的模式
(d) 以上都是

31. 矩形波导中不可能存在的模式是_____。

(a) TE_{10}
(b) TM_{11}
(c) TE_{01}
(d) TM_{10}

32. 空气填充的矩形波导，工作在有限频率，以下说法正确的是_____。

(a) 不能传输 TEM 模
(b) 波导波长总是大于自由空间波长
(c) 波阻抗不等于自由空间波阻抗
(d) 以上都对

33. 圆波导中不可能存在的模式是_____。

(a) TE_{10}
(b) TM_{11}
(c) TE_{01}
(d) TM_{01}

二、计算题

1. 什么是矩形波导中的波阻抗？推导出 TE 模式、TM 模式和 TEM 模式的波阻抗表达式。

2. 和圆波导相比，矩形波导有哪些优点？

3. 矩形波导的尺寸为 $5.1\times2.4\,\text{cm}^2$，计算主模式的截止频率并给出第一个高次模。

4. 圆波导的半径为 4 cm，工作在 10 GHz，计算截止波长和波导波长。

5. 矩形波导的尺寸为 $4\times2\,\text{cm}^2$，信号的波长为 6 cm，计算主模式的截止波长、相速度和群速度。

练习题答案

一、选择题

1. (c)　2. (a)　3. (c)　4. (b)　5. (a)　6. (a)　7. (a)　8. (d)
9. (a)　10. (d)　11. (c)　12. (c)　13. (b)　14. (b)　15. (c)　16. (c)
17. (c)　18. (a)　19. (b)　20. (d)　21. (a)　22. (b)　23. (a)　24. (b)
25. (c)　26. (a)　27. (a)　28. (b)　29. (b)　30. (d)　31. (d)　32. (d)
33. (a)

二、计算题

(略)

第 3 章

微 波 网 络

3.1 内 容 提 要

3.1.1 等效电压和等效电流

在微波频段，不存在直接用来测量电压和电流的电压表和电流表。但有时为了简化分析的过程，希望使用电路中已经熟悉的电压、电流和阻抗等概念对微波电路进行分析，所以引入等效的电压和电流是必要的。值得注意的是，除了 TEM 模的传输线，其他模式下的电压和电流是不具有唯一性的。例如，在矩形波导中，导体是封闭的边界，因此无法确定取导体上的哪两个点来积分得到电压。具体地，如果定义导体上的两点间的线积分为电压，那么对于矩形波导的 TM 模式，此积分一定为 0；而对于 TE 模式，积分与路径是有关的。因此，对于非 TEM 模式导波结构，应该谨慎选择等效电压和电流。

引入等效电压和等效电流的原则是：让它们分别和横向的电场和横向的磁场成正比。导波结构中的入射电场和磁场可以表示为

$$E = C^+ \, e \, e^{-j\beta z} + C^+ \, e_z e^{-j\beta z} \qquad (3-1)$$

$$H = C^+ \, h \, e^{-j\beta z} + C^+ \, h_z e^{-j\beta z} \qquad (3-2)$$

反射电场和磁场表示为

$$E = C^- \, e \, e^{j\beta z} - C^- \, e_z e^{j\beta z} \qquad (3-3)$$

$$H = -C^- \, h \, e^{j\beta z} + C^- \, h_z e^{j\beta z} \qquad (3-4)$$

按照类似的形式，引入等效电压和等效电流：

$$U = U_0^+ e^{-j\beta z} + U_0^- e^{j\beta z} = U^+ + U^- \qquad (3-5)$$

$$I = I_0^+ e^{-j\beta z} - I_0^- e^{j\beta z} = I^+ - I^- \qquad (3-6)$$

其中，$U_0^+ = K_1 C^+$，$U_0^- = K_1 C^-$，$I_0^+ = K_2 C^+$，$I_0^- = K_2 C^-$。这样选取等效电压和等效电流能够保证电压和横向电场成正比，电流和横向磁场成正比；另一方面，也保证了反射电场和入射电场的比值与反射电压与入射电压的比值是相同的，磁场和电流的情况也是一样的。

为了保证入射功率守恒，需要满足

$$\frac{1}{2}U^+(I^+)^* = \frac{|C^+|^2}{2}\int_S \boldsymbol{e}\times\boldsymbol{h}^*\cdot\hat{\boldsymbol{z}}\,\mathrm{d}S \tag{3-7}$$

或者

$$K_1 K_2^* = \int_S \boldsymbol{e}\times\boldsymbol{h}^*\cdot\hat{\boldsymbol{z}}\,\mathrm{d}S \tag{3-8}$$

反射功率守恒也可以得到相同的表达式。在式(3-8)中，合理地选择 $\boldsymbol{e}$ 和 $\boldsymbol{h}$ 可以使 $K_1 K_2^* = 1$。为了求出 K_1 和 K_2，还需要另外一个等式。另外一个等式可以任意给定，比如把导波系统等效为一个特性阻抗为 1 的传输线，则

$$Z_0 = \frac{U^+}{I^+} = \frac{U^-}{I^-} = \frac{K_1}{K_2} = 1 \tag{3-9}$$

这样就可以确定 K_1 和 K_2，进而可以确定等效电压和等效电流。把这种情况下确定的等效电压和等效电流称为归一化电压和归一化电流。

当波导中有 N 个模式传输时，等效电压和等效电流可以表示为

$$U = \sum_{n=1}^{N}(U_{0n}^+ \mathrm{e}^{-\mathrm{j}\beta_n z} + U_{0n}^- \mathrm{e}^{\mathrm{j}\beta_n z}) \tag{3-10}$$

$$I = \sum_{n=1}^{N}(I_{0n}^+ \mathrm{e}^{-\mathrm{j}\beta_n z} - I_{0n}^- \mathrm{e}^{\mathrm{j}\beta_n z}) = \sum_{n=1}^{N}\frac{1}{Z_{0n}}(U_{0n}^+ \mathrm{e}^{-\mathrm{j}\beta_n z} - U_{0n}^- \mathrm{e}^{\mathrm{j}\beta_n z}) \tag{3-11}$$

一旦等效电压和等效电流确定后，横向的电场和磁场就可以表示为

$$\boldsymbol{E}_t = \sum_{n=1}^{N}(U_{0n}^+ K_{1n}^{-1} \mathrm{e}^{-\mathrm{j}\beta_n z} + U_{0n}^- K_{1n}^{-1} \mathrm{e}^{\mathrm{j}\beta_n z})\boldsymbol{e}_n \tag{3-12}$$

$$\boldsymbol{H}_t = \sum_{n=1}^{N}(I_{0n}^+ K_{2n}^{-1} \mathrm{e}^{-\mathrm{j}\beta_n z} - I_{0n}^- K_{2n}^{-1} \mathrm{e}^{\mathrm{j}\beta_n z})\boldsymbol{h}_n \tag{3-13}$$

3.1.2　S 参数

1. S 参数的定义

对于一个 N 端口的网络，每个端口选取等效电压和等效电流是任意的。但是为了计算功率时方便，可以假定端口的入射功率表示为 $\frac{1}{2}|U_n^+|^2$，这等效为选取了归一化的电压和归一化的电流，即入射等效电压和入射等效电流的比值为 1。这样，等效电流便不会出现在 S 参数的定义中。可以定义反射电压和入射电压的关系为

$$\begin{bmatrix} U_1^- \\ U_2^- \\ \vdots \\ U_N^- \end{bmatrix} = \begin{bmatrix} S_{11} & S_{12} & S_{13} & \cdots & S_{1N} \\ S_{21} & S_{22} & S_{23} & \cdots & S_{2N} \\ \vdots & \vdots & \vdots & & \vdots \\ S_{N1} & S_{N2} & S_{N3} & \cdots & S_{NN} \end{bmatrix} \begin{bmatrix} U_1^+ \\ U_2^+ \\ \vdots \\ U_N^+ \end{bmatrix} \tag{3-14}$$

其中，$[S]$ 矩阵称为散射矩阵。须再次强调的是，式(3-14)中的等效电压和电流都是归一化的，即等效电压和电流被想象在特性阻抗为 1 的传输线上。

因为特性阻抗为 1，根据 3.1.1 节分析的结果，$K_1 = K_2 = 1$，则等效电压和等效电流为

$$U = U^+ + U^- = U_0^+ \mathrm{e}^{-\mathrm{j}\beta z} + U_0^- \mathrm{e}^{\mathrm{j}\beta z} = C^+ \mathrm{e}^{-\mathrm{j}\beta z} + C^- \mathrm{e}^{\mathrm{j}\beta z} \tag{3-15}$$

$$I = I^+ - I^- = I_0^+ \mathrm{e}^{-\mathrm{j}\beta z} - I_0^- \mathrm{e}^{\mathrm{j}\beta z} = C^+ \mathrm{e}^{-\mathrm{j}\beta z} - C^- \mathrm{e}^{\mathrm{j}\beta z} \tag{3-16}$$

定义 $a = C^+ e^{-j\beta z}$ 为入射波，$b = C^- e^{j\beta z}$ 为反射波（散射波），则得到

$$U^+ = I^+ = a \tag{3-17}$$

$$U^- = I^- = b \tag{3-18}$$

同时，横向电场和横向磁场重新写为

$$\boldsymbol{E}_t = a\boldsymbol{e} + b\boldsymbol{e} \tag{3-19}$$

$$\boldsymbol{H}_t = a\boldsymbol{h} - b\boldsymbol{h} \tag{3-20}$$

将这一结论推广到 N 个端口的情况，则每个端口的入射波和反射波为

$$a_n = U_n^+ = I_n^+ \tag{3-21}$$

$$b_n = U_n^- = I_n^- \tag{3-22}$$

且每个端口的横向场都可以写为

$$\boldsymbol{E}_{tn} = a_n\boldsymbol{e} + b_n\boldsymbol{e} \tag{3-23}$$

$$\boldsymbol{H}_{tn} = a_n\boldsymbol{h} - b_n\boldsymbol{h} \tag{3-24}$$

则 S 参数的定义可以重新写为

$$\begin{bmatrix} b_1 \\ b_2 \\ \vdots \\ b_N \end{bmatrix} = \begin{bmatrix} S_{11} & S_{12} & S_{13} & \cdots & S_{1N} \\ S_{21} & S_{22} & S_{23} & \cdots & S_{2N} \\ \vdots & \vdots & \vdots & & \vdots \\ S_{N1} & S_{N2} & S_{N3} & \cdots & S_{NN} \end{bmatrix} \begin{bmatrix} a_1 \\ a_2 \\ \vdots \\ a_N \end{bmatrix} \tag{3-25}$$

可以看出，上面两种定义 S 参数的方法本质上是相同的，因此得到的 S 参数也是相同的。S 参数的本质上反映了反射波和入射波的关系，如图 3.1 所示。

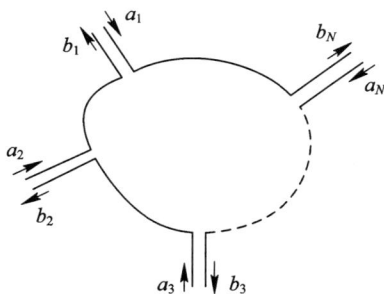

图 3.1　N 端口网络

　　如果端口在定义等效电压和等效电流时，特性阻抗不是 1。例如，端口 n 的特性阻抗为 Z_{0n}，等效电压和等效电流为 U_n^+、U_n^-、I_n^+ 和 I_n^-，则有

$$\frac{U_n^+}{I_n^+} = \frac{U_n^-}{I_n^-} = Z_{0n} \tag{3-26}$$

　　若要使用该情况下的等效电压和等效电流来定义 S 参数，则需要先对电压和电流进行归一化，也就是得到入射波和反射波，即

$$a_n = \overline{U}_n^+ = \frac{U_n^+}{\sqrt{Z_{0n}}} = \overline{I}_n^+ = I_n^+ \sqrt{Z_{0n}} \tag{3-27}$$

$$b_n = \overline{U}_n^- = \frac{U_n^-}{\sqrt{Z_{0n}}} = \overline{I}_n^- = I_n^- \sqrt{Z_{0n}} \tag{3-28}$$

经过上述归一化之后，即可满足端口的入射功率表示为 $\frac{1}{2}|\bar{U}_n^+|^2$ 的条件。很明显，此时的归一化电压和电流满足 S 参数定义的条件。所以入射波和反射波可以写为

$$a_n = \frac{U_n^+}{\sqrt{Z_{0n}}} = I_n^+ \sqrt{Z_{0n}} \qquad (3-29)$$

$$b_n = \frac{U_n^-}{\sqrt{Z_{0n}}} = I_n^- \sqrt{Z_{0n}} \qquad (3-30)$$

如果要利用上面给出的电压和电流来进一步计算和电路相关的参数，比如 Z 参数，相当于每个端口的电压和电流都在特性阻抗为 1 的传输线上。由于等效特性阻抗的任意性，可以选取其他特性阻抗定义出等效电压和等效电流。理论上，每个端口给定等效特性阻抗的方法是任意的，但在工程上一般会按照约定的规则来给定，比如采用波阻抗 Z_{wave}、功率电流阻抗 Z_{pi}、功率电压阻抗 Z_{pv} 或者电压电流阻抗 Z_{vi}。不同的特性阻抗会导致不同的等效电压和电流，进而得到不同的 Z 参数。在 Z 参数的基础上，可以进行阻抗的重新归一化，得到重新归一化之后的 S 参数。此时的归一化和前面的归一化意义是不同的，故得到的重新归一化之后的 S 参数与原始的 S 参数是不同的，因为此时的重新归一化会导致端口的入射波和反射波的比例发生改变。

2. 参考面的选择

把一个微波元件等效为微波网络时，首先要确定所研究网络的参考面，如图 3.2 所示。参考面一旦确定后，所对应的微波网络就是微波元件参考面所包围的区域。对于单模传输，微波网络外界端口数与参考面的数目相等。

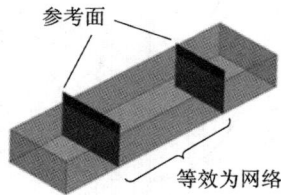

图 3.2　参考面示意图

选择参考面还应该注意以下两点：

（1）在传输线单模传输时，参考面上只考虑主模式场强，因此，参考面应该选择在不连续性激励起的高次模影响范围之外。如果不能选在高次模影响范围之外，需要判定这种选择是否影响主模式的传输特性的分析。例如，图 3.3 所示的窄边开缝波导中，缝隙是不连续性区域，周围会激励起高次模，所以在选择参考面时要远离缝隙，选择在高次模影响范围外。

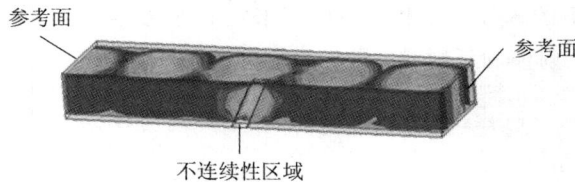

图 3.3　存在不连续性时参考面的选择

（2）参考面必须与微波传输方向垂直，使场的横向分量与参考面共面，从而使对应的参考面上的电压和电流有明确的定义。对波导而言，参考面上的电压指的是等效电压，参考面上的电流指的是等效电流。参考面上的电场如图 3.4 所示，波导传输 TE_{10} 模式时，电场和波导的横截面共面，所以选择横截面作为参考面是适合的。

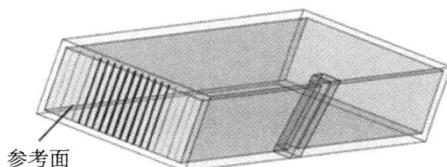

图 3.4　参考面上的电场

3. S 参数的性质

（1）互易。当网络互易时，S 参数有以下特点：

$$[\boldsymbol{S}]^{\mathrm{T}} = [\boldsymbol{S}] \tag{3-31}$$

（2）无耗。当网络无耗时，S 参数有以下特点：

$$[\boldsymbol{S}]^{+}[\boldsymbol{S}] = [\boldsymbol{I}] \tag{3-32}$$

其中，$[\boldsymbol{I}]$ 表示单位矩阵，"+"表示厄密运算，即

$$[\boldsymbol{S}]^{+} = ([\boldsymbol{S}]^{\mathrm{T}})^{*} = ([\boldsymbol{S}]^{*})^{\mathrm{T}} \tag{3-33}$$

（3）二端口网络的性质。对于二端口网络，有

$$\Gamma_{\mathrm{in}} = S_{11} + \frac{S_{12}S_{21}\Gamma_{\mathrm{L}}}{1 - S_{22}\Gamma_{\mathrm{L}}} \tag{3-34}$$

其中，Γ_{in} 表示输入反射系数，Γ_{L} 表示负载反射系数。

4. 参考面移动对 S 参数的影响

如图 3.5 所示的二端口网络中，当把端口 1 的参考面从 T_1 移动到 T_1'，同时把端口 2 的参考面从 T_2 移动到 T_2'，则端口 1 的入射波和散射波分别变化为

$$a_1' = a_1 \mathrm{e}^{\mathrm{j}\theta_1} \tag{3-35}$$

$$b_1' = b_1 \mathrm{e}^{-\mathrm{j}\theta_1} \tag{3-36}$$

端口 2 的入射波和散射波分别变化为

$$a_2' = a_2 \mathrm{e}^{\mathrm{j}\theta_2} \tag{3-37}$$

$$b_2' = b_2 \mathrm{e}^{-\mathrm{j}\theta_2} \tag{3-38}$$

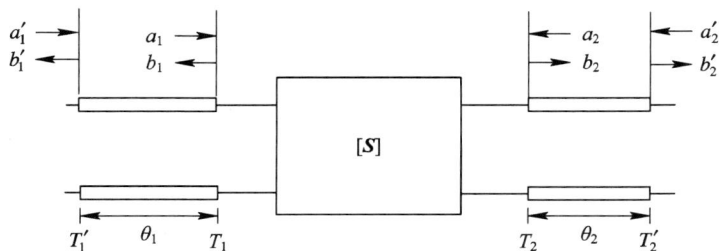

图 3.5　参考面移动对散射参数的影响

当把问题拓展到 N 端口网络时，参考面移动前和移动后，i 端口的入射波和散射波的关系为

$$a_i = a'_i \mathrm{e}^{-\mathrm{j}\theta_i} \qquad (3-39)$$

$$b'_i = b_i \mathrm{e}^{-\mathrm{j}\theta_i} \qquad (3-40)$$

用矩阵表示为

$$[a] = [p][a'] \qquad (3-41)$$

$$[b'] = [p][b] \qquad (3-42)$$

其中，$[p]$ 矩阵为

$$[p] = \begin{bmatrix} \mathrm{e}^{-\mathrm{j}\theta_1} & & & 0 \\ & \mathrm{e}^{-\mathrm{j}\theta_2} & & \\ & & \ddots & \\ 0 & & & \mathrm{e}^{-\mathrm{j}\theta_N} \end{bmatrix} \qquad (3-43)$$

则可以得到

$$[b'] = [p][S][a] = [p][S][p][a'] \qquad (3-44)$$

其中，$[S]$ 为移动前网络的 S 矩阵，可以看到移动后网络的 S 矩阵为

$$[S'] = [p][S][p] \qquad (3-45)$$

显然，当参考面移动时，散射参数的模值不发生改变，只有辐角发生了变化。

3.1.3　A 参数

1. A 参数的定义

当有很多微波电路级联在一起时，需要一种能够方便表示这种级联的参数。这里引入 A 矩阵（也称为 $ABCD$ 矩阵），它最大的特点是当网络级联时，可以直接将对应的 A 矩阵相乘，方便计算。

双端口网络如图 3.6 所示，可以将端口两端的电压和电流的关系用矩阵方程来表达

$$\begin{bmatrix} U_1 \\ I_1 \end{bmatrix} = \begin{bmatrix} A_{11} & A_{12} \\ A_{21} & A_{22} \end{bmatrix} \begin{bmatrix} U_2 \\ I_2 \end{bmatrix} \qquad (3-46)$$

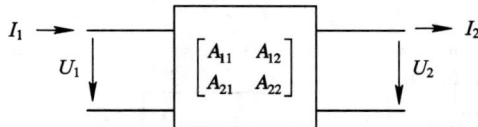

图 3.6　双端口网络的 A 参数

注意，在 2 端口定义电流时，电流的正向定义为向右。这么做可以使这个端口电流的流出恰好是下一个级联端口的电流流入，如图 3.7 所示。

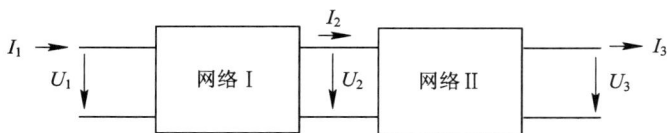

图 3.7　端口电压和电流的定义

2. A 参数的性质

（1）无耗。当网络无耗时，A 参数有以下特点：

$$A_{11}, A_{22} \in \text{Real}$$

$$A_{12}, A_{21} \in \text{Imaginary 或 } 0$$

其中，Real 表示实数，Imaginary 表示虚数。

（2）互易。当网络互易时，A 参数有以下特点：

$$\det[\boldsymbol{A}] = 1$$

其中，$\det[\boldsymbol{A}]$ 表示矩阵 $[\boldsymbol{A}]$ 的行列式。

（3）对称。当网络对称时，A 参数有以下特点：

$$A_{11} = A_{22}$$

（4）级联。N 个网络依次级联如图 3.8 所示。总网络的 A 参数可以通过子网络的 A 参数得到，即

$$[A]_\mathrm{T} = [A]_1 [A]_2 \cdots [A]_N$$

图 3.8　A 参数的级联性质

3.1.4　广义 S 参数

广义 S 参数适用于源内阻为复数的情况，这种情况下假设满足共轭匹配，即负载能够获得最大的输出功率的情况下反射系数为 0。

1. 功率波

对于传输线电路，如果源内阻为复数、传输线特性阻抗为实数，当负载阻抗等于传输线阻抗时，线上传输行波，此时并不能满足最大功率传输条件，即共轭匹配条件，所以负载不能获得最大功率。而如果要满足最大功率传输条件，线上无法传输行波，只能传输行驻波。为了使最大功率输出和反射系数为 0 这两者对应起来，我们引入了广义 S 参数，定义在负载获得最大输出功率时反射系数为 0。为了满足这一定义，引入一个新的概念——功率波。源内阻为复数的电路如图 3.9 所示，规定入射和反射功率波分别为

$$u^+ = \frac{U + Z_\mathrm{g} I}{2} \tag{3-47}$$

$$u^- = \frac{U - Z_\mathrm{g}^* I}{2} \tag{3-48}$$

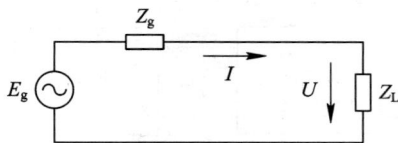

图 3.9   源内阻为复数的电路

其中，U 和 I 是实际的电压和电流。当负载阻抗和电源内阻共轭时，有

$$U = \frac{E_g Z_L}{Z_g + Z_L} = \frac{E_g Z_g^*}{Z_g + Z_g^*} \tag{3-49}$$

$$I = \frac{E_g}{Z_g + Z_L} = \frac{E_g}{Z_g + Z_g^*} \tag{3-50}$$

代入功率波的定义式(3-47)和式(3-48)中，可以得到

$$\mathcal{U}^+ = \frac{E_g}{2} \tag{3-51}$$

$$\mathcal{U}^- = \frac{E_g}{2} \frac{Z_g^* - Z_g^*}{Z_g + Z_g^*} = 0 \tag{3-52}$$

可以看到，反射功率波为 0，满足假设的需求，即负载获得最大功率时，反射系数为 0，此时，负载获得的最大功率为

$$P_L = \frac{1}{2} \left| \frac{E_g}{Z_g + Z_g^*} \right|^2 \mathrm{Re}(Z_L) = \frac{|E_g|^2}{8R_g^2} R_g = \frac{|E_g|^2}{8R_g} \tag{3-53}$$

可以证明，此功率等于可以从源获得的最大功率，即资用功率：

$$P_a = \frac{|\mathcal{U}^+|^2}{2R_g} = \frac{|a|^2}{2} \tag{3-54}$$

其中，a 为归一化入射功率波，其定义为

$$a = \frac{\mathcal{U}^+}{\sqrt{\mathrm{Re}(Z_g)}} = \frac{\mathcal{U}^+}{\sqrt{R_g}} \tag{3-55}$$

同时可以定义归一化反射功率波为

$$b = \frac{\mathcal{U}^-}{\sqrt{\mathrm{Re}(Z_g)}} = \frac{\mathcal{U}^-}{\sqrt{R_g}}$$

2. 反射系数

基于入射和反射功率波，可以定义反射系数为

$$\Gamma_L' = \frac{\mathcal{U}^-}{\mathcal{U}^+} = \frac{U - Z_g^* I}{U + Z_g I} = \frac{\frac{U}{I} - Z_g^*}{\frac{U}{I} + Z_g} = \frac{Z_L - Z_g^*}{Z_L + Z_g} \tag{3-56}$$

如果内阻为实数，则上述反射系数的定义和常规的反射系数 Γ_L 定义是一致的。

如果负载不满足共轭匹配的条件，即反射系数 $\Gamma_L' \neq 0$，则负载获得的功率为

$$P_L = \frac{1}{2}\mathrm{Re}(UI^*) = \frac{1}{2}\mathrm{Re}\left(\frac{E_g}{Z_g + Z_L} \frac{E_g^*}{Z_g^* + Z_L^*} Z_L\right) = \frac{|E_g|^2}{8R_g} \frac{4R_L R_g}{|Z_g + Z_L|^2} = MP_a$$

$$\tag{3-57}$$

其中，M 为失配因子。可以证明，失配因子和反射系数的关系为

$$M = 1 - |\Gamma'_L|^2 \qquad (3-58)$$

所以可以得到

$$P_L = (1 - |\Gamma'_L|^2) P_a \qquad (3-59)$$

$$P_L = \frac{|\mathcal{U}^+|^2}{2R_g}(1 - |\Gamma'_L|^2) = (1 - |\Gamma'_L|^2) P_{in} \qquad (3-60)$$

其中，P_{in} 为入射功率。

3. 广义 S 参数的定义

我们以二端口网络为例，定义广义 S 参数，如图 3.10 所示。

图 3.10　二端口网络

定义归一化功率波为

$$a_1 = \frac{\mathcal{U}_1^+}{\sqrt{\mathrm{Re}(Z_1)}} = \frac{U_1 + Z_1 I_1}{2\sqrt{R_1}} \qquad (3-61)$$

$$b_1 = \frac{\mathcal{U}_1^-}{\sqrt{\mathrm{Re}(Z_1)}} = \frac{U_1 - Z_1^* I_1}{2\sqrt{R_1}} \qquad (3-62)$$

$$a_2 = \frac{\mathcal{U}_2^+}{\sqrt{\mathrm{Re}(Z_2)}} = \frac{U_2 + Z_2 I_2}{2\sqrt{R_2}} \qquad (3-63)$$

$$b_2 = \frac{\mathcal{U}_2^-}{\sqrt{\mathrm{Re}(Z_2)}} = \frac{U_2 - Z_2^* I_2}{2\sqrt{R_2}} \qquad (3-64)$$

定义广义 S 参数为

$$b_1 = \mathcal{S}_{11} a_1 + \mathcal{S}_{12} a_2 \qquad (3-65)$$

$$b_2 = \mathcal{S}_{21} a_1 + \mathcal{S}_{22} a_2 \qquad (3-66)$$

广义 S 参数无法直接通过测量得到，通常在网络两端嵌入一段特性阻抗为 Z_0 的传输线，测量得到一般的 S 参数。通过一般 S 参数推导出广义 S 参数为

$$[\mathcal{S}] = [\boldsymbol{D}^*]^{-1}([\boldsymbol{S}] - [\boldsymbol{\Gamma}^*])([\boldsymbol{I}] - [\boldsymbol{\Gamma}][\boldsymbol{S}])^{-1}[\boldsymbol{D}] \qquad (3-67)$$

$[\boldsymbol{D}]$ 是对角矩阵，其元素为

$$D_{ii} = |1 - \Gamma_i^*|^{-1}(1 - \Gamma_i)\sqrt{1 - |\Gamma_i|^2} \quad i = 1, 2 \qquad (3-68)$$

$$\Gamma_i = \frac{Z_i - Z_0}{Z_i + Z_0} \qquad (3-69)$$

$[\boldsymbol{\Gamma}]$ 也是对角矩阵，其元素为 Γ_i。$[\boldsymbol{I}]$ 是单位矩阵。

下面研究一种更加实际的二端口网络，如图 3.11 所示。

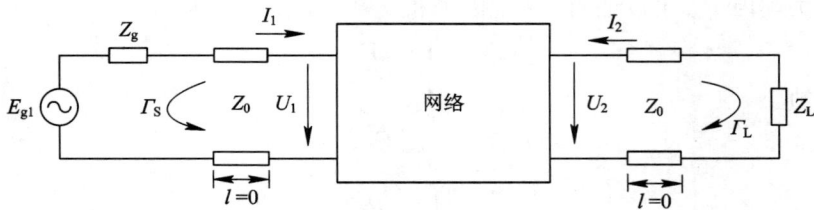

图 3.11　二端口网络广义 S 参数应用

和图 3.10 所示二端口网络相比，端口 2 的电压源 $E_{g2}=0$，负载 Z_L 为端口 2 的内阻，$Z_2=Z_L$。连接用的传输线特性阻抗为 Z_0，长度为 0，即假想为虚拟的传输线，计算得到

$$a_2=\frac{U_2+I_2Z_2}{2\sqrt{R_2}}=\frac{U_2-\dfrac{U_2}{Z_L}Z_L}{2\sqrt{R_2}}=0 \qquad(3-70)$$

所以，负载没有反射波。负载获得的功率为

$$P_L=\frac{1}{2}|b_2|^2=\frac{1}{2}|\mathcal{S}_{21}|^2|a_1|^2 \qquad(3-71)$$

可以证明上式中的功率与用 U_2 和 I_2 计算得到的功率是相同的。

4. 广义 S 参数的应用

在微波放大器中，可以定义转换器增益为

$$G=\frac{P_L}{P_a} \qquad(3-72)$$

即负载获得功率比资用功率，该参数在微波放大器中被广泛使用。根据上述讨论可以得到

$$G=|\mathcal{S}_{21}|^2 \qquad(3-73)$$

在微波放大器中，另一个更有用的参数为功率增益，其定义为

$$G_P=\frac{P_L}{P_{acc}} \qquad(3-74)$$

其中，P_{acc} 为接收功率，是整个电路从电源中获得的功率，定义为

$$P_{acc}=(1-|\mathcal{S}_{11}|^2)P_a \qquad(3-75)$$

可以证明，式(3-75)中的功率和用电压和电流表示的功率是相同的。注意此处的接收功率不等于资用功率。

$$G_P=\frac{G}{1-|\mathcal{S}_{11}|^2}=\frac{|\mathcal{S}_{21}|^2}{1-|\mathcal{S}_{11}|^2} \qquad(3-76)$$

3.1.5　常见微波元件

常见的微波元件包括功分器、定向耦合器、衰减器、相移器等。这里以元件的端口数目作为分类的依据，介绍微波应用中常见的元件。

1. 单端口元件

单端口元件就是负载，主要分为匹配负载、可变短路负载和失配负载。匹配负载的作用是吸收全部的入射波，相当于在传输线的终端接一个和传输线特性阻抗相等的负载。对

于矩形波导，常见的匹配负载如图 3.12 所示。

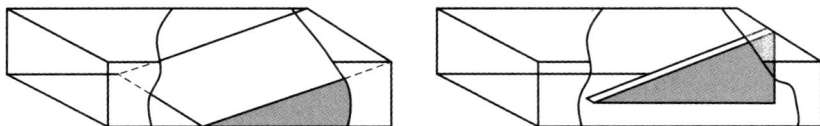

图 3.12　匹配负载

图 3.12 中，阴影部分表示有耗材料，用来吸收入射功率，同时把它做成楔形以减少反射。整个负载的长度一般是一个波长以上，能够实现 1.01 或者更小的驻波比。

可变短路负载如图 3.13 所示，该负载中的短路面是可以移动的。所以整个负载的反射系数的模值是 1，相位随着短路面的移动而改变。

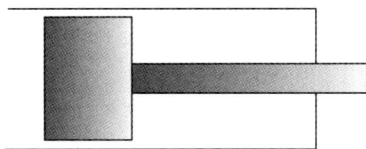

图 3.13　可变短路负载

2. 双端口元件

最典型的双端口元件是相移器和衰减器。理想互易的衰减器的 S 参数为

$$[\boldsymbol{S}] = \begin{bmatrix} 0 & \mathrm{e}^{-\alpha} \\ \mathrm{e}^{-\alpha} & 0 \end{bmatrix} \qquad (3-77)$$

其中，衰减 α 的单位是 Np，如果采用 dB 来描述衰减的话，那么可以定义衰减为

$$A = -20\lg S_{21} \qquad (3-78)$$

理想相移器的 S 参数为

$$[\boldsymbol{S}] = \begin{bmatrix} 0 & \mathrm{e}^{-\mathrm{j}\varphi_{12}} \\ \mathrm{e}^{-\mathrm{j}\varphi_{21}} & 0 \end{bmatrix} \qquad (3-79)$$

对于互易的相移器，有 $\varphi_{12} = \varphi_{21}$。

最简单的衰减器是旋转衰减器。旋转衰减器是由工作在主模式 TE_{11} 模式的圆波导中引入一个衰减片（或者称为电阻片，resistive card）构成的。当 TE_{11} 模式的电场和衰减片平行时，功率全部被衰减片吸收；而当电场和衰减片垂直时，功率无损耗经过。而一般情况下，TE_{11} 模式的场可以分解为和衰减片垂直和平行的两个场的组合，形成部分衰减。

对于相移器，最简单的形式是旋转相移器。它的结构形式类似于旋转衰减器，不过在衰减器中的衰减片被半波长平片和四分之一波长的平片所取代。最终可以给出相移的角度。

3. 三端口元件

最常见的三端口元件为功分器和环形器。典型的功分器元件是 E 面 T 和 H 面 T。

1）功分器

（1）E 面 T。E 面 T 是在波导的宽边上开一个分支构成的三端口元件，分支的轴线平

行于波导的主模式 TE_{10} 模式的电场方向。E 面 T 中的分支相当于和波导串联，如图 3.14 所示。

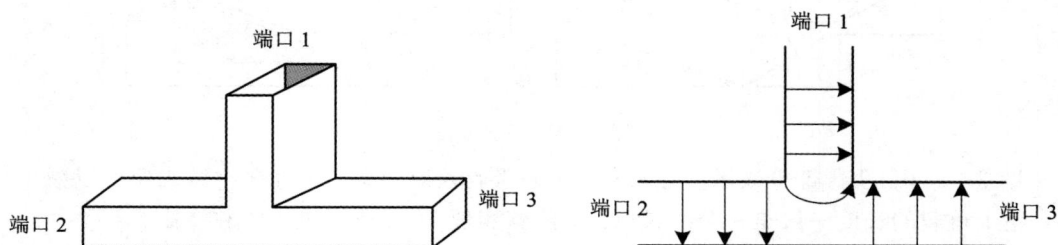

图 3.14　E 面 T 及其电场示意图

E 面 T 的 S 参数为

$$[S] = \begin{bmatrix} 0 & -\dfrac{1}{\sqrt{2}} & \dfrac{1}{\sqrt{2}} \\ -\dfrac{1}{\sqrt{2}} & \dfrac{1}{2} & \dfrac{1}{2} \\ \dfrac{1}{\sqrt{2}} & \dfrac{1}{2} & \dfrac{1}{2} \end{bmatrix}$$

E 面 T 的工作特点可以总结为：当端口 2、3 等幅反相输入时，端口 1 输出最大；当端口 1 输入信号时，端口 2、3 输出，功率平分但相位相反。

（2）H 面 T。H 面 T 是在波导的窄边上开一个分支构成的三端口元件，分支的轴线平行于波导的主模式 TE_{10} 模式的磁场方向。H 面 T 中的分支相当于和波导并联，如图 3.15 所示。

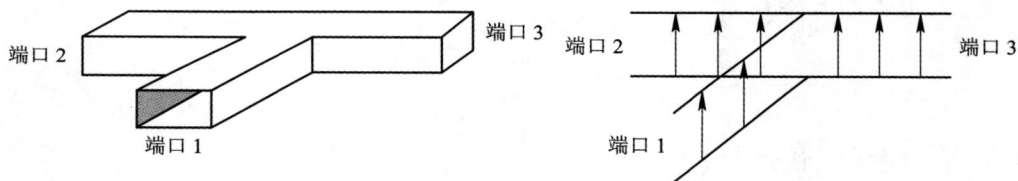

图 3.15　H 面 T 及其电场示意图

H 面 T 的 S 参数为

$$[S] = \begin{bmatrix} 0 & \dfrac{1}{\sqrt{2}} & \dfrac{1}{\sqrt{2}} \\ \dfrac{1}{\sqrt{2}} & \dfrac{1}{2} & -\dfrac{1}{2} \\ \dfrac{1}{\sqrt{2}} & -\dfrac{1}{2} & \dfrac{1}{2} \end{bmatrix}$$

H 面 T 的工作特点可以总结为：当端口 2、3 等幅同相输入时，端口 1 输出最大；当端口 1 输入信号时，端口 2、3 输出，功率平分且相位相同。

2）环形器

环形器是一种非互易的分支传输系统，如图 3.16 所示。

该环形器的理想 S 参数为

$$[\boldsymbol{S}] = \begin{bmatrix} 0 & 0 & 1 \\ 1 & 0 & 0 \\ 0 & 1 & 0 \end{bmatrix}$$

对于环形器，任何无耗非互易匹配的三端口元件都是理想的环形器。

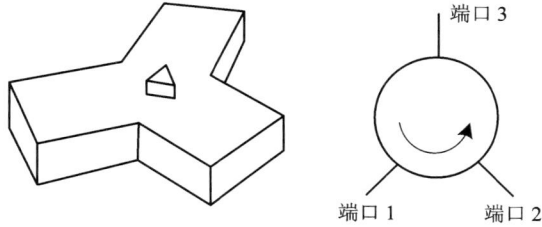

图 3.16　环形器及其示意图

4. 四端口元件

1）定向耦合器

定向耦合器是典型的四端口元件，如图 3.17 所示。它的定义为：端口 1 输入时，端口 2 和端口 3 有耦合输出，端口 4 隔离无输出。

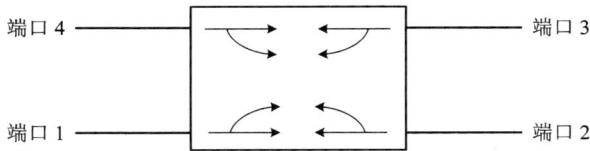

图 3.17　定向耦合器示意图

定向耦合器是无耗互易四端口网络，所以四个端口能够同时匹配。我们可以从无耗互易的 S 参数的角度去定义定向耦合器，这种定义的方法也有很多。其中，最少要求的严格定义为：两对端口隔离即 $S_{14}=S_{23}=0$；端口 1 和端口 2 匹配，即 $S_{11}=S_{22}=0$；耦合参数非 0，即 S_{12}、S_{13}、S_{24}、S_{34} 非 0。因此 S 矩阵为

$$[\boldsymbol{S}] = \begin{bmatrix} 0 & S_{12} & S_{13} & 0 \\ S_{12} & 0 & 0 & S_{24} \\ S_{13} & 0 & S_{33} & S_{34} \\ 0 & S_{24} & S_{34} & S_{44} \end{bmatrix} \tag{3-80}$$

需要注意，网络互易的性质已经体现在 $\boldsymbol{S}$ 矩阵中。下面应用网络无耗即么正性，得到

$$S_{13}S_{33}^{*}=0 \tag{3-81}$$

$$S_{24}S_{44}^{*}=0 \tag{3-82}$$

由于 S_{13} 和 S_{24} 不为 0，所以式(3-81)和式(3-82)中 $S_{33}=S_{44}=0$，即所有端口都匹配。$\boldsymbol{S}$ 矩阵可以重新写为

$$[\boldsymbol{S}]=\begin{bmatrix} 0 & S_{12} & S_{13} & 0 \\ S_{12} & 0 & 0 & S_{24} \\ S_{13} & 0 & 0 & S_{34} \\ 0 & S_{24} & S_{34} & 0 \end{bmatrix} \tag{3-83}$$

再次利用幺正性，可得

$$S_{12}S_{24}^* + S_{13}S_{34}^* = 0 \tag{3-84}$$

$$S_{12}S_{13}^* + S_{24}S_{34}^* = 0 \tag{3-85}$$

则有

$$|S_{12}||S_{24}| = |S_{13}||S_{34}| \tag{3-86}$$

$$|S_{12}||S_{13}| = |S_{24}||S_{34}| \tag{3-87}$$

式(3-86)和式(3-87)相除，可以得到

$$\frac{|S_{24}|}{|S_{13}|} = \frac{|S_{13}|}{|S_{24}|} \tag{3-88}$$

即

$$|S_{13}| = |S_{24}| \tag{3-89}$$

同样地，可以得到

$$|S_{12}| = |S_{34}| \tag{3-90}$$

　　根据式(3-89)和式(3-90)，可以得出结论：端口 1、3 的耦合和端口 2、4 的耦合相同，端口 1、2 的耦合和端口 3、4 的耦合相同。当然，相位可能会不同。

　　再次利用幺正性，可得

$$|S_{12}|^2 + |S_{13}|^2 = 1 \tag{3-91}$$

$$|S_{12}|^2 + |S_{24}|^2 = 1 \tag{3-92}$$

　　通过移动参考面的位置，可以使 S_{12} 为正实数 α，类似地，可以使 S_{13} 为纯虚数 $j\beta$，有

$$\alpha^2 + \beta^2 = 1$$

　　同样地，通过移动参考面的位置，可以使 S_{34} 为正实数 α，而 S_{24} 为纯虚数 $j\beta$。这样可以得到理想定向耦合器的 S 参数为

$$[\boldsymbol{S}]=\begin{bmatrix} 0 & \alpha & j\beta & 0 \\ \alpha & 0 & 0 & j\beta \\ j\beta & 0 & 0 & \alpha \\ 0 & j\beta & \alpha & 0 \end{bmatrix} \tag{3-93}$$

其中，$\beta = \sqrt{1-\alpha^2}$。如果 $\alpha = \beta = \frac{\sqrt{2}}{2}$，定向耦合器将功率平分，此时也称为 3 dB 桥或者混合电桥(Hybrid Junction)。

　　另外，可以证明无耗互易的四端口网络一定是定向耦合器。

　　2) 定向耦合器的参数

　　定向耦合器常用的参数为耦合度和定向性。耦合度的定义为

$$C = 10\lg\frac{P_{in}}{P_c} \tag{3-94}$$

其中，P_{in} 为输入功率、P_c 为耦合端的耦合功率。除了输入端口，其他端口都接匹配负载的情况下，耦合度可以定义为

$$C = -20\lg|S_{13}|\qquad(3-95)$$

定向性的定义为

$$D = 10\lg\frac{P_c}{P_d}\qquad(3-96)$$

其中，P_d 为隔离端口耦合的功率，理想情况下此功率为 0。在除了输入端口，其他端口都接匹配负载的情况下，定向性可以定义为

$$D = -20\lg\frac{|S_{14}|}{|S_{13}|}\qquad(3-97)$$

3）常见的定向耦合器

魔 T 是一种最为常见的定向耦合器，如图 3.18 所示，可以看成由 E 面 T 和 H 面 T 结合而成。魔 T 可以用于信号的功分和和差。它的 S 参数可以写为

$$[\boldsymbol{S}] = \frac{\sqrt{2}}{2}\begin{bmatrix} 0 & 1 & 0 & 1 \\ 1 & 0 & -1 & 0 \\ 0 & -1 & 0 & 1 \\ 1 & 0 & 1 & 0 \end{bmatrix}\qquad(3-98)$$

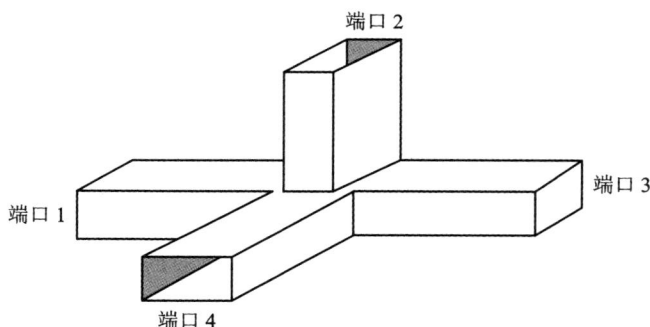

图 3.18　魔 T

魔 T 的电场示意如图 3.19 所示，魔 T 的特点为：

① 当端口 1、3 等幅同相输入时，端口 4 输出最大，而端口 2 无输出，此时魔 T 的作用是信号的和差。端口 4 为和端口，端口 2 为差端口。

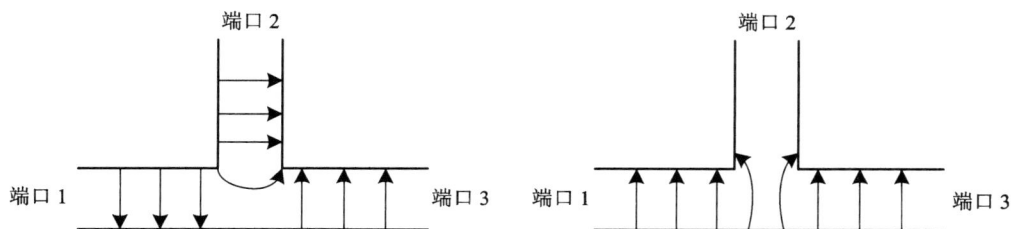

图 3.19　魔 T 的电场示意图

② 当端口 2 输入信号时，端口 1、3 输出，功率平分但相位相反，端口 4 隔离。此时魔 T 的作用是信号的功分。

③ 当端口 4 输入信号时，端口 1、3 输出，功率平分且相位相同，端口 2 隔离。此时魔 T 的作用是信号的功分。

3.2　难点解析

1. 微波网络中等效阻抗有什么意义？

在微波工程中，为了分析方便，需要将场的分析转为路的分析。其中关键的问题是等效电压、等效电流和等效阻抗的选取。由前面的分析可知，等效阻抗的选取不是唯一的，这也就使等效电压和等效电流不唯一。合理引入的等效阻抗可以描述传输线的匹配问题。在微波网络中，通常采用归一化处理，即取等效阻抗为 1，其对应的等效电压和等效电流称为归一化电压和归一化电流。

2. 入射波 a 和反射波 b 是否为电压？

这种说法是不全面的。根据入射波和反射波（散射波）的定义：

$$a = \overline{U}^+ = \frac{U^+}{\sqrt{Z_0}}$$

$$b = \overline{U}^- = \frac{U^-}{\sqrt{Z_0}}$$

其中，$\overline{U}^+$ 和 $\overline{U}^-$ 分别是归一化入射和归一化反射电压，看上去入射波和反射波确实只是和电压有关。但是，如果考虑电流和电压的关系

$$\frac{U^+}{I^+} = \frac{U^-}{I^-} = Z_0$$

将电压和电流都进行归一化后

$$\overline{U}^+ = \frac{U^+}{\sqrt{Z_0}} = \frac{I^+ Z_0}{\sqrt{Z_0}} = I^+ \sqrt{Z_0} = \overline{I}^+$$

$$\overline{U}^- = \frac{U^-}{\sqrt{Z_0}} = \frac{I^- Z_0}{\sqrt{Z_0}} = I^- \sqrt{Z_0} = \overline{I}^-$$

归一化入射电压和电流是相同的，归一化反射电压和电流也是相同的。所以我们称 a 是入射波，b 是反射波，而不是称它们为电压。

3. S 参数的计算考虑了端口所接传输线特性阻抗的影响，由此是否可以说 S 参数不是网络的固有属性呢？

S 参数定义考虑了端口所接传输线特性阻抗的影响，这是因为 S 参数的物理意义是其他端口接匹配负载的情况下的反射系数或者是传播系数。这一定义涉及匹配负载，所以必须将端口所接传输线的特性阻抗考虑进来。从这个角度，S 参数反应网络和外接传输线整体的特征，是整体的固有属性。当端口外接传输线发生变化时（特性阻抗改变时），网络的 S 参数也会发生变化，这就是工程中常用的重新归一化。

4．什么样的网络具有互易性和对称性？

由于互易性这一理论较为复杂，从基础学习和应用的角度，一般可以认为无源且不含有铁氧体元件的网络是互易的。

网络的对称性可以根据结构的几何对称性和电对称性来分析，网络必须同时具备二者，才是对称的。

在微波网络中，通常认为对称的网络一定互易，反之则不成立。

5．在实际工作中经常会提到"插入衰减"和"回波损耗"这两个概念。它们的具体含义是什么？

二端口网络中，当输出端接匹配负载时，输入端口的入射波功率与负载吸收功率之比称为网络的插入损耗或插入衰减，即

$$L = 10\lg \frac{P_{in}}{P_L}\bigg|_{a_2=0}$$

其中，$P_{in} = \frac{1}{2}|a_1|^2$，$P_L = \frac{1}{2}|b_2|^2$，所以有

$$L = 10\lg \frac{P_{in}}{P_L}\bigg|_{a_2=0} = 10\lg \frac{|a_1|^2}{|b_2|^2}\bigg|_{a_2=0} = -20\lg|S_{21}|$$

化简为

$$L = -20\lg|S_{21}| = 10\lg \frac{1}{|S_{21}|^2} = 10\lg \frac{1-|S_{11}|^2}{|S_{21}|^2} + 10\lg \frac{1}{1-|S_{11}|^2}$$

由此可以看出，插入衰减包含两部分，即网络损耗引起的吸收衰减（上式中的第一部分）和网络不匹配引起的反射衰减（上式中的第二部分）。对于无耗网络，根据幺正性可知，$1-|S_{11}|^2 = |S_{21}|^2$，此时第一部分为 0，插入衰减是由网络的输入端口不匹配而引起反射产生的。而当输入端匹配时，$S_{11}=0$，此时第二部分为 0，插入衰减是由网络的损耗引起的。

二端口网络中，输入端口的入射波功率与反射波功率之比称为回波损耗（Return Loss，RL），其单位一般用 dB 表示。

$$RL = 10\lg \frac{P_{in}}{P_r} = -20\lg|\Gamma|$$

当输出端口接匹配负载时，有

$$RL = 10\lg \frac{P_{in}}{P_r} = -20\lg|S_{11}|$$

注意到此时回波损耗是正值，即回波损耗越大，反射就越小。这一定义是 IEEE 的标准定义。

还有一种定义方式是采用反射功率比入射功率，即

$$RL = 10\lg \frac{P_r}{P_{in}}$$

这种方法的回波损耗是负值，但文献[5]认为这一定义是错的，不建议使用。

6．E 面 T 中两个横臂是几何对称的，为什么 S 参数却是反相的？

端口 1 输入时，端口 2 和 3 的输出波相位是相反的，即 S_{21} 和 S_{31} 是反相的。虽然从几何角度来看，两个横臂是对称的；但是从场的分布角度来看，场不是对称的。

3.3 例 题 精 解

例 3.1 矩形波导尺寸为 $a \times b$，工作在主模式 TE_{10} 模式。在以下两种情况下求等效传输线电压 U^+ 和电流 I^+。

(1) 当 $Z_0 = Z_{\text{TE}}$，即特性阻抗等于 TE_{10} 模式的波阻抗。

(2) 当 $Z_0 = 1$。

解： 矩形波导 TE_{10} 模横向场分量为

$$E_y = E_0 \sin\left(\frac{\pi x}{a}\right) e^{-j\beta z}$$

$$H_x = -\frac{\beta}{\omega\mu} E_0 \sin\left(\frac{\pi x}{a}\right) e^{-j\beta z}$$

此时横向场写成矢量形式为

$$\boldsymbol{E}_t = E_0 \sin\left(\frac{\pi x}{a}\right) e^{-j\beta z} \hat{\boldsymbol{y}} = C^+ \boldsymbol{e} e^{-j\beta z}$$

$$\boldsymbol{H}_t = -\frac{\beta}{\omega\mu} E_0 \sin\left(\frac{\pi x}{a}\right) e^{-j\beta z} \hat{\boldsymbol{x}} = C^+ \boldsymbol{h} e^{-j\beta z}$$

其中，$\boldsymbol{e}$ 和 $\boldsymbol{h}$ 需要满足条件

$$\int_S \boldsymbol{e} \times \boldsymbol{h}^* \cdot \hat{\boldsymbol{z}} \, \mathrm{d}S = 1$$

则

$$\frac{1}{2} \int_S \boldsymbol{E}_t \times \boldsymbol{H}_t^* \cdot \hat{\boldsymbol{z}} \, \mathrm{d}S = \frac{|C^+|^2}{2} \int_S \boldsymbol{e} \times \boldsymbol{h}^* \cdot \hat{\boldsymbol{z}} \, \mathrm{d}S = \frac{|C^+|^2}{2}$$

可知

$$\int_S \boldsymbol{E}_t \times \boldsymbol{H}_t^* \cdot \hat{\boldsymbol{z}} \, \mathrm{d}S = \int_0^b \int_0^a \frac{\beta}{\omega\mu} E_0^2 \sin^2\left(\frac{\pi x}{a}\right) \mathrm{d}x \, \mathrm{d}y = \frac{\beta ab}{2\omega\mu} E_0^2 = \frac{ab}{2Z_{\text{TE}}} E_0^2 = |C^+|^2$$

其中，$Z_{\text{TE}} = \frac{\omega\mu}{\beta}$ 是 TE 模式的波阻抗，取

$$C^+ = \sqrt{\frac{ab}{2Z_{\text{TE}}}} E_0$$

由此可得 $\boldsymbol{e}$ 和 $\boldsymbol{h}$ 为

$$\boldsymbol{e} = \sqrt{\frac{2Z_{\text{TE}}}{ab}} \sin\left(\frac{\pi x}{a}\right) \hat{\boldsymbol{y}}$$

$$\boldsymbol{h} = -\sqrt{\frac{2}{ab Z_{\text{TE}}}} \sin\left(\frac{\pi x}{a}\right) \hat{\boldsymbol{x}}$$

给出等效电压和等效电流的定义

$$U^+ = K_1 C^+ e^{-j\beta z}$$

$$I^+ = K_2 C^+ e^{-j\beta z}$$

应该满足功率条件

$$K_1 K_2^* = \int_S \boldsymbol{e} \times \boldsymbol{h}^* \cdot \hat{\boldsymbol{z}}\, \mathrm{d}S = 1$$

（1）当选取特性阻抗 $Z_0 = Z_{TE}$ 时，即满足条件

$$\frac{U^+}{I^+} = \frac{K_1}{K_2} = Z_0 = Z_{TE}$$

则可以得到此时

$$K_1 = \sqrt{Z_{TE}},\ K_2 = \frac{1}{\sqrt{Z_{TE}}}$$

此时的等效电压和等效电流为

$$U^+ = K_1 C^+ \mathrm{e}^{-\mathrm{j}\beta z} = \sqrt{\frac{ab}{2}} E_0 \mathrm{e}^{-\mathrm{j}\beta z}$$

$$I^+ = K_2 C^+ \mathrm{e}^{-\mathrm{j}\beta z} = \frac{1}{Z_{TE}} \sqrt{\frac{ab}{2}} E_0 \mathrm{e}^{-\mathrm{j}\beta z}$$

（2）当选取特性阻抗 $Z_0 = 1$ 时，即满足条件

$$\frac{U^+}{I^+} = \frac{K_1}{K_2} = Z_0 = 1$$

则可以得到此时

$$K_1 = 1,\ K_2 = 1$$

此时的等效电压和等效电流为

$$U^+ = K_1 C^+ \mathrm{e}^{-\mathrm{j}\beta z} = \sqrt{\frac{ab}{2Z_{TE}}} E_0 \mathrm{e}^{-\mathrm{j}\beta z}$$

$$I^+ = K_2 C^+ \mathrm{e}^{-\mathrm{j}\beta z} = \sqrt{\frac{ab}{2Z_{TE}}} E_0 \mathrm{e}^{-\mathrm{j}\beta z}$$

例 3.2　写出一段特性阻抗为 Z_0 传输线的 A 参数。

解：传输线上的电压和电流可以表示为

$$U(z) = U_0^+ \mathrm{e}^{-\mathrm{j}\beta z} + U_0^- \mathrm{e}^{\mathrm{j}\beta z}$$

$$I(z) = \frac{U_0^+}{Z_0} \mathrm{e}^{-\mathrm{j}\beta z} - \frac{U_0^-}{Z_0} \mathrm{e}^{\mathrm{j}\beta z}$$

假定 $z = 0$ 对应端口 1，$z = l$ 对应端口 2，有

$$U(l) = U_0^+ \mathrm{e}^{-\mathrm{j}\beta l} + U_0^- \mathrm{e}^{\mathrm{j}\beta l} = U_2$$

$$Z_0 I(l) = U_0^+ \mathrm{e}^{-\mathrm{j}\beta l} - U_0^- \mathrm{e}^{\mathrm{j}\beta l} = Z_0 I_2$$

因此可以得到

$$U_0^+ = \frac{U(l) + Z_0 I(l)}{2} \mathrm{e}^{\mathrm{j}\beta l}$$

$$U_0^- = \frac{U(l) - Z_0 I(l)}{2} \mathrm{e}^{-\mathrm{j}\beta l}$$

代回方程中，可以得到

$$U(z) = \frac{U(l) + Z_0 I(l)}{2} \mathrm{e}^{\mathrm{j}\beta l} \mathrm{e}^{-\mathrm{j}\beta z} + \frac{U(l) - Z_0 I(l)}{2} \mathrm{e}^{-\mathrm{j}\beta l} \mathrm{e}^{\mathrm{j}\beta z}$$

$$I(z) = \frac{U(l) + Z_0 I(l)}{2Z_0} e^{j\beta l} e^{-j\beta z} - \frac{U(l) - Z_0 I(l)}{2Z_0} e^{-j\beta l} e^{j\beta z}$$

当 $z=0$ 时，

$$U(0) = \frac{U(l) + Z_0 I(l)}{2} e^{j\beta l} + \frac{U(l) - Z_0 I(l)}{2} e^{-j\beta l} = U_1$$

$$I(0) = \frac{U(l) + Z_0 I(l)}{2Z_0} e^{j\beta l} - \frac{U(l) - Z_0 I(l)}{2Z_0} e^{-j\beta l} = I_1$$

整理上式可得

$$\frac{U_2 + Z_0 I_2}{2} e^{j\beta l} + \frac{U_2 - Z_0 I_2}{2} e^{-j\beta l} = U_1$$

$$\frac{U_2 + Z_0 I_2}{2Z_0} e^{j\beta l} - \frac{U_2 - Z_0 I_2}{2Z_0} e^{-j\beta l} = I_1$$

进一步整理，得

$$U_1 = \frac{U_2}{2}(e^{j\beta l} + e^{-j\beta l}) + \frac{Z_0 I_2}{2}(e^{j\beta l} - e^{-j\beta l}) = U_2 \cos\beta l + j Z_0 I_2 \sin\beta l$$

$$I_1 = \frac{U_2}{2Z_0}(e^{j\beta l} - e^{-j\beta l}) + \frac{I_2}{2}(e^{j\beta l} + e^{-j\beta l}) = j\frac{1}{Z_0} U_2 \sin\beta l + I_2 \cos\beta l$$

将上面两式写成矩阵形式，即

$$\begin{bmatrix} U_1 \\ I_1 \end{bmatrix} = \begin{bmatrix} \cos\beta l & j Z_0 \sin\beta l \\ j\dfrac{1}{Z_0}\sin\beta l & \cos\beta l \end{bmatrix} \begin{bmatrix} U_2 \\ I_2 \end{bmatrix}$$

例 3.3　对于波导 E 面阶梯可以测得 S 参数为 $S_{11} = \dfrac{1-j}{3+j}$，$S_{22} = \dfrac{-1-j}{3+j}$。该结构的等效电路如图 3.20 所示。求归一化电纳 jB 和变压器的比值 n。

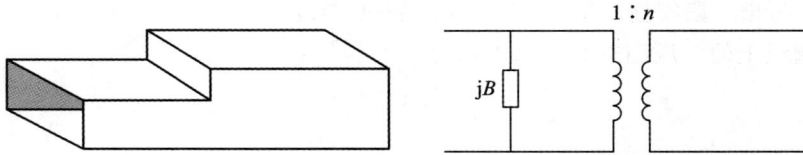

图 3.20　例 3.3 图

解：根据 S 参数的意义可以得到，S_{11} 为端口 2 接匹配负载时，端口 1 的反射系数为

$$S_{11} = \frac{1 - (jB + n^2)}{1 + (jB + n^2)} = \frac{1-j}{3+j}$$

S_{22} 为端口 1 接匹配负载时，端口 2 的反射系数为

$$S_{22} = \frac{\dfrac{n^2}{1+jB} - 1}{\dfrac{n^2}{1+jB} + 1} = \frac{-1-j}{3+j}$$

联立上面两式可以得到

$$B = \frac{1}{2}, \quad n = \sqrt{\frac{1}{2}}$$

例 3.4 证明无耗二端口网络不可能实现 $S_{21}=0$，而 S_{12} 为有限值。这表明无耗单向传输的设备是不能实现的。

证：根据无耗二端口网络的幺正性可以得到

$$|S_{11}|^2 + |S_{21}|^2 = 1$$
$$|S_{12}|^2 + |S_{22}|^2 = 1$$

假定 $S_{21}=0$，代入其中可得

$$|S_{11}| = 1$$

根据无耗二端口网络的拟对称性

$$|S_{11}| = |S_{22}|$$

可以得到，此时

$$|S_{22}| = 1$$

将这一结果代入第二式中，可得

$$S_{12} = 0$$

所以，可以看出，对于无耗二端口网络，当 $S_{21}=0$ 时，必然有 $S_{12}=0$，即无耗二端口网络用作单向传输的设备是不可能的。

其实这个问题也可以直接利用无耗二端口网络的拟互易性得到，即对于无耗二端口网络，有

$$|S_{12}| = |S_{21}|$$

若 $S_{21}=0$，则必然有 $S_{12}=0$，所以不可能实现无耗单向传输。

例 3.5 计算如图 3.21 所示电路的 S 参数。当 $jX_1 = j25\ \Omega$，$jX_2 = j100\ \Omega$ 时，验证

$$|S_{11}|^2 + |S_{12}|^2 = 1$$
$$S_{11}S_{12}^* + S_{21}S_{22}^* = 0$$

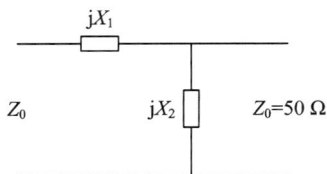

图 3.21 例 3.5 图

解：首先给出归一化的阻抗值

$$j\overline{X}_1 = j0.5$$
$$j\overline{X}_2 = j2$$

可以得到网络的归一化 A 参数为

$$[\overline{A}] = \begin{bmatrix} 1 & j\overline{X}_1 \\ 0 & 1 \end{bmatrix} \begin{bmatrix} 1 & 0 \\ \dfrac{1}{j\overline{X}_2} & 1 \end{bmatrix} = \begin{bmatrix} 1 & j0.5 \\ 0 & 1 \end{bmatrix} \begin{bmatrix} 1 & 0 \\ \dfrac{1}{j2} & 1 \end{bmatrix} = \begin{bmatrix} 1.25 & j0.5 \\ -j0.5 & 1 \end{bmatrix}$$

利用 A 参数和 S 参数的关系，有

$$[\boldsymbol{S}] = \frac{1}{\overline{A}_{11} + \overline{A}_{12} + \overline{A}_{21} + \overline{A}_{22}} \begin{bmatrix} \overline{A}_{11} + \overline{A}_{12} - \overline{A}_{21} - \overline{A}_{22} & 2\det[\overline{A}] \\ 2 & \overline{A}_{12} + \overline{A}_{22} - \overline{A}_{11} - \overline{A}_{21} \end{bmatrix}$$

$$= \frac{1}{2.25} \begin{bmatrix} 0.25+\text{j} & 2 \\ 2 & -0.25+\text{j} \end{bmatrix}$$

计算得

$$|S_{11}|^2 + |S_{12}|^2 = \left|\frac{0.25+\text{j}}{2.25}\right|^2 + \left|\frac{2}{2.25}\right|^2 = \frac{1.0625}{5.0625} + \frac{4}{5.0625} = 1$$

以及

$$S_{11}S_{12}^* + S_{21}S_{22}^* = \frac{0.25+\text{j}}{2.25}\left(\frac{2}{2.25}\right)^* + \frac{2}{2.25}\left(\frac{-0.25+\text{j}}{2.25}\right)^* = \frac{0.5+\text{j}2}{5.0625} + \frac{-0.5-\text{j}2}{5.0625} = 0$$

所以两个等式得证，即

$$|S_{11}|^2 + |S_{12}|^2 = 1$$
$$S_{11}S_{12}^* + S_{21}S_{22}^* = 0$$

例 3.6　理想定向耦合器入射功率为 50 mW，已知耦合度为 20 dB，分别计算主路和副路的输出功率。

解：根据耦合度的定义可知

$$C = -20\lg|S_{31}|$$

上式中假设端口 1 入射，端口 3 为副路（耦合路），可以得到

$$-20\lg|S_{31}| = 20$$
$$|S_{31}| = 0.1$$

则根据

$$|S_{31}|^2 + |S_{41}|^2 = 1$$

假设端口 4 为主路，即端口 1 的输入功率分配到主路和副路上，可以得到

$$|S_{41}| = \sqrt{1-|S_{31}|^2} = \sqrt{1-0.01} = \sqrt{0.99}$$

主路的输出功率为

$$P_4 = |S_{41}|^2 P_{\text{in}} = 0.99 \times 50 = 49.5 \text{ mW}$$

副路的输出功率为

$$P_3 = |S_{31}|^2 P_{\text{in}} = 0.01 \times 50 = 0.5 \text{ mW}$$

例 3.7　定向耦合器入射功率为 100 mW，已知耦合度为 25 dB，定向性为 40 dB，分别计算耦合端口和隔离端口的输出功率。

解：根据耦合度的定义可知

$$C = -20\lg|S_{31}|$$

上式中假设端口 1 入射，端口 3 为副路（耦合路），可以得到

$$-20\lg|S_{31}| = 25$$
$$|S_{31}| = 0.056$$

根据定向性的定义，可知

$$D = 20\lg\frac{|S_{31}|}{|S_{21}|}$$

可以得到

$$\frac{|S_{31}|}{|S_{21}|} = 10^2 = 100$$

$$|S_{21}| = 0.00056$$

上式中假设端口 2 为隔离端口，则副路（耦合端口）的输出功率为

$$P_3 = |S_{31}|^2 P_{in} = 0.056^2 \times 100 = 0.314 \text{ mW}$$

隔离端口的输出功率

$$P_2 = |S_{21}|^2 P_{in} = 0.00056^2 \times 100 = 3.14 \times 10^{-5} \text{ mW}$$

例 3.8　二端口网络的 S 参数为

$$[\boldsymbol{S}] = \begin{bmatrix} 0.1 & \text{j}0.8 \\ \text{j}0.8 & 0.2 \end{bmatrix}$$

（1）判断网络是否是无耗的，是否是互易的。

（2）当端口 2 开路时，计算端口 1 的反射系数。

解：（1）无耗网络需满足么正性，即

$$[\boldsymbol{S}]^+ [\boldsymbol{S}] = [\boldsymbol{I}]$$

验证题目中的网络

$$\begin{bmatrix} 0.1 & \text{j}0.8 \\ \text{j}0.8 & 0.2 \end{bmatrix}^+ \begin{bmatrix} 0.1 & \text{j}0.8 \\ \text{j}0.8 & 0.2 \end{bmatrix} = \begin{bmatrix} 0.1 & -\text{j}0.8 \\ -\text{j}0.8 & 0.2 \end{bmatrix} \begin{bmatrix} 0.1 & \text{j}0.8 \\ \text{j}0.8 & 0.2 \end{bmatrix} = \begin{bmatrix} 0.65 & -\text{j}0.08 \\ \text{j}0.08 & 0.68 \end{bmatrix}$$

显然不满足么正性，所以该网络是有耗网络。

互易网络需满足

$$[\boldsymbol{S}]^{\text{T}} = [\boldsymbol{S}]$$

显然，该网络是互易网络。

（2）根据二端口网络输入阻抗和负载阻抗的关系

$$\Gamma_{in} = S_{11} + \frac{S_{12} S_{21} \Gamma_{\text{L}}}{1 - S_{22} \Gamma_{\text{L}}}$$

当端口 2 开路时，即 $\Gamma_{\text{L}} = 1$，可以得到

$$\Gamma_{in} = S_{11} + \frac{S_{12} S_{21}}{1 - S_{22}} = 0.1 + \frac{\text{j}0.8 \times \text{j}0.8}{1 - 0.2} = -0.7$$

例 3.9　如图 3.22 所示为一传输线连接段，传输线的特性阻抗分别为 Z_1 和 Z_2，给出该连接的 S 参数。

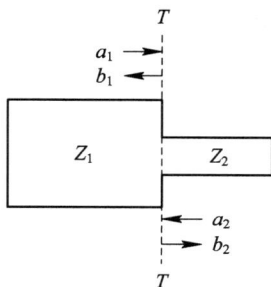

图 3.22　例 3.9 图

解：根据 S 参数的物理意义可知

$$S_{11} = \frac{b_1}{a_1} \bigg|_{a_2 = 0}$$

S_{11} 是端口 2 接匹配负载时端口 1 的反射系数。端口 2 接的匹配负载为 Z_2，因为端口 2 所连接的传输线的特性阻抗为 Z_2。所以有

$$S_{11} = \frac{Z_2 - Z_1}{Z_2 + Z_1}$$

同理，有

$$S_{22} = \frac{b_2}{a_2}\bigg|_{a_1 = 0}$$

S_{22} 是端口 1 接匹配负载时，端口 2 的反射系数。端口 1 接的匹配负载为 Z_1，因为端口 1 所连接的传输线的特性阻抗为 Z_1。所以有

$$S_{22} = \frac{Z_1 - Z_2}{Z_1 + Z_2}$$

特别需要注意，两个端口所连接的传输线的特性阻抗是不同的。

接着有

$$S_{21} = \frac{b_2}{a_1}\bigg|_{a_2 = 0}$$

注意到在连接处两端的电压是相等的，当端口 2 接匹配负载时，有

$$(a_1 + b_1)\sqrt{Z_1} = b_2\sqrt{Z_2}$$

又因为此时

$$\frac{b_1}{a_1} = S_{11}$$

所以可以得到

$$S_{21} = \frac{b_2}{a_1} = (1 + S_{11})\sqrt{\frac{Z_1}{Z_2}} = \left(1 + \frac{Z_2 - Z_1}{Z_2 + Z_1}\right)\sqrt{\frac{Z_1}{Z_2}} = \frac{2\sqrt{Z_1 Z_2}}{Z_2 + Z_1}$$

另外，对于 S_{12}，有

$$S_{12} = \frac{b_1}{a_2}\bigg|_{a_1 = 0}$$

在连接处两端的电压是相等的，当端口 1 接匹配负载时有

$$(a_2 + b_2)\sqrt{Z_2} = b_1\sqrt{Z_1}$$

又因为此时

$$\frac{b_2}{a_2} = S_{22}$$

可以得到

$$S_{12} = \frac{b_1}{a_2} = (1 + S_{22})\sqrt{\frac{Z_2}{Z_1}} = \left(1 + \frac{-Z_2 + Z_1}{Z_2 + Z_1}\right)\sqrt{\frac{Z_2}{Z_1}} = \frac{2\sqrt{Z_1 Z_2}}{Z_2 + Z_1}$$

总结起来，可以得到 S 参数为

$$[\boldsymbol{S}] = \begin{bmatrix} \dfrac{Z_2 - Z_1}{Z_2 + Z_1} & \dfrac{2\sqrt{Z_1 Z_2}}{Z_2 + Z_1} \\ \dfrac{2\sqrt{Z_1 Z_2}}{Z_2 + Z_1} & \dfrac{Z_1 - Z_2}{Z_1 + Z_2} \end{bmatrix}$$

3.4　习　题　详　解

习 3.1(3 - 1 - 1)　如图 3.23 所示，已知双口网络的 $[S]$ 矩阵为

$$[S] = \begin{bmatrix} S_{11} & S_{12} \\ S_{21} & S_{22} \end{bmatrix}$$

（1）若网络对称，写出条件。

（2）若网络互易，写出条件。

（3）给出 S_{11} 和 S_{12} 的物理意义。

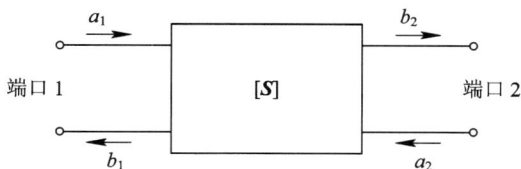

图 3.23　习 3.1 题图

解：（1）若网络对称，S 参数满足的条件为

$$S_{11} = S_{22}$$

（2）若网络互易，S 参数满足的条件为

$$S_{12} = S_{21}$$

或者写成

$$[S]^{\mathrm{T}} = [S]$$

（3）S_{11} 的物理意义为，当端口 2 接匹配负载时，端口 1 的反射系数；S_{12} 的物理意义为，当端口 1 接匹配负载时，端口 2 到端口 1 的传输系数。

习 3.2(3 - 1 - 2)　某网络如图 3.24 所示，给出其 $[S]$ 矩阵。

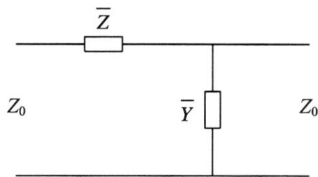

图 3.24　习 3.2 题图

解：先给出网络的 $[A]$ 矩阵，再利用 $[S]$ 矩阵和 $[A]$ 矩阵的关系给出 $[S]$ 矩阵。

网络的归一化 $[\overline{A}]$ 矩阵为

$$[\overline{A}] = \begin{bmatrix} 1 & \overline{Z} \\ 0 & 1 \end{bmatrix} \begin{bmatrix} 1 & 0 \\ \overline{Y} & 1 \end{bmatrix} = \begin{bmatrix} 1 + \overline{Z}\,\overline{Y} & \overline{Z} \\ \overline{Y} & 1 \end{bmatrix}$$

注意到，题中给出的阻抗和导纳都是归一化后的，所以不用再进行归一化。

利用 $[S]$ 矩阵和 $[A]$ 矩阵的关系，得

$$[S] = \frac{1}{\overline{A}_{11} + \overline{A}_{12} + \overline{A}_{21} + \overline{A}_{22}} \begin{bmatrix} \overline{A}_{11} + \overline{A}_{12} - \overline{A}_{21} - \overline{A}_{22} & 2\det[\overline{A}] \\ 2 & \overline{A}_{12} + \overline{A}_{22} - \overline{A}_{11} - \overline{A}_{21} \end{bmatrix}$$

$$= \frac{1}{2 + \overline{ZY} + \overline{Z} + \overline{Y}} \begin{bmatrix} \overline{ZY} + \overline{Z} - \overline{Y} & 2 \\ 2 & \overline{Z} - \overline{ZY} - \overline{Y} \end{bmatrix}$$

习 3.3(3-2-1) 四个网络如图 3.25 所示，分别求其 S 参数。

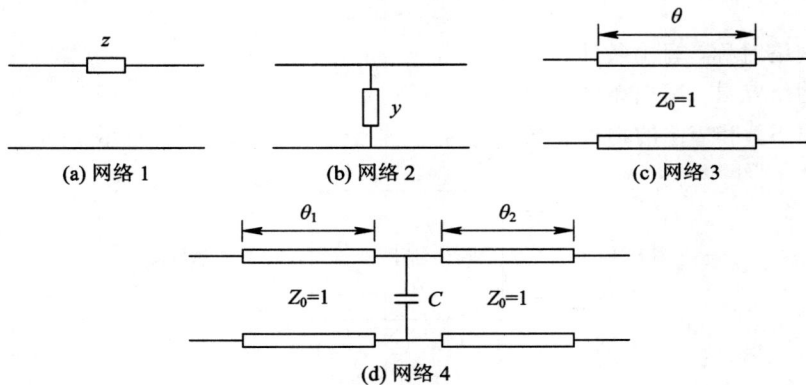

(a) 网络 1   (b) 网络 2   (c) 网络 3

(d) 网络 4

图 3.25　习 3.3 题图

解：本题目解题均采用先给出归一化 $[\overline{A}]$ 矩阵再给出 $[S]$ 矩阵的方法。

（1）网络 1 的 S 参数求解如下：

$$[\overline{A}] = \begin{bmatrix} 1 & z \\ 0 & 1 \end{bmatrix}$$

$$[S] = \frac{1}{z+2} \begin{bmatrix} z & 2 \\ 2 & z \end{bmatrix}$$

（2）网络 2 的 S 参数求解如下：

$$[\overline{A}] = \begin{bmatrix} 1 & 0 \\ y & 1 \end{bmatrix}$$

$$[S] = \frac{1}{y+2} \begin{bmatrix} -y & 2 \\ 2 & -y \end{bmatrix}$$

（3）网络 3 的 S 参数求解如下：

$$[\overline{A}] = \begin{bmatrix} \cos\theta & j\sin\theta \\ j\sin\theta & \cos\theta \end{bmatrix}$$

$$[S] = \frac{1}{\cos\theta + j\sin\theta} \begin{bmatrix} 0 & 1 \\ 1 & 0 \end{bmatrix} = \begin{bmatrix} 0 & e^{-j\theta} \\ e^{-j\theta} & 0 \end{bmatrix}$$

（4）网络 4 的 S 参数求解如下：

$$[\overline{A}] = \begin{bmatrix} \cos\theta_1 & j\sin\theta_1 \\ j\sin\theta_1 & \cos\theta_1 \end{bmatrix} \begin{bmatrix} 1 & 0 \\ j\omega C & 1 \end{bmatrix} \begin{bmatrix} \cos\theta_2 & j\sin\theta_2 \\ j\sin\theta_2 & \cos\theta_2 \end{bmatrix}$$

$$[S] = \frac{1}{2 + j\omega C} \begin{bmatrix} -j\omega C e^{-j2\theta_1} & 2e^{-j(\theta_1+\theta_2)} \\ 2e^{-j(\theta_1+\theta_2)} & -j\omega C e^{-j2\theta_2} \end{bmatrix}$$

本题还可以利用参考面移动对 S 参数的影响来计算：首先给出并联电容的 S 参数。并联电容的归一化 $[\overline{A}]$ 矩阵为

$$[\overline{A}]_C = \begin{bmatrix} 1 & 0 \\ j\omega C & 1 \end{bmatrix}$$

得到它的 $[S]$ 矩阵为

$$[S]_C = \frac{1}{2+j\omega C} \begin{bmatrix} -j\omega C & 2 \\ 2 & -j\omega C \end{bmatrix}$$

利用参考面移动对参数的影响关系得到整个网络的 $[S]$ 矩阵：

$$[S] = \begin{bmatrix} e^{-j\theta_1} & 0 \\ 0 & e^{-j\theta_2} \end{bmatrix} [S]_C \begin{bmatrix} e^{-j\theta_1} & 0 \\ 0 & e^{-j\theta_2} \end{bmatrix} = \frac{1}{2+j\omega C} \begin{bmatrix} -j\omega C e^{-j2\theta_1} & 2e^{-j(\theta_1+\theta_2)} \\ 2e^{-j(\theta_1+\theta_2)} & -j\omega C e^{-j2\theta_2} \end{bmatrix}$$

习 3.4(3-2-2) 某网络如图 3.26 所示，已知 S 参数 $[S] = \begin{bmatrix} S_{11} & S_{12} \\ S_{21} & S_{22} \end{bmatrix}$，试求 Γ_{in} 表达式。

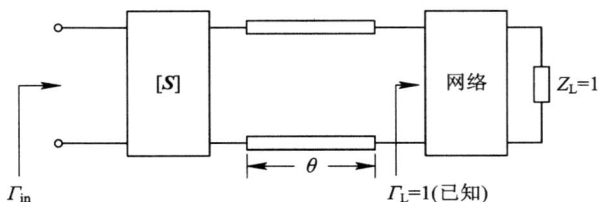

图 3.26 习 3.4 题图

解：设传输线左端的输入反射系数为 Γ_1，则有

$$\Gamma_1 = \Gamma_L e^{-j2\theta}$$

所以

$$\Gamma_{in} = S_{11} + \frac{S_{12}S_{21}\Gamma_1}{1-S_{22}\Gamma_1} = S_{11} + \frac{S_{12}S_{21}\Gamma_L e^{-j2\theta}}{1-S_{22}\Gamma_L e^{-j2\theta}}$$

习 3.5(3-3-1) 证明无耗双口网络的 S 参数，有

$$|S_{11}| = |S_{22}|$$
$$|S_{12}| = |S_{21}|$$

证：无耗网络满足 $[S]^+[S] = [I]$，具体到双端口网络是

$$\begin{bmatrix} S_{11}^* & S_{21}^* \\ S_{12}^* & S_{22}^* \end{bmatrix} \begin{bmatrix} S_{11} & S_{12} \\ S_{21} & S_{22} \end{bmatrix} = \begin{bmatrix} 1 & 0 \\ 0 & 1 \end{bmatrix}$$

展开可得

$$|S_{11}|^2 + |S_{21}|^2 = 1$$
$$|S_{22}|^2 + |S_{12}|^2 = 1$$
$$S_{11}^* S_{12} + S_{21}^* S_{22} = 0$$

第三式取模值可以得到

$$|S_{11}||S_{12}| = |S_{21}||S_{22}|$$

$$|S_{12}| = \frac{|S_{21}| \, |S_{22}|}{|S_{11}|}$$

进一步可以得到

$$|S_{22}|^2 + \left(\frac{|S_{21}| \, |S_{22}|}{|S_{11}|}\right)^2 = 1$$

即

$$|S_{22}|^2 \left(1 + \frac{|S_{21}|^2}{|S_{11}|^2}\right) = 1$$

将第一式整理为

$$|S_{11}|^2 \left(1 + \frac{|S_{21}|^2}{|S_{11}|^2}\right) = 1$$

比较上面两式，可以得到

$$|S_{11}| = |S_{22}|$$

再将这一结果代回原式中，可得

$$|S_{12}| = |S_{21}|$$

证毕。

习 3.6(3-3-3)　已知 S 波段波导 $a \times b = 72.0 \times 34.0 \text{ mm}^2$。现要设计一谐振窗如图 3.27 所示，图中，$a' = 60.0 \text{ mm}$，求 b' 的位置。求这种波导的最小谐振窗极限（工作波长 $\lambda = 100 \text{ mm}$）。

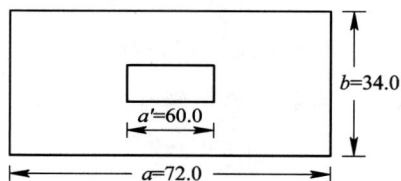

图 3.27　习 3.6 题图

解：矩形波导中的谐振窗满足的公式为

$$\frac{x^2}{\left(\frac{\lambda}{4}\right)^2} - \frac{y^2}{\left(\frac{b\lambda}{2\sqrt{4a^2 - \lambda^2}}\right)^2} = 1$$

注意到这是一个双曲线方程，其中，$x = \frac{1}{2}a'$，$y = \frac{1}{2}b'$。

根据题意 $a' = 60 \text{ mm}$，得到 $x = 30 \text{ mm}$，代入上式

$$\frac{30^2}{\left(\frac{100}{4}\right)^2} - \frac{y^2}{\left(\frac{34 \times 100}{2\sqrt{4 \times 72^2 - 100^2}}\right)^2} = 1$$

解得

$$y = 10.9 \text{ mm}$$

则可以得到谐振窗的尺寸 $b' = 21.8 \text{ mm}$。

这种谐振窗最小的极限尺寸是 $b' = 0 \text{ mm}$，则有 $y = 0 \text{ mm}$，代入谐振窗满足的公式中

可得

$$x = \frac{\lambda}{4} = 25 \ \text{mm}$$

则 $a' = 50$ mm。综合可得，这种谐振窗最小的极限尺寸是 $a' = 50$ mm，$b' = 0$ mm。

习 3.7(3 - 3 - 4)   一铁氧体隔离器如图 3.28 所示。两端驻波比均为 $\rho = 1.20$，正向衰减为 1.0 dB，反向隔离为 20.0 dB。若使用这种隔离器接任意负载 Γ_L，求输入端的最大驻波比 ρ_{max}。

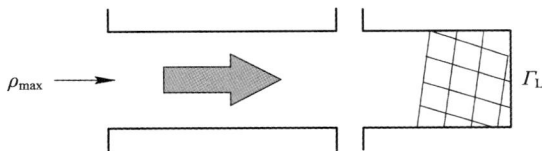

图 3.28 习 3.7 题图

解：隔离器的 S 参数可以写为

$$[\boldsymbol{S}] = \begin{bmatrix} S_{11} & S_{12} \\ S_{21} & S_{22} \end{bmatrix}$$

根据题意可知：

$$\rho = \frac{1 + |S_{11}|}{1 - |S_{11}|} = \frac{1 + |S_{22}|}{1 - |S_{22}|} = 1.2$$

可以得到

$$|S_{11}| = |S_{22}| = 0.0909$$

隔离器的正向衰减为

$$-20 \lg |S_{21}| = 1.0$$

得到

$$|S_{21}| = 10^{-\frac{1}{20}} = 0.891$$

隔离器的反向隔离为

$$-20 \lg |S_{12}| = 20$$

得到

$$|S_{12}| = 10^{-1} = 0.1$$

于是可以重新写出隔离器的 S 参数为

$$[\boldsymbol{S}] = \begin{bmatrix} 0.0909 e^{j\varphi_{11}} & 0.1 e^{j\varphi_{12}} \\ 0.891 e^{j\varphi_{21}} & 0.0909 e^{j\varphi_{22}} \end{bmatrix}$$

隔离器的二端口接任意负载 Γ_L，输入反射系数为

$$\Gamma_{in} = S_{11} + \frac{S_{12} S_{21} \Gamma_L}{1 - S_{22} \Gamma_L}$$

则有

$$|\Gamma_{in}| = \left| S_{11} + \frac{S_{12} S_{21} \Gamma_L}{1 - S_{22} \Gamma_L} \right| \leqslant |S_{11}| + \left| \frac{S_{12} S_{21} \Gamma_L}{1 - S_{22} \Gamma_L} \right| \leqslant |S_{11}| + \frac{|S_{12}| |S_{21}| |\Gamma_L|}{1 - |S_{22}| |\Gamma_L|}$$

对于反射系数，有

$$0 \leqslant |\Gamma_{\text{L}}| \leqslant 1$$

可以看出当 $|\Gamma_{\text{L}}| = 1$ 时，分子最大而分母最小。所以可以得出

$$|\Gamma_{\text{in}}|_{\max} = |S_{11}| + \frac{|S_{12}||S_{21}|}{1 - |S_{22}|} = 0.189$$

$$\rho_{\max} = \frac{1 + |\Gamma_{\text{in}}|_{\max}}{1 - |\Gamma_{\text{in}}|_{\max}} = 1.466$$

所以加了隔离器之后，不管后边的负载如何波动，对于发射机都不会产生大的影响。

习 3.8(3－4－1)　已知定向耦合器如图 3.29 所示，其 [S] 矩阵为

$$[\boldsymbol{S}] = \begin{bmatrix} 0 & 0 & \alpha & \text{j}\beta \\ 0 & 0 & \text{j}\beta & \alpha \\ \alpha & \text{j}\beta & 0 & 0 \\ \text{j}\beta & \alpha & 0 & 0 \end{bmatrix}$$

在端口 1 输入 $a_1 = 1$，求各端口输出 $b_i(i=1, 2, 3, 4)$。

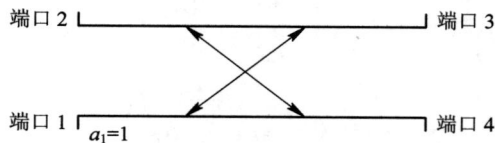

端口 2　　　　　　　　　端口 3

端口 1　$a_1 = 1$　　　　　端口 4

图 3.29　习 3.8 题图

解：根据 S 参数的定义有

$$\begin{bmatrix} b_1 \\ b_2 \\ b_3 \\ b_4 \end{bmatrix} = \begin{bmatrix} 0 & 0 & \alpha & \text{j}\beta \\ 0 & 0 & \text{j}\beta & \alpha \\ \alpha & \text{j}\beta & 0 & 0 \\ \text{j}\beta & \alpha & 0 & 0 \end{bmatrix} \cdot \begin{bmatrix} 1 \\ 0 \\ 0 \\ 0 \end{bmatrix}$$

可以得到

$$b_1 = 0, \ b_2 = 0, \ b_3 = \alpha, \ b_4 = \text{j}\beta$$

可以看出端口 1 的输出为 0，实现了匹配；端口 2 的输出为 0，实现了和端口 1 的完美隔离；端口 3 和端口 4 的输出相位相差 90°。这是典型的对称定向耦合器的特征。

习 3.9(3－4－2)　已知魔 T 如图 3.30 所示，[S] 矩阵为

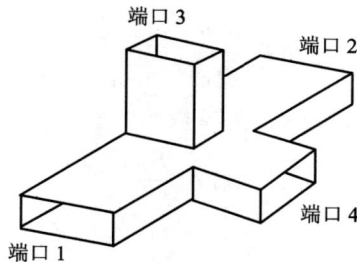

端口 3

端口 2

端口 1

端口 4

图 3.30　习 3.9 题图

$$[S] = \frac{1}{\sqrt{2}} \begin{bmatrix} 0 & 0 & 1 & 1 \\ 0 & 0 & -1 & 1 \\ 1 & -1 & 0 & 0 \\ 1 & 1 & 0 & 0 \end{bmatrix}$$

在端口 1 输入 $a_1 = 1$，求各端口的输出情况。

解： 根据 S 参数的定义，有

$$\begin{bmatrix} b_1 \\ b_2 \\ b_3 \\ b_4 \end{bmatrix} = \frac{1}{\sqrt{2}} \begin{bmatrix} 0 & 0 & 1 & 1 \\ 0 & 0 & -1 & 1 \\ 1 & -1 & 0 & 0 \\ 1 & 1 & 0 & 0 \end{bmatrix} \cdot \begin{bmatrix} 1 \\ 0 \\ 0 \\ 0 \end{bmatrix} = \frac{1}{\sqrt{2}} \begin{bmatrix} 0 \\ 0 \\ 1 \\ 1 \end{bmatrix}$$

可以得到各个端口的输出为

$$b_1 = 0, \ b_2 = 0, \ b_3 = \frac{1}{\sqrt{2}}, \ b_4 = \frac{1}{\sqrt{2}}$$

3.5　知　识　图　谱

本章内容的知识图谱如图 3.31 所示。

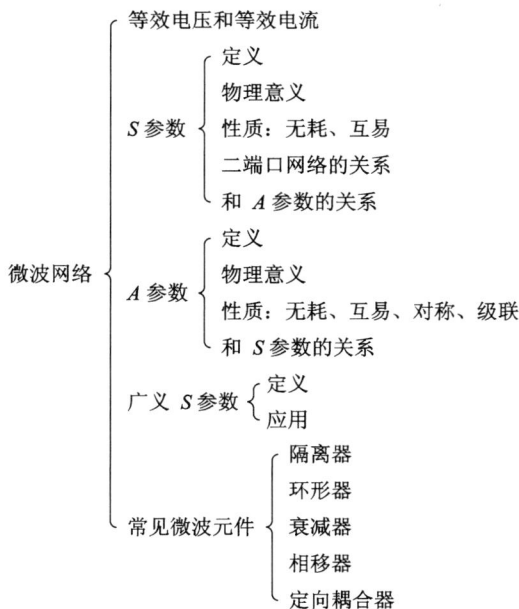

图 3.31　微波网络知识图谱

本章的重点内容和知识点总结如下。

1. 在微波工程中，用入射波和反射波可以更加方便地描述网络。

2. S 参数是利用端口的入射波和反射波来定义的。即

$$\begin{bmatrix} b_1 \\ b_2 \\ \vdots \\ b_N \end{bmatrix} = \begin{bmatrix} S_{11} & S_{12} & S_{13} & \cdots & S_{1N} \\ S_{21} & S_{22} & S_{23} & \cdots & S_{2N} \\ \vdots & \vdots & \vdots & & \vdots \\ S_{N1} & S_{N2} & S_{N3} & \cdots & S_{NN} \end{bmatrix} \begin{bmatrix} a_1 \\ a_2 \\ \vdots \\ a_N \end{bmatrix}$$

3. a_n 和 b_n 的定义为

$$a_n = \frac{U_n^+}{\sqrt{Z_{0n}}}$$

$$b_n = \frac{U_n^-}{\sqrt{Z_{0n}}}$$

且满足功率定义

$$P_{in} = \frac{1}{2} |a_n|^2 \quad 端口\ n$$

$$P_{out} = \frac{1}{2} |b_n|^2 \quad 端口\ n$$

4. S_{ii} 表示除 i 端口其他端口都接匹配负载时，i 端口的反射系数；S_{ij} 表示除 j 端口其他端口都接匹配负载时，j 端口到 i 端口的传输系数，其中，j 端口是激励端口、i 端口是测量的端口。

5. 无耗互易的三端口网络中的三个端口不可能同时匹配。

6. E 面 T 和 H 面 T 都可用于功分器，但是场分布有差异。E 面 T 用于功分器时，两个输出功率相等，相位相反；而 H 面 T 用于功分器时，两个输出功率相等，相位相同。

7. 魔 T 可以看成 E 面 T 和 H 面 T 的结合，是一种定向耦合器。

8. 定向耦合器的参数定义如下：

(1) 耦合度，$C = 10 \lg \dfrac{P_{in}}{P_c}$；

(2) 隔离度，$I = 10 \lg \dfrac{P_{in}}{P_d}$；

(3) 定向性，$D = 10 \lg \dfrac{P_c}{P_d}$。

其中，P_{in}、P_c、P_d 分别是除入射端口外其他端口接匹配负载情况下的入射端口输入功率、耦合端口输出功率、隔离端口输出功率。定向性是表征定向耦合器识别正向输出（耦合端口输出）和反向输出（隔离端口输出）的能力。以上三个参数可以用 S 参数来表示。

3.6　练　习　题

一、选择题

1. 参数 S_{ij} 表示_____。

(a) $S_{ij} = \dfrac{b_i}{a_j}$　　　　　　　　　　　(b) $S_{ij} = \dfrac{b_j}{a_i}$

(c) $S_{ij} = \dfrac{b_i}{a_j}\bigg|_{除了j端口，其他端口都接匹配负载}$　　　　(d) $S_{ij} = \dfrac{b_j}{a_i}\bigg|_{除了i端口，其他端口都接匹配负载}$

2. 当 i 端口和 j 端口隔离时，_____。

(a) $S_{ij} = 0$　　　　　　　　　　　(b) $S_{ij} = S_{ji}$

(c) $S_{ii} = 0$　　　　　　　　　　　(d) $S_{jj} = 0$

3. 无耗网络的 S 参数满足_____。

(a) 互易性　　　　　　　　　　　　(b) 对称性

(c) 幺正性　　　　　　　　　　　　(d) 以上都不对

4. 如果矩阵 $[\boldsymbol{S}]$ 满足幺正性，则有_____。

(a) $[\boldsymbol{S}]^{-1} = ([\boldsymbol{S}]^*)^{\mathrm{T}}$　　　　　　　(b) $[\boldsymbol{S}]^{\mathrm{T}}[\boldsymbol{S}]^* = [\boldsymbol{I}]$

(c) $[\boldsymbol{S}]^+[\boldsymbol{S}] = [\boldsymbol{I}]$　　　　　　　(d) 以上都对

5. 对称网络的 $[\boldsymbol{S}]$ 矩阵一定满足_____。

(a) 互易性　　　　　　　　　　　　(b) 对称性

(c) 幺正性　　　　　　　　　　　　(d) 以上都不对

6. 匹配负载_____入射功率。

(a) 吸收　　　　　　　　　　　　　(b) 反射

(c) 传输　　　　　　　　　　　　　(d) 以上都不对

7. 在传输方向，隔离器对信号产生的相移为_____。

(a) $0°$　　　　　　　　　　　　　(b) $90°$

(c) $180°$　　　　　　　　　　　　(d) $45°$

8. 以下哪个器件是用来保护电源，减小反射的_____。

(a) 隔离器　　　　　　　　　　　　(b) 环形器

(c) 定向耦合器　　　　　　　　　　(d) 以上都不对

9. 定向耦合器是_____。

(a) 单端口元件　　　　　　　　　　(b) 双端口元件

(c) 三端口元件　　　　　　　　　　(d) 四端口元件

10. 对称的定向耦合器，主路和耦合路之间的相位差是_____。

(a) $0°$　　　　　　　　　　　　　(b) $90°$

(c) $180°$　　　　　　　　　　　　(d) $45°$

11. 关于魔 T，说法正确的是_____。

(a) 魔 T 是对称的定向耦合器　　　　(b) 魔 T 是反对称的定向耦合器

(c) 魔 T 不是定向耦合器　　　　　　(d) 以上都不对

12. 魔 T 的应用包括_____。

(a) 功分器　　　　　　　　　　　　(b) 和差器

(c) (a)和(b)都是　　　　　　　　　(d) 以上都不对

13. 定向耦合器中，耦合度的定义为_____。

(a) $10\lg\dfrac{P_{\mathrm{in}}}{P_{\mathrm{c}}}$　　　　　　　　　(b) $10\lg\dfrac{P_{\mathrm{in}}}{P_{\mathrm{d}}}$

(c) $10\lg\dfrac{P_{\mathrm{d}}}{P_{\mathrm{c}}}$　　　　　　　　　(d) $10\lg\dfrac{P_{\mathrm{c}}}{P_{\mathrm{d}}}$

14. 定向耦合器中，定向性的定义为_____。

(a) $10\lg\dfrac{P_{in}}{P_c}$ (b) $10\lg\dfrac{P_{in}}{P_d}$

(c) $10\lg\dfrac{P_d}{P_c}$ (d) $10\lg\dfrac{P_c}{P_d}$

15. 定向耦合器中，隔离度的定义为_____。

(a) $10\lg\dfrac{P_{in}}{P_c}$ (b) $10\lg\dfrac{P_{in}}{P_d}$

(c) $10\lg\dfrac{P_d}{P_c}$ (d) $10\lg\dfrac{P_c}{P_d}$

二、计算题

1. 定向耦合器的耦合度为 20 dB、定向性为 30 dB，插入损耗为 0.5 dB，入射功率是 80 W。求主路、耦合路、隔离端口的输出功率。

2. 定向耦合器的耦合度为 30 dB，入射功率为 500 mW，计算主路和副路的输出功率。

3. 写出二端口网络的 S 参数。

4. 利用 S 参数写出双端口网络的插入损耗、反射损耗和回波损耗。

5. 证明三端口无耗互易网络是不可能完全匹配的。

6. 证明任何匹配无耗的三端口网络都是非互易的。

7. 矩形波导尺寸为 $a\times b$，TE_{11} 模式下纵向磁场为

$$h_z = C\cos\frac{\pi x}{a}\cos\frac{\pi y}{b}$$

在下面两种情况下给出等效传输线电压 U^+ 和电流 I^+：

(1) 当 $Z_0 = Z_{\mathrm{TE}}$，即特性阻抗等于 TE_{11} 模式的波阻抗；

(2) 当 $Z_0 = 1$。

练习题答案

一、选择题

1. (c) 2. (a) 3. (c) 4. (d) 5. (d) 6. (a) 7. (a) 8. (a)

9. (d) 10. (b) 11. (b) 12. (c) 13. (a) 14. (d) 15. (b)

二、计算题

(略)

第4章

微波谐振腔

4.1　内容提要

4.1.1　谐振电路

谐振电路在微波器件(如振荡器、滤波器、放大器等)中是非常重要的。我们首先从最简单的集总参数谐振电路开始,分析谐振电路的参数。这些参数也同样适用于微波谐振电路。

1. 谐振频率

如图 4.1 所示为集总参数谐振电路。其输入阻抗 Z_{in} 可以表示为

$$Z_{in} = \frac{P_1 + 2j\omega(W_m - W_e)}{\frac{1}{2}II^*} \tag{4-1}$$

其中,P_1 表示电路中损耗的功率,W_e 和 W_m 分别表示电路中存储的平均电能和磁能。当电路谐振时,输入阻抗为实数,即纯电阻。这等价于电路中的平均电储能和磁储能是相等的,即 $W_e = W_m$。根据电路知识,电能储存在电容中,所以有

$$W_e = \frac{1}{4}UU^* C \tag{4-2}$$

类似地,磁能储存在电感中,有

$$W_e = \frac{1}{4}I_L I_L^* L = \frac{1}{4}L\left|\frac{U}{\omega L}\right|^2 = \frac{1}{4\omega^2 L}UU^* \tag{4-3}$$

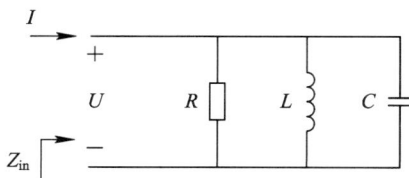

图 4.1　集总参数谐振电路

当 $W_e = W_m$，即谐振时，可以计算出此时的频率，即谐振频率为

$$\omega_0 = \frac{1}{\sqrt{LC}} \quad (4-4)$$

2. 品质因数

另外，还可以定义品质因数 Q：

$$Q = \frac{\omega(\text{平均储能})}{\text{损耗功率}} \quad (4-5)$$

当电路谐振时，$W_e = W_m$，所以电路中的平均储能可以表示为

$$W = W_e + W_m = 2W_m = 2W_e = \frac{1}{2}CUU^* \quad (4-6)$$

电路的损耗发生在电阻上，所以可以得到损耗功率为

$$P_1 = \frac{1}{2}GUU^* \quad (4-7)$$

因此可以计算出品质因数为

$$Q = \frac{\omega C}{G} = \omega RC = \frac{R}{\omega L} \quad (4-8)$$

以上是并联谐振电路的品质因数。类似地，也可以得到串联谐振电路的品质因数为

$$Q = \frac{\omega L}{R} \quad (4-9)$$

对于并联谐振电路，在谐振频率附近，即 $\omega = \omega_0 + \Delta\omega$（其中 $\Delta\omega$ 很小），输入阻抗可以表示为

$$Z_{in} = \left(\frac{1}{R} + \frac{1}{j\omega L} + j\omega C\right)^{-1} = \left(\frac{1}{R} + \frac{1 - \frac{\Delta\omega}{\omega_0}}{j\omega_0 L} + j\omega_0 C + j\Delta\omega C\right)^{-1} \quad (4-10)$$

其中采用了近似表达 $\frac{1}{\omega_0 + \Delta\omega} = \frac{1 - \frac{\Delta\omega}{\omega_0}}{\omega_0}$。另外，由于 $j\omega_0 C + \frac{1}{j\omega_0 L} = 0$，所以有

$$Z_{in} = \frac{\omega_0^2 RL}{\omega_0^2 L + j2R\Delta\omega} = \frac{R}{1 + j2Q\left(\frac{\Delta\omega}{\omega_0}\right)} \quad (4-11)$$

输入阻抗 Z_{in} 随频率变化的曲线如图 4.2 所示。

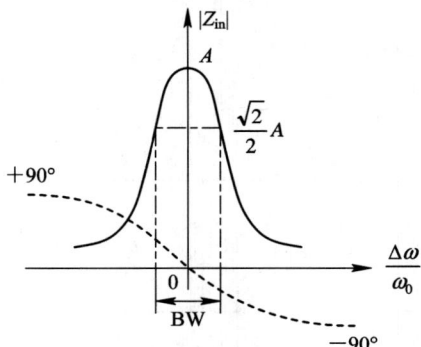

图 4.2 输入阻抗随频率变化曲线

图 4.2 中，实线表示 $|Z_{in}|$，虚线表示 Z_{in} 的辐角，当 Z_{in} 的幅度下降到峰值的 0.707 倍时，对应的相位分别为 $45°(\omega<\omega_0)$ 和 $-45°(\omega>\omega_0)$。可以得到分别对应的是

$$2Q\frac{\Delta\omega}{\omega_0}=\pm1$$

可以定义相对带宽 BW 为两个 0.707R 频点间的频率范围和谐振频率的比值，即

$$BW=\frac{2\Delta\omega}{\omega_0}=\frac{1}{Q} \tag{4-12}$$

式(4-12)提供了一种品质因数的定义，即 Q 是相对带宽的倒数。

如果谐振电路中的 R 代表的是谐振电路自身的损耗，则由此计算的 Q 称为无载 Q 值。如果谐振电路外接了负载 R_L，即 R_L 和 R 并联，此时的损耗不但发生在 R 上，而且还发生在 R_L 上。由此计算出的品质因数称为有载 Q 值，记为 Q_L：

$$Q_L=\frac{\frac{RR_L}{R+R_L}}{\omega L} \tag{4-13}$$

很容易得到 $Q_L<Q$。

另外一种品质因数的定义是外部 Q 值，记作 Q_e。其定义为当谐振电路本身无耗时，所有的损耗都来自外接负载时的 Q 值，即

$$Q_e=\frac{R_L}{\omega L} \tag{4-14}$$

三种品质因数的关系为

$$\frac{1}{Q_L}=\frac{1}{Q_e}+\frac{1}{Q} \tag{4-15}$$

因此，我们可以看出，不同 Q 值定义的关键区别是损耗是怎么产生的。当损耗仅来自谐振电路内部时，得到的是无载 Q 值；当损耗仅来自谐振电路外部，即电路本身无耗，得到的是外部 Q 值，即 Q_e；而既有谐振电路内部损耗也有外部损耗的情况时，得到的 Q 值是有载 Q 值，即 Q_L。

由上述对集总参数谐振电路的分析可以看出，谐振电路的重要参数为谐振频率 ω_0 和品质因数 Q。这两个参数同样是微波谐振电路中的重要参数。

在实际的微波谐振电路中，经常采用的是传输线线段或者是封闭的金属腔体。不采用集总元件构成谐振电路的原因是，在微波频段集总元件的衰减太大，包含了导体衰减和辐射衰减。我们下面以金属谐振腔为主要的研究对象，来研究微波谐振电路的特点。

4.1.2　矩形谐振腔

在微波工程中，频率大于 1 GHz 时，采用金属谐振腔作为谐振电路。金属谐振腔是被金属包围的封闭空腔。

如图 4.3 所示为矩形谐振腔，可以认为是由矩形波导在 $z=0$ 和 $z=l$ 加短路板形成的。

矩形谐振腔可以通过传输线理论进行分析。我们将矩形波导看成波在 z 方向传输的传输线，当 $z=l$ 短路时，且 l 的长度等于半波导波长的整数倍，即

$$l=p\frac{\lambda_g}{2} \tag{4-16}$$

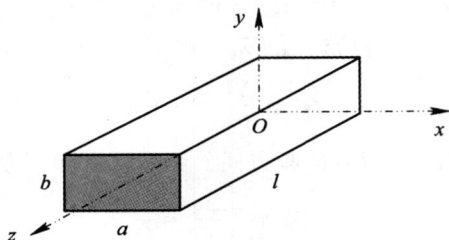

图 4.3 矩形谐振腔

根据传输线中阻抗周期为半波长的特点，在 $z=0$ 时，电路也是短路的。所以可以在 $z=0$ 处加短路板，不影响波导中的场分布。这样，波导中形成了 z 方向的驻波。根据矩形波导中已经得到的结果：

$$\beta^2 = k^2 - \left(\frac{m\pi}{a}\right)^2 - \left(\frac{n\pi}{b}\right)^2 \qquad (4-17)$$

对谐振腔来说，要求：

$$\beta l = \frac{2\pi}{\lambda_g} \cdot p \cdot \frac{\lambda_g}{2} = p\pi \qquad (4-18)$$

即

$$\beta = \frac{p\pi}{l} \qquad (4-19)$$

所以可以得到

$$k_0 = \sqrt{\left(\frac{m\pi}{a}\right)^2 + \left(\frac{n\pi}{b}\right)^2 + \left(\frac{p\pi}{l}\right)^2} \qquad (4-20)$$

其中，k_0 表示谐振条件下的波数。进一步可以计算出谐振频率为

$$f_0 = \frac{k_0 c}{2\pi} = \frac{c}{2}\sqrt{\left(\frac{m}{a}\right)^2 + \left(\frac{n}{b}\right)^2 + \left(\frac{p}{l}\right)^2} \qquad (4-21)$$

其中，c 为真空中的光速。容易看出，谐振腔中的模式是受 m、n 和 p 影响的，不同的组合对应不同的谐振腔模式，不同的谐振腔模式下谐振频率也是不同的。

下面分析矩形谐振腔的主模式 TE_{101} 模式的场分布，此模式是 $b < a < l$ 条件下矩形谐振腔的主模式。从已知的矩形波导 TE_{10} 模式的场分布出发，当 $z=0$ 处短路时，反射系数为 -1，所以可以得到电场为

$$E_y = E_0 \sin\left(\frac{\pi}{a}x\right)(e^{-j\beta z} - e^{j\beta z}) = -j2E_0 \sin\left(\frac{\pi}{a}x\right)\sin(\beta z) \qquad (4-22)$$

再令 $z=l$ 处短路，则

$$\beta = \frac{p\pi}{l}$$

所以有电场为

$$E_y = -j2E_0 \sin\left(\frac{\pi}{a}x\right)\sin\left(\frac{p\pi}{l}z\right) = E_0 \sin\left(\frac{\pi}{a}x\right)\sin\left(\frac{p\pi}{l}z\right) \qquad (4-23)$$

这是矩形谐振腔 TE_{10p} 模式的电场分布，式中，为了方便表示，引入 $E_0 = -j2E_0$，对应的谐振频率为

$$f_0 = \frac{c}{2}\sqrt{\left(\frac{1}{a}\right)^2 + \left(\frac{p}{l}\right)^2} \tag{4-24}$$

显然，$p=1$ 时，谐振频率最低，即 TE_{101} 模式是这种情况下的主模式。

根据 Maxwell 方程，可以得到磁场：

$$\nabla \times \boldsymbol{E} = -j\omega_0\mu\boldsymbol{H}$$

$$\boldsymbol{H} = j\frac{1}{\omega_0\mu}\begin{vmatrix} \hat{x} & \hat{y} & \hat{z} \\ \dfrac{\partial}{\partial x} & \dfrac{\partial}{\partial y} & \dfrac{\partial}{\partial z} \\ 0 & E_y & 0 \end{vmatrix}$$

$$H_x = -j\frac{1}{\omega_0\mu}\frac{\partial E_y}{\partial z} = -j\frac{E_0}{\omega_0\mu}\left(\frac{\pi}{l}\right)\sin\left(\frac{\pi x}{a}\right)\cos\left(\frac{\pi z}{l}\right) = -j\frac{E_0}{\eta_0}\frac{\lambda_0}{2l}\sin\left(\frac{\pi x}{a}\right)\cos\left(\frac{\pi z}{l}\right)$$

$$H_z = j\frac{1}{\omega_0\mu}\frac{\partial E_y}{\partial x} = j\frac{E_0}{\omega_0\mu}\left(\frac{\pi}{a}\right)\cos\left(\frac{\pi x}{a}\right)\sin\left(\frac{\pi z}{l}\right) = j\frac{E_0}{\eta_0}\frac{\lambda_0}{2a}\cos\left(\frac{\pi x}{a}\right)\sin\left(\frac{\pi z}{l}\right)$$

可以看出，电场和磁场有 $\pm90°$ 的相位差，这等价于等效电压和等效电流有 $\pm90°$ 的相位差。

图 4.4 所示为矩形谐振腔 TE_{101} 模式的电磁场分布。

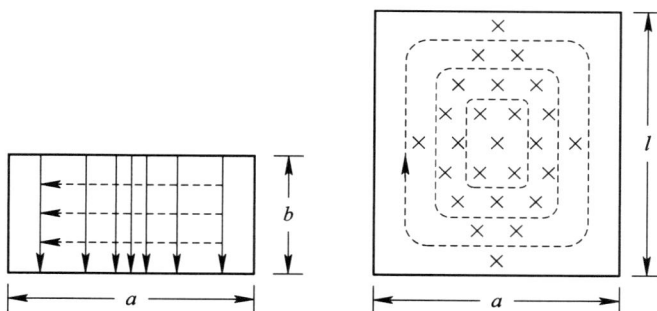

图 4.4　矩形谐振腔 TE_{101} 模式的电磁场分布

给出矩形波导 TE_{10} 模式的电磁场分布作为比较，如图 4.5 所示。

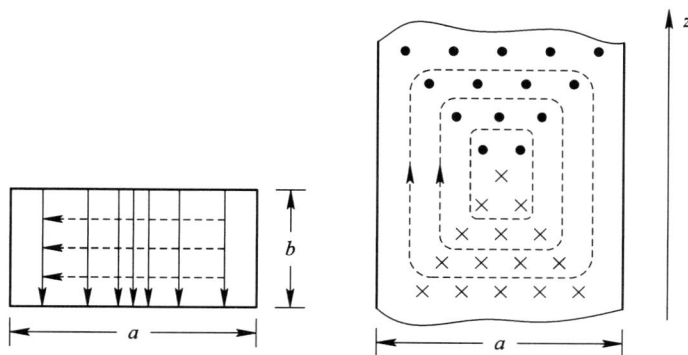

图 4.5　矩形波导 TE_{10} 模的电磁场分布

可以看出，矩形谐振腔中，电场和磁场有 $\pm90°$ 的相位差，这和矩形波导中的情况不同。

因此,矩形谐振腔计算的复坡印廷矢量是没有实部的,这也就意味着能量是不会传播的,电储能和磁储能只是在谐振腔内随着时间相互转换,而平均电储能和平均磁储能是相等的,可以计算出平均电储能为

$$W_e = \frac{\varepsilon}{4} \int_0^a \int_0^b \int_0^l E_y E_y^* \, \mathrm{d}x \mathrm{d}y \mathrm{d}z = \frac{\varepsilon}{16} abl |E_0|^2 \qquad (4-25)$$

类似地,可以计算出平均磁储能为

$$W_m = \frac{\mu}{4} \int_0^a \int_0^b \int_0^l (H_x H_x^* + H_z H_z^*) \, \mathrm{d}x \mathrm{d}y \mathrm{d}z = W_e \qquad (4-26)$$

需要注意的是,当谐振腔中填充了相对介电常数为 ε_r 的介质时,谐振频率为

$$f_0 = \frac{k_0 c}{2\pi \sqrt{\varepsilon_r}} = \frac{c}{2\sqrt{\varepsilon_r}} \sqrt{\left(\frac{m}{a}\right)^2 + \left(\frac{n}{b}\right)^2 + \left(\frac{p}{l}\right)^2} \qquad (4-27)$$

4.1.3　圆柱谐振腔

圆柱谐振腔如图 4.6 所示,R 为半径,l 为谐振腔的长度。与矩形谐振腔的分析方法类似,圆柱谐振腔的场分布可以由圆波导的场分布推导得到。下面我们以圆柱谐振腔的主模式 TE_{111} 模式为例,给出该模式下的场分布。

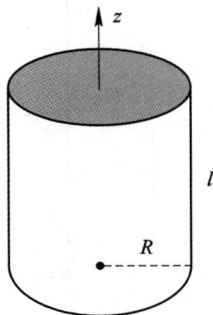

图 4.6　圆柱谐振腔

首先,得到磁场的 z 方向分量为

$$H_z = H_0 J_1\left(\frac{\mu_{11}}{R}r\right)\cos\varphi(\mathrm{e}^{-\mathrm{j}\beta z} - \mathrm{e}^{\mathrm{j}\beta z}) = -\mathrm{j}2H_0 J_1\left(\frac{\mu_{11}}{R}r\right)\cos\varphi\sin(\beta z) \qquad (4-28)$$

此表达式满足边界条件,即在 $z=0$ 处,$H_z=0$。另外,为了满足 $z=l$ 处,$H_z=0$ 的边界条件,需要 $\sin(\beta l)=0$,即 $\beta=\frac{p\pi}{l}$。这一结果和矩形谐振腔的结果相同,进一步可以得到谐振时的波数为

$$k_0 = \sqrt{\left(\frac{\mu_{11}}{R}\right)^2 + \left(\frac{p\pi}{l}\right)^2} \qquad (4-29)$$

进一步得到谐振频率为

$$f_0 = \frac{k_0 c}{2\pi} = \frac{c}{2\pi} \sqrt{\left(\frac{\mu_{11}}{R}\right)^2 + \left(\frac{p\pi}{l}\right)^2} \qquad (4-30)$$

当 $p=1$ 时,即 TE_{111} 模式时,谐振频率是最低的。

由上面得到的磁场分量 H_z 可以得到其他场分量，这里只需要借助不变性矩阵就可实现。回顾圆波导的相关内容可知，在柱坐标系下的不变性矩阵为

$$\begin{bmatrix} E_r \\ E_\varphi \\ H_r \\ H_\varphi \end{bmatrix} = \frac{1}{k_c^2} \begin{bmatrix} -\mathrm{j}\beta & 0 & 0 & -\mathrm{j}\omega\mu \\ 0 & -\mathrm{j}\beta & \mathrm{j}\omega\mu & 0 \\ 0 & \mathrm{j}\omega\varepsilon & -\mathrm{j}\beta & 0 \\ -\mathrm{j}\omega\varepsilon & 0 & 0 & -\mathrm{j}\beta \end{bmatrix} \begin{bmatrix} \dfrac{\partial E_z}{\partial r} \\ \dfrac{1}{r}\dfrac{\partial E_z}{\partial \varphi} \\ \dfrac{\partial H_z}{\partial r} \\ \dfrac{1}{r}\dfrac{\partial H_z}{\partial \varphi} \end{bmatrix} \tag{4-31}$$

其中，$k_c = \dfrac{\mu_{11}}{R}$。将方程应用到谐振腔中，需要将 $-\mathrm{j}\beta$ 还原成 $\dfrac{\partial}{\partial z}$。这是因为根据广义传输线理论，无耗导波系统场分布中关于纵向 z 的方程形式一定是

$$Z(z) = \mathrm{e}^{-\mathrm{j}\beta z} \tag{4-32}$$

如果进行偏导运算，即

$$\frac{\partial Z(z)}{\partial z} = -\mathrm{j}\beta \mathrm{e}^{-\mathrm{j}\beta z} \tag{4-33}$$

所以，可知不变性矩阵中的 $-\mathrm{j}\beta$ 实际上是在导波系统中进行偏导数 $\dfrac{\partial}{\partial z}$ 计算的结果。而现在分析的是谐振腔，所以我们将 $-\mathrm{j}\beta$ 还原成 $\dfrac{\partial}{\partial z}$，即

$$\begin{bmatrix} E_r \\ E_\varphi \\ H_r \\ H_\varphi \end{bmatrix} = \frac{1}{k_c^2} \begin{bmatrix} \dfrac{\partial}{\partial z} & 0 & 0 & -\mathrm{j}\omega\mu \\ 0 & \dfrac{\partial}{\partial z} & \mathrm{j}\omega\mu & 0 \\ 0 & \mathrm{j}\omega\varepsilon & \dfrac{\partial}{\partial z} & 0 \\ -\mathrm{j}\omega\varepsilon & 0 & 0 & \dfrac{\partial}{\partial z} \end{bmatrix} \begin{bmatrix} \dfrac{\partial E_z}{\partial r} \\ \dfrac{1}{r}\dfrac{\partial E_z}{\partial \varphi} \\ \dfrac{\partial H_z}{\partial r} \\ \dfrac{1}{r}\dfrac{\partial H_z}{\partial \varphi} \end{bmatrix} \tag{4-34}$$

可以得到横向场分量为

$$\begin{cases} E_r = -\dfrac{\mathrm{j}\omega\mu}{k_c^2 r}\dfrac{\partial H_z}{\partial \varphi} \\[2mm] E_\varphi = \dfrac{\mathrm{j}\omega\mu}{k_c^2}\dfrac{\partial H_z}{\partial r} \\[2mm] H_r = \dfrac{1}{k_c^2}\dfrac{\partial^2 H_z}{\partial r \partial z} \\[2mm] H_\varphi = \dfrac{1}{k_c^2 r}\dfrac{\partial^2 H_z}{\partial \varphi \partial z} \end{cases} \tag{4-35}$$

进一步计算可以得到

$$
\begin{cases}
E_r = \dfrac{\mathrm{j}\omega\mu}{k_c^2 r} H_0 J_1\left(\dfrac{\mu_{11}}{R}r\right)\sin\varphi\sin\left(\dfrac{\pi}{l}z\right) \\[2mm]
E_\varphi = \dfrac{\mathrm{j}\omega\mu}{k_c} H_0 J_1'\left(\dfrac{\mu_{11}}{R}r\right)\cos\varphi\sin\left(\dfrac{\pi}{l}z\right) \\[2mm]
E_z = 0 \\[2mm]
H_r = \dfrac{\pi}{k_c l} H_0 J_1'\left(\dfrac{\mu_{11}}{R}r\right)\cos\varphi\cos\left(\dfrac{\pi}{l}z\right) \\[2mm]
H_\varphi = -\dfrac{\pi}{k_c^2 rl} H_0 J_1\left(\dfrac{\mu_{11}}{R}r\right)\sin\varphi\cos\left(\dfrac{\pi}{l}z\right) \\[2mm]
H_z = H_0 J_1\left(\dfrac{\mu_{11}}{R}r\right)\cos\varphi\sin\left(\dfrac{\pi}{l}z\right)
\end{cases}
\tag{4-36}
$$

类似地，可以分析 TM 模式的场分布。可以得到不同模式下的谐振波长为

$$
\begin{cases}
\lambda_0 = \dfrac{2\pi}{k_0} = \dfrac{1}{\sqrt{\left(\dfrac{\mu_{mn}}{2\pi R}\right)^2 + \left(\dfrac{p}{2l}\right)^2}}, & \mathrm{TE}_{mnp}\ \text{模式} \\[5mm]
\lambda_0 = \dfrac{2\pi}{k_0} = \dfrac{1}{\sqrt{\left(\dfrac{\nu_{mn}}{2\pi R}\right)^2 + \left(\dfrac{p}{2l}\right)^2}}, & \mathrm{TM}_{mnp}\ \text{模式}
\end{cases}
\tag{4-37}
$$

在圆柱谐振腔中另一种值得讨论的模式是 TE_{011} 模式。它的突出特点是品质因数 Q 值是 TE_{111} 模式的 2～3 倍。产生这种现象的主要原因是在这种模式下，表面电流没有纵向分量。

4.1.4 矩形谐振腔和圆柱谐振腔的比较

图 4.7 所示为矩形谐振腔和圆柱谐振腔，以谐振腔中 TE 模式场的求解为例，两种谐振腔都可以采用先求出纵向磁场分量 H_z，再根据 H_z 得到横向分量的方法。矩形谐振腔和圆柱谐振腔的纵向磁场分量 H_z 分别为

$$
H_z = H_{mnp}\cos\left(\dfrac{m\pi}{a}x\right)\cos\left(\dfrac{n\pi}{b}y\right)\sin\left(\dfrac{p\pi}{l}z\right)
\tag{4-38}
$$

$$
H_z = H_{mnp} J_m(k_c r)\begin{pmatrix}\cos m\varphi \\ \sin m\varphi\end{pmatrix}\sin\left(\dfrac{p\pi}{l}z\right)
\tag{4-39}
$$

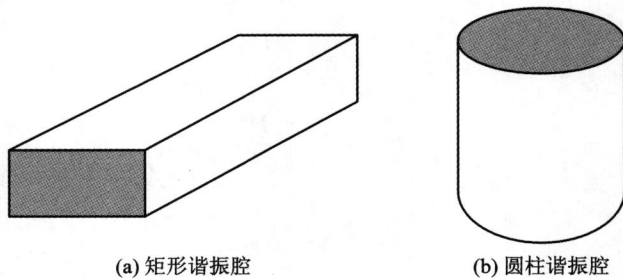

(a) 矩形谐振腔　　　　　　　　(b) 圆柱谐振腔

图 4.7　矩形谐振腔和圆柱谐振腔

可以看出，它们的 z 方向函数相同。实际上，传输线型谐振腔均满足广义传输线理论，即 z 方向函数相同，为

$$Z(z) = \sin\left(\frac{p\pi}{l}z\right)$$

两种谐振腔根据 H_z 得到横向分量的方法都是利用不变性矩阵，即

$$\frac{1}{k_c^2}\begin{bmatrix} \dfrac{\partial}{\partial z} & 0 & 0 & -\mathrm{j}\omega\mu \\[2mm] 0 & \dfrac{\partial}{\partial z} & \mathrm{j}\omega\mu & 0 \\[2mm] 0 & \mathrm{j}\omega\varepsilon & \dfrac{\partial}{\partial z} & 0 \\[2mm] -\mathrm{j}\omega\varepsilon & 0 & 0 & \dfrac{\partial}{\partial z} \end{bmatrix}$$

谐振腔的场都满足无源区的 Maxwell 方程，即

$$\begin{cases} \nabla^2 \boldsymbol{E} + k^2 \boldsymbol{E} = 0 \\ \nabla^2 \boldsymbol{H} + k^2 \boldsymbol{H} = 0 \end{cases}$$

其中，$k^2 = k_c^2 + k_z^2$，可以得到谐振波长为

$$\lambda_0 = \frac{2\pi}{k_0} = \frac{1}{\sqrt{\left(\dfrac{1}{\lambda_c}\right)^2 + \left(\dfrac{1}{\lambda_g}\right)^2}} = \frac{1}{\sqrt{\left(\dfrac{1}{\lambda_c}\right)^2 + \left(\dfrac{p}{2l}\right)^2}} \tag{4-40}$$

具体地，可以得到矩形谐振腔的谐振波长为

$$\lambda_0 = \frac{2}{\sqrt{\left(\dfrac{m}{a}\right)^2 + \left(\dfrac{n}{b}\right)^2 + \left(\dfrac{p}{l}\right)^2}} \tag{4-41}$$

相应的谐振频率为

$$f_0 = \frac{c}{2\sqrt{\varepsilon_r}}\sqrt{\left(\frac{m}{a}\right)^2 + \left(\frac{n}{b}\right)^2 + \left(\frac{p}{l}\right)^2} \tag{4-42}$$

圆柱谐振腔中，TE 模式情况下的谐振波长为

$$\lambda_0 = \frac{1}{\sqrt{\left(\dfrac{\mu_{mn}}{2\pi R}\right)^2 + \left(\dfrac{p}{2l}\right)^2}} \tag{4-43}$$

相应的谐振频率为

$$f_0 = \frac{c}{\sqrt{\varepsilon_r}}\sqrt{\left(\frac{\mu_{mn}}{2\pi R}\right)^2 + \left(\frac{p}{2l}\right)^2} \tag{4-44}$$

圆柱谐振腔中 TM 模式情况下的谐振波长为

$$\lambda_0 = \frac{1}{\sqrt{\left(\dfrac{\nu_{mn}}{2\pi R}\right)^2 + \left(\dfrac{p}{2l}\right)^2}} \tag{4-45}$$

相应的谐振频率为

$$f_0 = \frac{c}{\sqrt{\varepsilon_r}} \sqrt{\left(\frac{\nu_{mn}}{2\pi R}\right)^2 + \left(\frac{p}{2l}\right)^2} \tag{4-46}$$

两种谐振腔中，TE_{mnp} 的情况下 p 不可以取 0，而在 TM_{mnp} 的情况下，p 可以取 0。因为 $p=0$ 意味着谐振腔中的场沿着 z 方向没有变化，TE 模式中纵向分量只有 H_z，而根据边界条件的要求

$$H_z = 0, \; z = 0, \; l$$

如果 H_z 沿着 z 方向无变化，且满足边界条件，只能是 H_z 恒等于 0，这显然是不成立的。所以对于 TE 模式，p 不可以取 0。而 TM 模式中的纵向分量是 E_z，在 $z=0, l$ 处没有像 H_z 那样的边界条件限制，所以 E_z 可以沿着 z 方向无变化，即 p 可以取 0。

4.2　难 点 解 析

1. 矩形谐振腔和矩形波导中的场分布有哪些异同？

矩形谐振腔中的电场和磁场相位相差 $\pm 90°$，矩形波导中的电场和磁场同相或相差 $180°$。根据复坡印廷矢量的定义，有

$$\boldsymbol{S} = \frac{1}{2} \boldsymbol{E} \times \boldsymbol{H}^*$$

因为矩形谐振腔中的电场和磁场相差 $90°$，所以复坡印廷矢量的实部为 0。这表示在谐振腔中任何方向上都不会有能量的传输，只有电能和磁能之间的相互转化。下面以矩形波导的 TE_{10} 模式和矩形谐振腔的 TE_{102} 模式为例，比较波导和谐振腔中场分布，如图 4.8 所示。

2. 矩形谐振腔中的品质因数 Q 如何计算？

品质因数的计算公式为

$$Q = \frac{\omega(\text{平均储能})}{\text{损耗功率}}$$

针对谐振腔可以具体写为

$$Q = \frac{\omega_0 W}{P_1}$$

对于谐振腔，损耗功率 P_1 来自两个方面：电流在导体上流动所引起的损耗功率 P_{lc} 和介质所引起的损耗 P_{ld}，所以有

$$Q = \frac{\omega_0 W}{P_{lc} + P_{ld}}$$

$$\frac{1}{Q} = \frac{1}{Q_c} + \frac{1}{Q_d}$$

其中，$Q_c = \dfrac{\omega_0 W}{P_{lc}}$，$Q_d = \dfrac{\omega_0 W}{P_{ld}}$。

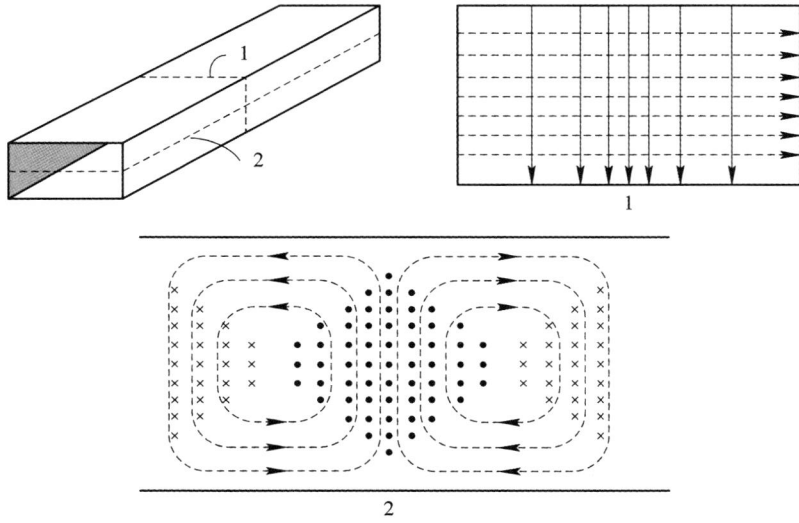

(a) 矩形波导中的 TE_{10} 模式的场分布

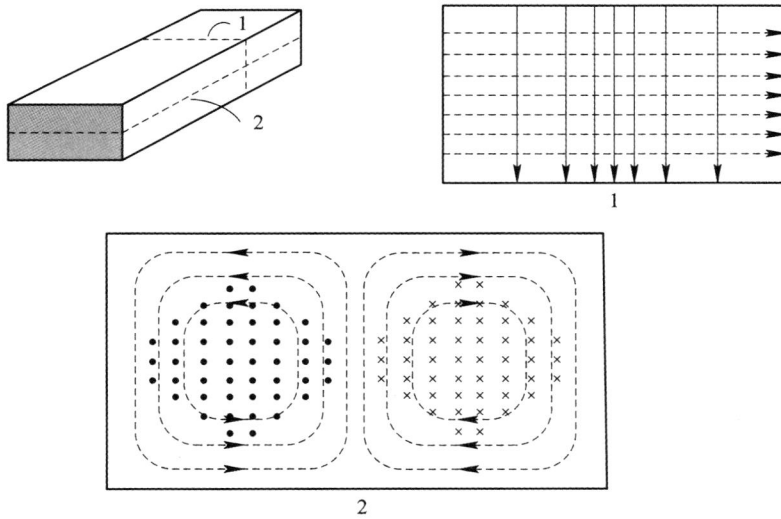

(b) 矩形谐振腔中的 TE_{102} 模式的场分布

图 4.8　矩形波导和矩形谐振腔中的场分布比较

　　采用微扰法计算 Q_c。假设由于边界不是理想导体对谐振腔中场分布的影响是很小的、可忽略的，可以直接利用理想导体边界情况下求出的场来计算导体的表面电流，即

$$\boldsymbol{J}_S = \hat{\boldsymbol{n}} \times \boldsymbol{H}$$

进而可以计算电流在导体上流动所引起的损耗功率 P_{lc}：

$$P_{lc} = \frac{1}{2} R_S \iint_S |\boldsymbol{J}_S|^2 \mathrm{d}S$$

其中，R_S 为表面电阻率。对于矩形谐振腔，上面的积分要在 6 个面上分别进行，过程是较为复杂的，这里不具体展开。

　　下面讨论 Q_d 的计算。假设谐振腔中均匀填充某种有耗的介质，其介电常数为 $\varepsilon = \varepsilon' - \mathrm{j}\varepsilon''$，

另有损耗角正切的定义

$$\tan\delta = \frac{\varepsilon''}{\varepsilon'}$$

根据 Maxwell 方程，有

$$\nabla\times \boldsymbol{H} = \boldsymbol{J} + j\omega\varepsilon\boldsymbol{E} = \sigma\boldsymbol{E} + j\omega\left(\varepsilon' - j\varepsilon''\right)\boldsymbol{E} = \left(\sigma + \omega\varepsilon''\right)\boldsymbol{E} + j\omega\varepsilon'\boldsymbol{E}$$

引入等效的电流密度 $\boldsymbol{J}_t$，则

$$\boldsymbol{J}_t = \left(\sigma + \omega\varepsilon''\right)\boldsymbol{E}$$

由此可知，介质损耗的影响可以等效为介质导电所带来的影响。导电介质所引起的损耗功率为

$$P = \frac{1}{2}\iiint_V \boldsymbol{J}\cdot\boldsymbol{E}^*\,\mathrm{d}V$$

此时只要将 $\boldsymbol{J}$ 替换为 $\boldsymbol{J}_t$ 就可以得到介质的导电和有耗共同造成的损耗功率，为

$$P = \frac{1}{2}\iiint_V \boldsymbol{J}_t\cdot\boldsymbol{E}^*\,\mathrm{d}V = \frac{1}{2}\iiint_V \left(\sigma + \omega\varepsilon''\right)\mid\boldsymbol{E}\mid^2\mathrm{d}V$$

当介质不导电时，即 $\sigma=0$，可以得到介质所引起的损耗 P_{ld} 为

$$P_{ld} = \frac{1}{2}\iiint_V \omega\varepsilon''\mid\boldsymbol{E}\mid^2\mathrm{d}V$$

另外，注意到谐振腔谐振时，电储能和磁储能是相等的。所以总的储能量可以是电储能的 2 倍，即

$$W = \frac{1}{2}\iiint_V \varepsilon'\mid\boldsymbol{E}\mid^2\mathrm{d}V$$

可以计算得到

$$Q_d = \frac{\omega_0 W}{P_{ld}} = \frac{\omega_0 \dfrac{1}{2}\iiint_V \varepsilon'\mid\boldsymbol{E}\mid^2\mathrm{d}V}{\dfrac{1}{2}\iiint_V \omega_0\varepsilon''\mid\boldsymbol{E}\mid^2\mathrm{d}V} = \frac{\varepsilon'}{\varepsilon''} = \frac{1}{\tan\delta}$$

实际上，这一结果不仅适用于矩形谐振腔，对于任何均匀填充介质的谐振腔都是适用的。

4.3 例 题 精 解

例 4.1 矩形谐振腔的尺寸为 $a=8.0$ cm，$b=6.0$ cm。在 TM_{111} 模式时，谐振频率为 5 GHz。计算 TE_{101}、TE_{102}、TE_{111} 模式时的谐振频率。

解：矩形谐振腔的谐振频率计算公式为

$$f_0 = \frac{c}{2}\sqrt{\left(\frac{m}{a}\right)^2 + \left(\frac{n}{b}\right)^2 + \left(\frac{p}{l}\right)^2}$$

对于 TM_{111} 模式，可以得到

$$f_0 = \frac{c}{2}\sqrt{\left(\frac{1}{a}\right)^2 + \left(\frac{1}{b}\right)^2 + \left(\frac{1}{l}\right)^2}$$

上式两边求平方可得

$$f_0^2 = \frac{c^2}{4} \left[\left(\frac{1}{a} \right)^2 + \left(\frac{1}{b} \right)^2 + \left(\frac{1}{l} \right)^2 \right]$$

因此可以得到谐振腔的长度为

$$l = \frac{1}{\sqrt{\dfrac{4 f_0^2}{c^2} - \dfrac{1}{a^2} - \dfrac{1}{b^2}}}$$

$$= \frac{1}{\sqrt{\dfrac{4 \times (5 \times 10^9)^2}{(3 \times 10^8)^2} - \dfrac{1}{(8 \times 10^{-2})^2} - \dfrac{1}{(6 \times 10^{-2})^2}}}$$

$$= \frac{8 \sqrt{39}}{13} \times 10^{-2} \text{ m} = \frac{8 \sqrt{39}}{13} \text{ cm}$$

接下来计算 TE_{101}、TE_{102}、TE_{111} 模式时的谐振频率。

对于 TE_{101} 模式，有

$$f_0 = \frac{c}{2} \sqrt{\left(\frac{1}{a} \right)^2 + \left(\frac{1}{l} \right)^2} = \frac{3 \times 10^8}{2} \sqrt{\frac{1}{(8 \times 10^{-2})^2} + \frac{1}{\left(\dfrac{8 \sqrt{39}}{13} \times 10^{-2} \right)^2}} = 4.3 \times 10^9 \text{ Hz}$$

对于 TE_{102} 模式，有

$$f_0 = \frac{c}{2} \sqrt{\left(\frac{1}{a} \right)^2 + \left(\frac{2}{l} \right)^2} = \frac{3 \times 10^8}{2} \sqrt{\frac{1}{(8 \times 10^{-2})^2} + \frac{2}{\left(\dfrac{8 \sqrt{39}}{13} \times 10^{-2} \right)^2}} = 5.8 \times 10^9 \text{ Hz}$$

TE_{111} 模式的谐振频率和 TM_{111} 模式是相同的。

例 4.2　矩形谐振腔的尺寸为 $a = 5.0$ cm，$b = 4.0$ cm，$l = 2.5$ cm。列出前 5 个谐振模式，即谐振频率最低的 5 个模式。

解：矩形谐振腔的谐振频率计算公式为

$$f_0 = \frac{c}{2} \sqrt{\left(\frac{m}{a} \right)^2 + \left(\frac{n}{b} \right)^2 + \left(\frac{p}{l} \right)^2}$$

根据谐振腔的尺寸

$$a > b > l$$

此时谐振频率最低的模式为 TM_{110} 模式，TM_{110} 模式的谐振频率为

$$f_0 = \frac{c}{2} \sqrt{\left(\frac{1}{a} \right)^2 + \left(\frac{1}{b} \right)^2} = 4.8 \times 10^9 \text{ Hz}$$

TE_{101} 模式的谐振频率为

$$f_0 = \frac{c}{2} \sqrt{\left(\frac{1}{a} \right)^2 + \left(\frac{1}{l} \right)^2} = 6.7 \times 10^9 \text{ Hz}$$

TE_{011} 模式的谐振频率为

$$f_0 = \frac{c}{2} \sqrt{\left(\frac{1}{b} \right)^2 + \left(\frac{1}{l} \right)^2} = 7.1 \times 10^9 \text{ Hz}$$

TE_{201} 模式的谐振频率为

$$f_0 = \frac{c}{2}\sqrt{\left(\frac{2}{a}\right)^2 + \left(\frac{1}{l}\right)^2} = 8.4 \times 10^9 \text{ Hz}$$

TE_{111} 模式和 TM_{111} 模式的谐振频率分别为

$$f_0 = \frac{c}{2}\sqrt{\left(\frac{1}{a}\right)^2 + \left(\frac{1}{b}\right)^2 + \left(\frac{1}{l}\right)^2} = 7.7 \times 10^9 \text{ Hz}$$

TE_{021} 模式的谐振频率为

$$f_0 = \frac{c}{2}\sqrt{\left(\frac{2}{b}\right)^2 + \left(\frac{1}{l}\right)^2} = 9.6 \times 10^9 \text{ Hz}$$

TE_{121} 模式的谐振频率为

$$f_0 = \frac{c}{2}\sqrt{\left(\frac{1}{a}\right)^2 + \left(\frac{2}{b}\right)^2 + \left(\frac{1}{l}\right)^2} = 10.1 \times 10^9 \text{ Hz}$$

TE_{301} 模式的谐振频率为

$$f_0 = \frac{c}{2}\sqrt{\left(\frac{3}{a}\right)^2 + \left(\frac{1}{l}\right)^2} = 10.8 \times 10^9 \text{ Hz}$$

所以前 5 个模式是 TM_{110} 模式、TE_{101} 模式、TE_{011} 模式、TE_{111} 模式和 TM_{111} 模式。

例 4.3 圆柱谐振腔的尺寸为半径 $R = 1.905$ cm，长度 $l = 2.54$ cm。列出 $p = 1$ 的前 5 个谐振模式，即谐振频率最低的 5 个模式。

解：圆柱谐振腔 TE_{mnp} 的谐振频率为

$$f_0 = \frac{c}{2\pi}\sqrt{\left(\frac{\mu_{mn}}{R}\right)^2 + \left(\frac{p\pi}{l}\right)^2}$$

TM_{mnp} 的谐振频率为

$$f_0 = \frac{c}{2\pi}\sqrt{\left(\frac{\nu_{mn}}{R}\right)^2 + \left(\frac{p\pi}{l}\right)^2}$$

圆波导的前几个模式为：TE_{11} 模式（$\mu_{11} = 1.841$）、TM_{01} 模式（$\nu_{01} = 2.405$）、TE_{21} 模式（$\mu_{21} = 3.054$）、TE_{01} 模式和 TM_{11} 模式（$\mu_{01} = \nu_{11} = 3.832$）、$\mathrm{TE}_{31}$ 模式（$\mu_{31} = 4.201$）。可以计算得到以下 5 个模式的谐振频率：

TE_{111} 模式下，有

$$f_0 = \frac{c}{2\pi}\sqrt{\left(\frac{\mu_{11}}{R}\right)^2 + \left(\frac{\pi}{l}\right)^2} = 7.5 \times 10^9 \text{ Hz}$$

TM_{011} 模式下，有

$$f_0 = \frac{k_0 c}{2\pi} = \frac{c}{2\pi}\sqrt{\left(\frac{\nu_{01}}{R}\right)^2 + \left(\frac{\pi}{l}\right)^2} = 8.4 \times 10^9 \text{ Hz}$$

TE_{211} 模式下，有

$$f_0 = \frac{k_0 c}{2\pi} = \frac{c}{2\pi}\sqrt{\left(\frac{\mu_{21}}{R}\right)^2 + \left(\frac{\pi}{l}\right)^2} = 9.7 \times 10^9 \text{ Hz}$$

TE_{011} 模式和 TM_{111} 模式，有

$$f_0 = \frac{k_0 c}{2\pi} = \frac{c}{2\pi}\sqrt{\left(\frac{\mu_{01}}{R}\right)^2 + \left(\frac{\pi}{l}\right)^2} = 11.3 \times 10^9 \text{ Hz}$$

TE_{311} 模式下，有

$$f_0 = \frac{k_0 c}{2\pi} = \frac{c}{2\pi}\sqrt{\left(\frac{\mu_{31}}{R}\right)^2 + \left(\frac{\pi}{l}\right)^2} = 12.1 \times 10^9 \ \mathrm{Hz}$$

例 4.4　立方体谐振腔边长为 a，谐振在 TE_{101} 模式，谐振频率为 7.5 GHz，求其边长 a。

解：矩形谐振腔的谐振频率计算公式为

$$f_0 = \frac{c}{2}\sqrt{\left(\frac{m}{a}\right)^2 + \left(\frac{n}{b}\right)^2 + \left(\frac{p}{l}\right)^2}$$

此问题中是立方体谐振腔，即 $a = b = l$。所以 TE_{101} 模式的谐振频率可以写成

$$f_0 = \frac{\sqrt{2}\,c}{2a} = 7.5 \times 10^9$$

由此可得

$$a = 2.83 \times 10^{-2} \ \mathrm{m}$$

例 4.5　谐振腔的尺寸为 $a = 5.0$ cm，$b = 4.0$ cm，$l = 10.0$ cm。列出前 5 个谐振模式，即谐振频率最低的 5 个模式。

解：矩形谐振腔的谐振频率计算公式为

$$f_0 = \frac{c}{2}\sqrt{\left(\frac{m}{a}\right)^2 + \left(\frac{n}{b}\right)^2 + \left(\frac{p}{l}\right)^2}$$

根据谐振腔的尺寸

$$l > a > b$$

此时谐振频率最低的模式为 TE_{101} 模式，其谐振频率为

$$f_0 = \frac{c}{2}\sqrt{\left(\frac{1}{a}\right)^2 + \left(\frac{1}{l}\right)^2} = 3.3 \times 10^9 \ \mathrm{Hz}$$

TE_{102} 模式的谐振频率为

$$f_0 = \frac{c}{2}\sqrt{\left(\frac{1}{a}\right)^2 + \left(\frac{2}{l}\right)^2} = 4.2 \times 10^9 \ \mathrm{Hz}$$

TE_{011} 模式的谐振频率为

$$f_0 = \frac{c}{2}\sqrt{\left(\frac{1}{b}\right)^2 + \left(\frac{1}{l}\right)^2} = 4.0 \times 10^9 \ \mathrm{Hz}$$

TM_{110} 模式的谐振频率为

$$f_0 = \frac{c}{2}\sqrt{\left(\frac{1}{a}\right)^2 + \left(\frac{1}{b}\right)^2} = 4.8 \times 10^9 \ \mathrm{Hz}$$

TE_{111} 模式和 TM_{111} 模式的谐振频率分别为

$$f_0 = \frac{c}{2}\sqrt{\left(\frac{1}{a}\right)^2 + \left(\frac{1}{b}\right)^2 + \left(\frac{1}{l}\right)^2} = 5.0 \times 10^9 \ \mathrm{Hz}$$

例 4.6　矩形波导尺寸为 $a = 3$ cm，$b = 1.5$ cm，用它来制作一个谐振在 TE_{101} 模式，且谐振频率为 15 GHz 的矩形谐振腔，求该腔体的长度 l。如果腔体内填充相对介电常数 $\varepsilon_r = 4$ 的介质，腔体的长度 l 变为多少？

解：TE_{101} 模式的谐振频率为

$$f_0 = \frac{c}{2}\sqrt{\left(\frac{1}{a}\right)^2 + \left(\frac{1}{l}\right)^2}$$

根据题意

$$f_0 = \frac{c}{2}\sqrt{\left(\frac{1}{a}\right)^2 + \left(\frac{1}{l}\right)^2} = 15\ \text{GHz}$$

计算可得

$$l = 1.06\ \text{cm}$$

若腔体中有介质填充，则谐振频率变为

$$f_0 = \frac{c}{2\sqrt{\epsilon_r}}\sqrt{\left(\frac{1}{a}\right)^2 + \left(\frac{1}{l}\right)^2}$$

即

$$f_0 = \frac{c}{2\sqrt{4}}\sqrt{\left(\frac{1}{a}\right)^2 + \left(\frac{1}{l}\right)^2} = 15\ \text{GHz}$$

可以得到

$$l = 0.51\ \text{cm}$$

4.4 习题详解

习 4.1(4-2-1) 矩形谐振腔如图 4.9 所示，其尺寸为 $a \times b \times l$，工作在 TE_{101} 模式。已知 $H_z = H_0 \cos\left(\frac{\pi}{a}x\right)e^{-j\beta z}$ 是传输 TE_{10} 波的 H_z 分量。求出 TE_{101} 模式全部场的表达式。

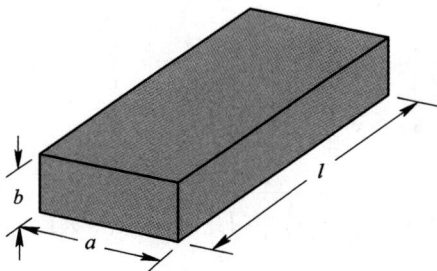

图 4.9　习 4.1 题图

解： 已知 TE_{10} 波的纵向磁场为

$$H_z = H_0 \cos\left(\frac{\pi}{a}x\right)e^{-j\beta z}$$

在 $z=0$ 和 $z=l$ 处加短路板构成矩形谐振腔，则 TE_{101} 的纵向磁场为

$$H_z = H_0 \cos\left(\frac{\pi}{a}x\right)\sin\left(\frac{\pi}{l}z\right)$$

利用不变性矩阵来计算横向场分量

$$\begin{bmatrix} E_x \\ E_y \\ H_x \\ H_y \end{bmatrix} = \frac{1}{k_c^2} \begin{bmatrix} -\mathrm{j}\beta & 0 & 0 & -\mathrm{j}\omega\mu \\ 0 & -\mathrm{j}\beta & \mathrm{j}\omega\mu & 0 \\ 0 & \mathrm{j}\omega\varepsilon & -\mathrm{j}\beta & 0 \\ -\mathrm{j}\omega\varepsilon & 0 & 0 & -\mathrm{j}\beta \end{bmatrix} \begin{bmatrix} \dfrac{\partial E_z}{\partial x} \\[2mm] \dfrac{\partial E_z}{\partial y} \\[2mm] \dfrac{\partial H_z}{\partial x} \\[2mm] \dfrac{\partial H_z}{\partial y} \end{bmatrix}$$

注意，在谐振腔的计算中，上式中的 $-\mathrm{j}\beta$ 需要用 $\dfrac{\partial}{\partial z}$ 替换，即

$$\begin{bmatrix} E_x \\ E_y \\ H_x \\ H_y \end{bmatrix} = \frac{1}{k_c^2} \begin{bmatrix} \dfrac{\partial}{\partial z} & 0 & 0 & -\mathrm{j}\omega\mu \\[2mm] 0 & \dfrac{\partial}{\partial z} & \mathrm{j}\omega\mu & 0 \\[2mm] 0 & \mathrm{j}\omega\varepsilon & \dfrac{\partial}{\partial z} & 0 \\[2mm] -\mathrm{j}\omega\varepsilon & 0 & 0 & \dfrac{\partial}{\partial z} \end{bmatrix} \begin{bmatrix} \dfrac{\partial E_z}{\partial x} \\[2mm] \dfrac{\partial E_z}{\partial y} \\[2mm] \dfrac{\partial H_z}{\partial x} \\[2mm] \dfrac{\partial H_z}{\partial y} \end{bmatrix}$$

其中，

$$k_c^2 = \left(\frac{\pi}{a}\right)^2$$

可以得到

$$\begin{cases} E_x = 0 \\ E_y = \mathrm{j}\dfrac{1}{k_c^2}\omega\mu\dfrac{\partial H_z}{\partial x} = -\mathrm{j}\dfrac{1}{k_c^2}\dfrac{\pi}{a}\omega\mu H_0 \sin\left(\dfrac{\pi}{a}x\right)\sin\left(\dfrac{\pi}{l}z\right) = -\mathrm{j}\dfrac{a}{\pi}\omega\mu H_0 \sin\left(\dfrac{\pi}{a}x\right)\sin\left(\dfrac{\pi}{l}z\right) \\ H_x = \dfrac{1}{k_c^2}\dfrac{\partial^2 H_z}{\partial x \partial z} = -\dfrac{1}{k_c^2}\dfrac{\pi}{a}\dfrac{\pi}{l}H_0 \sin\left(\dfrac{\pi}{a}x\right)\cos\left(\dfrac{\pi}{l}z\right) = -\dfrac{a}{l}H_0 \sin\left(\dfrac{\pi}{a}x\right)\cos\left(\dfrac{\pi}{l}z\right) \\ H_y = 0 \end{cases}$$

习 4.2(4-2-2) 已知矩形腔 $a = 2.2$ cm，$b = 1.0$ cm，$l = 9.2$ cm，如图 4.10 所示，内部工作在 TE_{104} 模式（空气填充）。

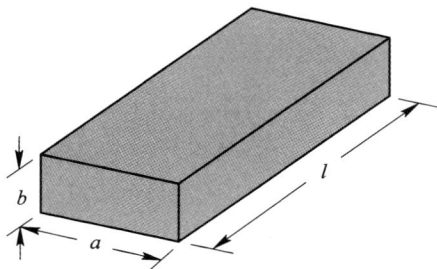

图 4.10 习 4.2 题图

（1）求工作波长 λ_0。

（2）写出腔内电场和磁场表示式。

（3）画出腔内电磁力线图。

解：（1）TE_{104} 模式的波长为

$$\lambda_0 = \frac{2al}{\sqrt{(4a)^2 + l^2}} = 3.18 \text{ cm}$$

（2）TE_{104} 模式的电磁场分布为

$$E_y = E_0 \sin\left(\frac{\pi}{a}x\right)\sin\left(\frac{4\pi}{l}z\right)$$

$$H_x = -\mathrm{j}\frac{2E_0}{\eta}\frac{\lambda_0}{l}\sin\left(\frac{\pi}{a}x\right)\cos\left(\frac{4\pi}{l}z\right)$$

$$H_z = \mathrm{j}\frac{E_0}{\eta}\frac{\lambda_0}{2a}\cos\left(\frac{\pi}{a}x\right)\sin\left(\frac{4\pi}{l}z\right)$$

（3）TE_{104} 模式的电磁场分布如图 4.11 所示。

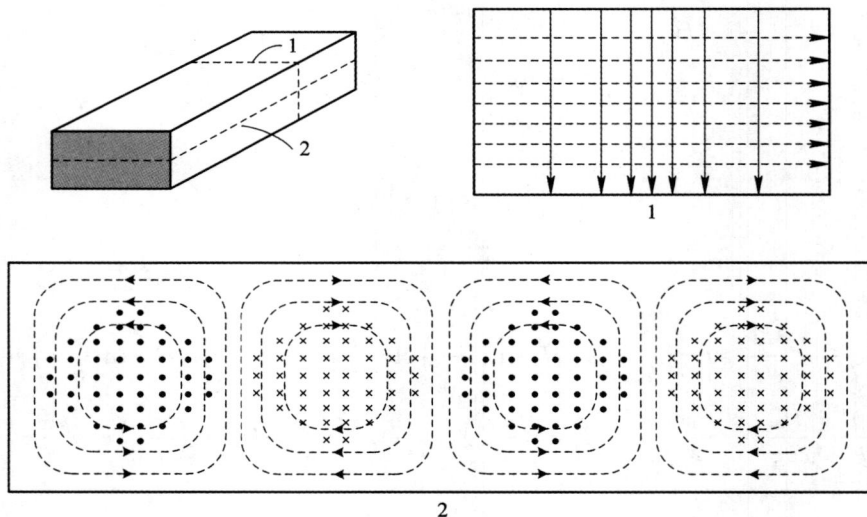

图 4.11 习 4.2 求解示意图

4.5 知 识 图 谱

本章内容的知识图谱如图 4.12 所示。

本章重点内容和知识点总结如下：

1. 理想谐振腔是将电磁能量束缚在其中的装置，电储能和磁储能只能相互转换，无法传播出去。

2. 矩形谐振腔和圆柱谐振腔可以分别通过将矩形波导和圆波导两端短路得到。

3. 矩形谐振腔的谐振波长为

$$\lambda_0 = \frac{2}{\sqrt{\left(\frac{m}{a}\right)^2 + \left(\frac{n}{b}\right)^2 + \left(\frac{p}{l}\right)^2}}$$

4. 品质因数 Q 的计算公式为

$$Q = \frac{\omega W}{P_1}$$

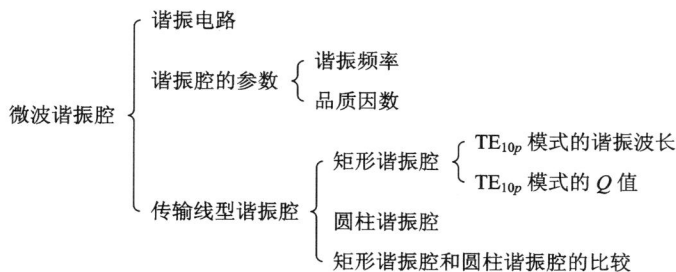

微波谐振腔
- 谐振电路
- 谐振腔的参数
  - 谐振频率
  - 品质因数
- 传输线型谐振腔
  - 矩形谐振腔
    - TE_{10p} 模式的谐振波长
    - TE_{10p} 模式的 Q 值
  - 圆柱谐振腔
  - 矩形谐振腔和圆柱谐振腔的比较

图 4.12　微波谐振腔知识图谱

4.6　练　习　题

一、选择题

1. 品质因数的定义为_____。

(a) $Q = \dfrac{\omega W}{P_1 T}$

(b) $Q = 2\pi \dfrac{W}{P_1 T}$

(c) $Q = 2\pi \dfrac{W}{P_1}$

(d) $Q = \dfrac{W}{P_1 T}$

2. 以下关于谐振腔说法正确的是_____。

(a) 矩形谐振腔和矩形波导中电磁场分布相同

(b) 圆柱谐振腔和圆波导中电磁场分布相同

(c) 理想谐振腔中电储能和磁储能只能相互转换，无法传播

(d) 以上都不对

3. 矩形谐振腔中 TE_{101} 模式的谐振波长为_____。

(a) $\dfrac{2al}{\sqrt{a^2 + l^2}}$

(b) $\dfrac{2\pi}{\sqrt{\left(\frac{1}{a}\right)^2 + \left(\frac{1}{l}\right)^2}}$

(c) $\dfrac{2ab}{\sqrt{a^2 + b^2}}$

(d) $\dfrac{2abl}{\sqrt{a^2 + b^2 + l^2}}$

4. 矩形谐振腔中 TE_{10p} 模式的谐振波长为_____。

(a) $\dfrac{2al}{\sqrt{(pa)^2+l^2}}$ (b) $\dfrac{2pal}{\sqrt{(pa)^2+l^2}}$

(c) $\dfrac{2ab}{\sqrt{(pa)^2+b^2}}$ (d) $\dfrac{2abl}{\sqrt{(pa)^2+b^2+l^2}}$

5. 圆柱谐振腔中 TE_{mnp} 模式的谐振波长为_____。

(a) $\dfrac{2\pi}{\sqrt{\left(\dfrac{\mu_{mn}}{R}\right)^2+\left(\dfrac{p}{l}\right)^2}}$ (b) $\dfrac{2\pi}{\sqrt{\left(\dfrac{\mu_{mn}}{R}\right)^2+\left(\dfrac{p\pi}{l}\right)^2}}$

(c) $\dfrac{2\pi}{\sqrt{\left(\dfrac{\nu_{mn}}{R}\right)^2+\left(\dfrac{p}{l}\right)^2}}$ (d) $\dfrac{2\pi}{\sqrt{\left(\dfrac{\nu_{mn}}{R}\right)^2+\left(\dfrac{p\pi}{l}\right)^2}}$

6. 圆柱谐振腔中 TM_{mnp} 模式的谐振波长为_____。

(a) $\dfrac{2\pi}{\sqrt{\left(\dfrac{\mu_{mn}}{R}\right)^2+\left(\dfrac{p}{l}\right)^2}}$ (b) $\dfrac{2\pi}{\sqrt{\left(\dfrac{\mu_{mn}}{R}\right)^2+\left(\dfrac{p\pi}{l}\right)^2}}$

(c) $\dfrac{2\pi}{\sqrt{\left(\dfrac{\nu_{mn}}{R}\right)^2+\left(\dfrac{p}{l}\right)^2}}$ (d) $\dfrac{2\pi}{\sqrt{\left(\dfrac{\nu_{mn}}{R}\right)^2+\left(\dfrac{p\pi}{l}\right)^2}}$

7. 以下关于谐振腔说法正确的是_____。

(a) 矩形谐振腔和圆柱谐振腔都是传输线型谐振腔

(b) 矩形谐振腔中可以存在 TE_{110} 模式

(c) 圆柱谐振腔中可以存在 TE_{010} 模式

(d) 以上都不对

8. 无载 Q 值、外部 Q 值(Q_e)和有载 Q 值(Q_L)的关系为_____。

(a) $\dfrac{1}{Q}=\dfrac{1}{Q_e}+\dfrac{1}{Q_L}$ (b) $\dfrac{1}{Q_L}=\dfrac{1}{Q_e}+\dfrac{1}{Q}$

(c) $\dfrac{1}{Q_e}=\dfrac{1}{Q}+\dfrac{1}{Q_L}$ (d) 以上都不对

9. 若矩形谐振腔中 $b<a<l$，则哪种模式的谐振频率最低？_____

(a) TM_{110} (b) TE_{201}

(c) TE_{101} (d) 以上都不对

10. 圆柱谐振腔中，以下哪种模式的 Q 值最大？_____

(a) TE_{111} (b) TE_{011}

(c) TM_{111} (d) 以上都不对

二、计算题

1. 矩形谐振腔的尺寸 $a=2b$，已知当频率为 2 GHz 时其谐振于 TE_{101} 模式，当频率为 4 GHz 时其谐振于 TE_{103} 模式，求谐振腔的尺寸 a,b,l。

2. 两个圆柱谐振腔半径相同（$R=3$ cm），长度分别为 $l_1=6$ cm 和 $l_2=8$ cm，均谐振于 TE_{011} 模式，分别计算谐振波长。

3. 矩形谐振腔尺寸为 $a=4$ cm，$b=2$ cm，$l=5$ cm，谐振腔中填充空气。计算：

（1）该谐振腔谐振于 TE_{101} 模式时的谐振频率。

（2）当该谐振腔中填充介质时，频率不改变的情况下，它谐振于 TE_{102} 模式，求介质的相对介电常数。

练习题答案

一、选择题

1.（b）　2.（c）　3.（a）　4.（a）　5.（b）　6.（d）　7.（a）　8.（b）　9.（c）　10.（b）

二、计算题

（略）

第 5 章

测试题及其参考答案

5.1 测试题一及其参考答案

测 试 题

一、简答题(5×5＝25 分)

1. 已知传输线方程：

$$\begin{cases} \dfrac{\mathrm{d}U(z)}{\mathrm{d}z} = -\mathrm{j}\omega L I(z) \\[2mm] \dfrac{\mathrm{d}I(z)}{\mathrm{d}z} = -\mathrm{j}\omega C U(z) \end{cases}$$

写出 $U(z)$ 和 $I(z)$ 的通解。

2. 已知无耗传输线在 $z=0$ 处的电压和电流分别为 $U(0)=U_0$，$I(0)=I_0$，写出 $U(z)$ 和 $I(z)$ 的表达式。

3. 写出 TEM 波传输线单位长度电容 C 和特性阻抗 Z_0 之间的数学关系式。

4. 双端口网络如图 5.1 所示，已知网络的 S 参数为

$$[\boldsymbol{S}] = \begin{bmatrix} S_{11} & S_{12} \\ S_{21} & S_{22} \end{bmatrix}$$

求：(1) 出输入反射系数 Γ_{in} 的定义。

(2) 负载反射系数 Γ_{L} 的定义。

(3) S_{11} 和 S_{12} 的物理意义。

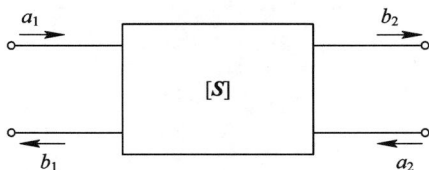

图 5.1 双端口网络

5. 写出谐振条件和 Q 值定义式。

二、(10 分)已知无耗传输线端接短路负载 $Z_L = 0$。试写出线上任意一点 z' 的输入阻抗 Z_{in}。画出沿线电压 $|U|$，电流 $|I|$ 和阻抗的分布图。

三、(30 分)矩形波导中 TE_{10} 模式中的电场为

$$\boldsymbol{E} = \hat{\boldsymbol{y}} E_0 \sin\left(\frac{\pi}{a}x\right) e^{-j\beta z}$$

(1) 写出 TE_{10} 模式的 λ_g 和 v_p。

(2) 给出 TE_{10} 模式的传输条件。

(3) 写出功率 P 的表达式。

四、(10 分)对称耦合带状线如图 5.2 所示，$U_1 = 5\ V$，$U_2 = 7\ V$，试求其偶模电压 U_e 和奇模电压 U_o。

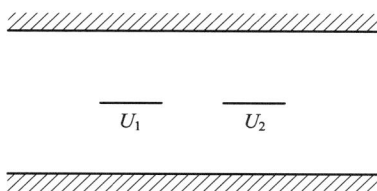

图 5.2　对称耦合带状线

五、(25 分)同轴腔如图 5.3 所示，该同轴腔长为 l，两端用理想导体板封闭，内外半径分别为 a 和 b。已知同轴腔(z 方向)的传输波为

$$\begin{cases} E_r = \dfrac{E_0 a}{r} e^{-jkz} \\[2mm] H_\varphi = \dfrac{E_0 a}{\eta_0 r} e^{-jkz} \end{cases}$$

其中，$\eta_0 = \sqrt{\dfrac{\mu_0}{\varepsilon_0}}$。

(1) 求同轴腔内的电磁场。

(2) 求谐振波长 λ_0。

(3) 画出腔内一种模式的电磁场分布。

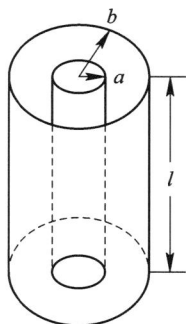

图 5.3　同轴腔

参 考 答 案

一、1. 对传输线方程进行求导，可得

$$\frac{\mathrm{d}^2 U}{\mathrm{d}z^2} + \beta^2 U = 0$$

$$\frac{\mathrm{d}^2 I}{\mathrm{d}z^2} + \beta^2 I = 0$$

其中，$\beta = \omega\sqrt{LC}$。解得

$$U(z) = A_1 \mathrm{e}^{-\mathrm{j}\beta z} + A_2 \mathrm{e}^{\mathrm{j}\beta z}$$

$$I(z) = \frac{1}{Z_0}(A_1 \mathrm{e}^{-\mathrm{j}\beta z} - A_2 \mathrm{e}^{\mathrm{j}\beta z})$$

其中，$Z_0 = \sqrt{\dfrac{L}{C}}$。

2. 源端边界条件为

$$\begin{cases} U(0) = U_0 \\ I(0) = I_0 \end{cases}$$

利用题 1 中得到的通解，将 $z = 0$ 代入，求得

$$A_1 = \frac{1}{2}(U_0 + Z_0 I_0)$$

$$A_2 = \frac{1}{2}(U_0 - Z_0 I_0)$$

$$\begin{cases} U(z) = \dfrac{1}{2}(U_0 + Z_0 I_0)\,\mathrm{e}^{-\mathrm{j}\beta z} + \dfrac{1}{2}(U_0 - Z_0 I_0)\,\mathrm{e}^{\mathrm{j}\beta z} \\ I(z) = \dfrac{1}{2Z_0}(U_0 + Z_0 I_0)\,\mathrm{e}^{-\mathrm{j}\beta z} - \dfrac{1}{2Z_0}(U_0 - Z_0 I_0)\,\mathrm{e}^{\mathrm{j}\beta z} \end{cases}$$

化简得

$$\begin{cases} U(z) = U_0 \cos\beta z - \mathrm{j}Z_0 I_0 \sin\beta z \\ I(z) = -\mathrm{j}\dfrac{U_0}{Z_0}\sin\beta z + I_0 \cos\beta z \end{cases}$$

3. $Z_0 = \sqrt{\dfrac{L}{C}}$。

4. (1) $\Gamma_{\mathrm{in}} = \dfrac{b_1}{a_1}$。

(2) $\Gamma_{\mathrm{L}} = \dfrac{a_2}{b_2}$。

(3) S_{11} 表示端口 2 接匹配负载时，端口 1 的反射系数；S_{12} 表示端口 1 接匹配负载时，由端口 2 到端口 1 的传输系数。

5. 谐振条件为，电储能等于磁储能。品质因数 Q 值的定义为

$$Q = 2\pi \frac{W}{P_1 T} = \frac{\omega W}{P_1}$$

其中，W 为平均储能，P_1 为平均损耗功率，T 为周期。

二、已知传输线接短路负载时的输入阻抗为 $Z_{in}=jZ_0\tan\beta z'$，则电抗沿线的分布如图 5.4 所示。

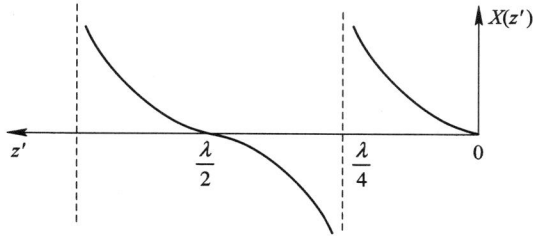

图 5.4　沿线的电抗分布

已知传输线上电压电流的通解为

$$U(z')=A_1 e^{j\beta z'}+A_2 e^{-j\beta z'}$$

$$I(z')=\frac{1}{Z_0}(A_1 e^{j\beta z'}-A_2 e^{-j\beta z'})$$

此时终端负载短路，即 $U(0)=0$。设负载处的电流为 $I(0)=I_L$，则有

$$U(0)=A_1+A_2=0$$

$$I(0)=\frac{1}{Z_0}(A_1-A_2)=I_L$$

得到

$$A_1=-A_2=\frac{Z_0 I_L}{2}$$

把 A_1 代入电压和电流的表达式中可以得到

$$U(z')=\frac{Z_0 I_L}{2}(e^{j\beta z'}-e^{-j\beta z'})=jZ_0 I_L \sin\beta z'$$

$$I(z')=\frac{1}{Z_0}\frac{Z_0 I_L}{2}(e^{j\beta z'}+e^{-j\beta z'})=I_L \cos\beta z'$$

由此可以画出沿线电压和电流的幅值分布图，如图 5.5 所示。

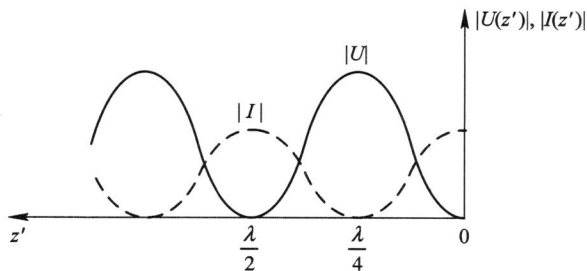

图 5.5　沿线电压和电流的幅值分布图

三、(1)

$$\lambda_g=\frac{\lambda}{\sqrt{1-\left(\frac{\lambda}{2a}\right)^2}},\quad v_p=\frac{c}{\sqrt{1-\left(\frac{\lambda}{2a}\right)^2}}$$

(2) $\lambda < \lambda_c = 2a$。

(3) $P = \dfrac{E_0^2}{4\eta} ab$。

四、
$$U_e = \frac{1}{2}(U_1 + U_2) = \frac{1}{2}(5+7) = 6 \text{ V}$$

$$U_o = \frac{1}{2}(U_1 - U_2) = \frac{1}{2}(5-7) = -1 \text{ V}$$

五、(1) 在 $z=0$ 处放金属板导致此处 $E_r = 0$。所以有

$$E_r = \frac{E_0 a}{r}(e^{-jkz} - e^{jkz}) = -2j\frac{E_0 a}{r}\sin(kz)$$

在 $z=l$ 处放一块金属板，导致此处 $E_r = 0$，即 $\sin(kl) = 0$。可以解出
$$kl = p\pi \quad (p=1,\ 2,\ \cdots)$$

可得电场为

$$E_r = -2j\frac{E_0 a}{r}\sin\left(\frac{p\pi}{l}z\right) = \frac{E_0' a}{r}\sin\left(\frac{p\pi}{l}z\right)$$

其中，$E_0' = -2jE_0$。

采用 Maxwell 方程 $\nabla \times \boldsymbol{E} = -j\omega\mu\boldsymbol{H}$，有

$$\boldsymbol{H} = j\frac{1}{\omega\mu}\frac{1}{r}\begin{vmatrix} \hat{\boldsymbol{r}} & r\hat{\boldsymbol{\varphi}} & \hat{\boldsymbol{z}} \\ \dfrac{\partial}{\partial r} & \dfrac{\partial}{\partial \varphi} & \dfrac{\partial}{\partial z} \\ E_r & 0 & 0 \end{vmatrix}$$

$$H_\varphi = j\frac{1}{\omega\mu}\frac{p\pi}{l}\frac{E_0' a}{r}\cos\left(\frac{p\pi}{l}z\right)$$

(2) 因为

$$k = \frac{p\pi}{l} = \frac{2\pi}{\lambda_0}$$

$$\lambda_0 = \frac{2l}{p}$$

(3) $p=1$ 时的场分布如图 5.6 所示。

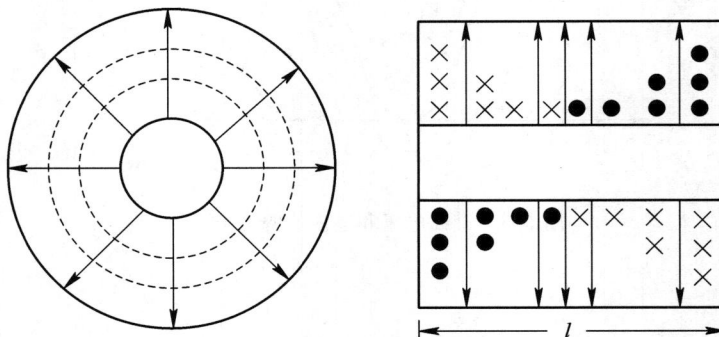

图 5.6 同轴腔内的电磁场力线图

5.2　测试题二及其参考答案

测　试　题

一、简答题(5×5＝25 分)

1. 某传输线段如图 5.7 所示，写出其[**A**]矩阵。

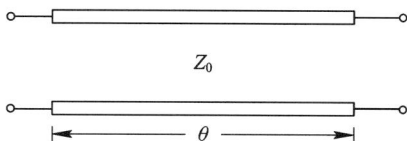

图 5.7　传输线段

2. 某终端接负载的无耗传输线如图 5.8 所示，写出无耗传输线输入反射 Γ_{in} 与负载反射 Γ_L 的关系。

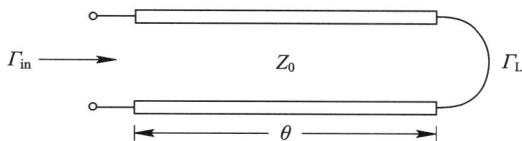

图 5.8　终端接负载的无耗传输线

3. 已知理想环形器的散射参数为

$$[\boldsymbol{S}]=\begin{bmatrix}0 & 0 & 1\\ 1 & 0 & 0\\ 0 & 1 & 0\end{bmatrix}$$

该环形器示意如图 5.9 所示，画出其环行方向。

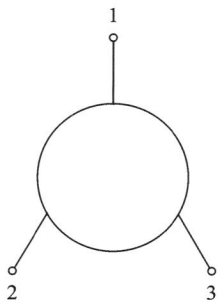

图 5.9　环形器示意图

4. 某双端口网络的 S 参数为 $[\boldsymbol{S}]=\begin{bmatrix}0 & 0\\ 1 & 0\end{bmatrix}$，请问它是否互易？说明它是何种元件，有何特性。

5. 什么是对称耦合传输线的奇模和偶模？

二、(20 分)某传输线电路如图 5.10 所示，已知负载阻抗 $Z_L = 25\ \Omega$，现用一段特性阻抗为 Z_0'、电长度为 θ 的传输线段将其匹配至输入端 $Z_{in} = 50\ \Omega$。求 θ 和 Z_0'。

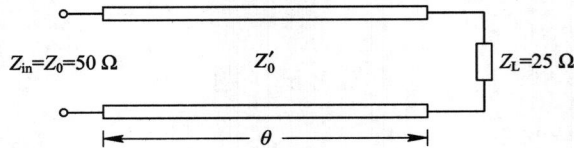

图 5.10　传输线电路

三、(20 分)全对称互易三端口网络的 S 参数为

$$[\boldsymbol{S}] = \begin{bmatrix} s' & s'' & s'' \\ s'' & s' & s'' \\ s'' & s'' & s' \end{bmatrix}$$

在端口 3 接 $\Gamma_L = -1$ 的负载，求端口 1 和 2 组成的双端口网络的 S 参数，即 $[\boldsymbol{S}]_2$ 矩阵。

四、(35 分)某半圆波导如图 5.11 所示，半径为 R 的半圆波导内能否传播圆波导的 TE_{11} 模式？如果能，请画出电磁场分布图。

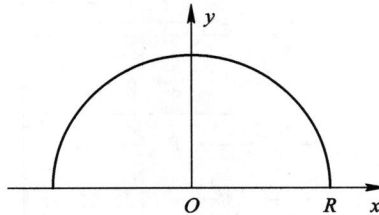

图 5.11　半圆波导

参 考 答 案

一、1. $[\boldsymbol{A}] = \begin{bmatrix} \cos\theta & jZ_0\sin\theta \\ j\dfrac{1}{Z_0}\sin\theta & \cos\theta \end{bmatrix}$

2. $\Gamma_{in} = \Gamma_L e^{-j2\theta}$

3. 环行方向：端口 1→2→3→1，即逆时针方向，如图 5.12 所示。

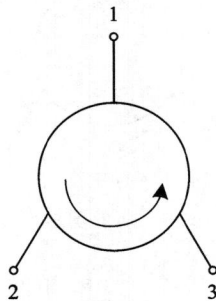

图 5.12　环形器以及其环形方向

4. 因为 $S_{12} \neq S_{21}$，所以该双口网络非互易。该双口网络是隔离器。

5. 把加在对称耦合传输线上的任意激励，分解为奇模和偶模，奇模和偶模是一种外部激励形式。奇模激励是一种反对称激励，偶模激励是一种对称激励。

二、题中要求实现电阻性负载匹配，因此选取 $l = \lambda/4$，则

$$\theta = \beta l = \frac{\pi}{2}$$

又由

$$Z_{in} = Z_0' \frac{Z_L + jZ_0' \tan\theta}{Z_0' + jZ_L \tan\theta}$$

及 $Z_{in} = 50 \ \Omega$，$Z_L = 25 \ \Omega$，可得

$$Z_0' = \sqrt{Z_L Z_{in}} = 35.4 \ \Omega$$

三、由 S 参数定义得

$$\begin{cases} b_1 = S_{11}a_1 + S_{12}a_2 + S_{13}a_3 \\ b_2 = S_{21}a_1 + S_{22}a_2 + S_{23}a_3 \\ b_3 = S_{31}a_1 + S_{32}a_2 + S_{33}a_3 \end{cases}$$

由题意知，$\Gamma_L = \dfrac{a_3}{b_3} = -1$，将其代入上式得

$$-a_3 = S_{31}a_1 + S_{32}a_2 + S_{33}a_3$$

$$a_3 = -\frac{S_{31}a_1 + S_{32}a_2}{S_{33} + 1}$$

代入 S 参数定义的第一式得

$$b_1 = S_{11}a_1 + S_{12}a_2 - \frac{S_{13}(S_{31}a_1 + S_{32}a_2)}{S_{33} + 1}$$

$$= s'a_1 + s''a_2 - \frac{s''(s''a_1 + s''a_2)}{s' + 1}$$

$$= \left(s' - \frac{s''^2}{s' + 1} \right)a_1 + s''\left(1 - \frac{s''}{s' + 1} \right)a_2$$

代入 S 参数定义的第三式得

$$b_2 = S_{21}a_1 + S_{22}a_2 - \frac{S_{23}(S_{31}a_1 + S_{32}a_2)}{S_{33} + 1}$$

$$= s''a_1 + s'a_2 - \frac{s''(s''a_1 + s''a_2)}{s' + 1}$$

$$= s''\left(1 - \frac{s''}{s' + 1} \right)a_1 + \left(s' - \frac{s''^2}{s' + 1} \right)a_2$$

进一步可得

$$[\boldsymbol{S}]_2 = \begin{bmatrix} s' - \dfrac{s''^2}{s' + 1} & s''\left(1 - \dfrac{s''}{s' + 1} \right) \\ s''\left(1 - \dfrac{s''}{s' + 1} \right) & s' - \dfrac{s''^2}{s' + 1} \end{bmatrix}$$

四、半圆波导内能传播圆波导的 TE_{11} 模式。推导过程如下：

圆波导的场要满足的三个基本条件为

$$\begin{cases} f(r=0) \neq \infty \\ f(\varphi=0)=f(\varphi=2\pi) \\ f_t(r=R)=0 \end{cases}$$

对于第三个条件，即理想导体切向电场为 0。在半圆波导中，除要求在 $r=R$ 处，$E_\varphi=E_z=0$ 外，同时还要求在 $\varphi=0$ 或 $\varphi=\pi$ 处，$E_r=E_z=0$。

可以求得半圆波导内 TE_{11} 模式场为（详见第 2 章习题详解的习 2.13）

$$E_r = j\frac{\omega\mu}{k_c^2 r}H_0 J_1\left(\frac{\mu_{11}}{R}r\right)\sin\varphi e^{-j\beta z}$$

$$E_\varphi = j\frac{\omega\mu}{k_c}H_0 J_1'\left(\frac{\mu_{11}}{R}r\right)\cos\varphi e^{-j\beta z}$$

$$H_r = -j\frac{\beta}{k_c}H_0 J_1'\left(\frac{\mu_{11}}{R}r\right)\cos\varphi e^{-j\beta z}$$

$$H_\varphi = j\frac{\beta}{k_c^2 r}H_0 J_1\left(\frac{\mu_{11}}{R}r\right)\sin\varphi e^{-j\beta z}$$

$$H_z = H_0 J_1\left(\frac{\mu_{11}}{R}r\right)\cos\varphi e^{-j\beta z}$$

半圆波导 TE_{11} 模式的电磁场分布图如图 5.13 所示。

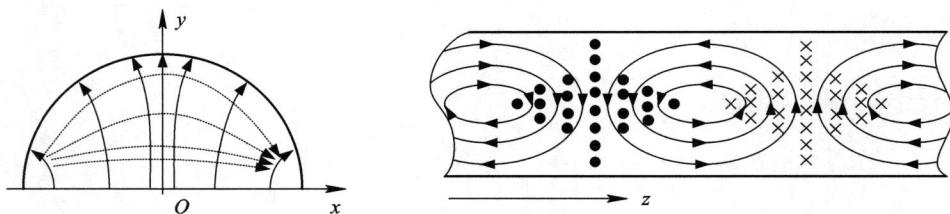

图 5.13 半圆波导电磁场分布图

5.3 测试题三及其参考答案

测 试 题

一、简答题（5×5＝25 分）

1. 某传输线电路如图 5.14 所示，利用[A]矩阵写出传输线终端接负载 Z_L 时，Z_{in} 的表达式。

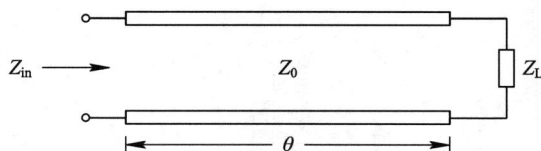

图 5.14 传输线电路

2. 写出 $\dfrac{\mathrm{d}^2 Z(z)}{\mathrm{d}z^2} = \gamma^2 Z(z)$ 微分方程的通解，并说明它的物理含义。

3. 已知矩形波导工作在 TE_{10} 模式，电场为

$$E_y = E_0 \sin\left(\frac{\pi}{a}x\right) \mathrm{e}^{-\mathrm{j}\beta z}$$

求其他场分量。

4. 论述求解介质波导场方程的 5 个约束条件。

5. 带状线的 $\dfrac{W}{b}$ 变大时，特性阻抗 Z_0 有何变化。

二、(15 分)已知网络是由一段电长度为 θ 的传输线和两个相同的并联电纳 $\mathrm{j}\overline{B}$ 构成的，如图 5.15 所示，负载 $\overline{Z}_L = 1$。求输入端匹配时 θ 应满足的条件(其中，$\overline{B}$ 为已知值)。

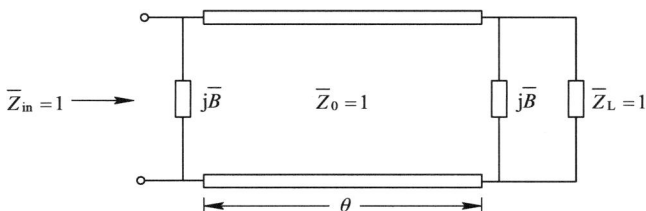

图 5.15　传输线电路

三、(25 分)同轴线如图 5.16 所示。

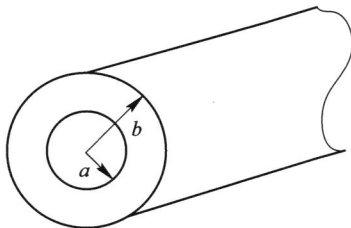

图 5.16　同轴线

已知其中的电磁场为

$$\boldsymbol{E} = \hat{\boldsymbol{r}}\, \frac{E_0 a}{r} \mathrm{e}^{-\mathrm{j}kz}$$

$$\boldsymbol{H} = \hat{\boldsymbol{\varphi}}\, \frac{E_0 a}{\eta r} \mathrm{e}^{-\mathrm{j}kz}$$

(1) 求出同轴线的电流 I 和电压 U。

(2) 求出同轴线的特性阻抗 Z_0。

(3) 画出同轴线电磁场力线图。

(4) 求出同轴线的功率 P。

(5) 求在同轴线 $a \leqslant r \leqslant b$ 区域内分别填充空气和介质，哪一种情况下的特性阻抗 Z_0 大。

四、(35 分)Smith 阻抗圆图如图 5.17 所示。

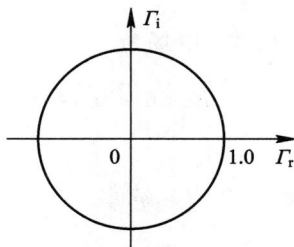

图 5.17　Smith 阻抗圆图

(1) 试画出阻抗圆图中 $r=1$ 的圆。

(2) 试画出阻抗圆图中 $x=1$ 和 $x=-1$ 的曲线。

(3) 试指出阻抗圆图中短路点、开路点和匹配点。

(4) 试画出向电源方向和向负载方向的旋向。

参 考 答 案

一、1.

$$Z_{in} = \frac{A_{11}Z_L + A_{12}}{A_{21}Z_L + A_{22}}$$

2. 通解为

$$Z(z) = A_1 e^{-\gamma z} + A_2 e^{\gamma z}$$

物理意义：波含有 z 方向的入射波和 $-z$ 方向的反射波。

3.

$$E_y = E_0 \sin\left(\frac{\pi}{a}x\right) e^{-j\beta z}$$

$$H_x = -\frac{\beta}{\omega\mu} E_0 \sin\left(\frac{\pi}{a}x\right) e^{-j\beta z}$$

$$H_z = j\frac{1}{\omega\mu}\left(\frac{\pi}{a}\right) E_0 \cos\left(\frac{\pi}{a}x\right) e^{-j\beta z}$$

除此以外，其他场分量为 0。

4. 约束条件分别为：

(1) 旋转周期条件。使 m 必须是整数。

(2) 0 点有限条件。使解中不出现 Neumann 函数，只保留 Bessel 函数 $J_m(x)$。

(3) ∞ 点有限条件。使解中不出现第一类修正 Bessel 函数，只保留第二类修正 Bessel 函数 $K_m(x)$。

(4) 正常传输条件。$k_{c1}^2 = k_1^2 - \beta^2 \geqslant 0$，$k_{c2}^2 = \beta^2 - k_2^2 \geqslant 0$。

(5) 场连续条件。在介质和空气的交界面上电场和磁场的切向分量都是连续的。

5. $\frac{W}{b}$ 变大，电容 C 变大，Z_0 减小。

二、网络的归一化 A 参数为

$$[\overline{A}] = \begin{bmatrix} 1 & 0 \\ j\overline{B} & 1 \end{bmatrix} \begin{bmatrix} \cos\theta & j\sin\theta \\ j\sin\theta & \cos\theta \end{bmatrix} \begin{bmatrix} 1 & 0 \\ j\overline{B} & 1 \end{bmatrix}$$

$$= \begin{bmatrix} \cos\theta & j\sin\theta \\ j(\overline{B}\cos\theta + \sin\theta) & \cos\theta - \overline{B}\sin\theta \end{bmatrix} \begin{bmatrix} 1 & 0 \\ j\overline{B} & 1 \end{bmatrix}$$

$$= \begin{bmatrix} \cos\theta - \overline{B}\sin\theta & j\sin\theta \\ j(-\overline{B}^2\sin\theta + 2\overline{B}\cos\theta + \sin\theta) & \cos\theta - \overline{B}\sin\theta \end{bmatrix}$$

已知负载的归一化阻抗为

$$\overline{Z}_L = 1$$

则归一化输入阻抗可以写为

$$\overline{Z}_{in} = \frac{(\cos\theta - \overline{B}\sin\theta) + j\sin\theta}{j(-\overline{B}^2\sin\theta + 2\overline{B}\cos\theta + \sin\theta) + \cos\theta - \overline{B}\sin\theta} = 1$$

可得

$$\tan\theta = \frac{2}{\overline{B}}$$

则

$$\theta = \begin{cases} n\pi + \arctan\left(\dfrac{2}{\overline{B}}\right) & (\overline{B} > 0) \\[3mm] (n+1)\pi + \arctan\left(\dfrac{2}{\overline{B}}\right) & (\overline{B} < 0) \end{cases} \quad (n = 0, 1, 2, \cdots)$$

三、(1)

$$I = \oint_l H_\varphi \mathrm{d}l = \int_0^{2\pi} H_\varphi r \mathrm{d}\varphi = \frac{2\pi E_0 a}{\eta} \mathrm{e}^{-jkz}$$

$$U = \int_a^b E_r \mathrm{d}r = E_0 a \ln\left(\frac{b}{a}\right) \mathrm{e}^{-jkz}$$

(2)

$$Z_0 = \frac{U}{I} = \frac{60}{\sqrt{\varepsilon_r}} \ln\left(\frac{b}{a}\right)$$

(3) 同轴线场力线图如图 5.18 所示。

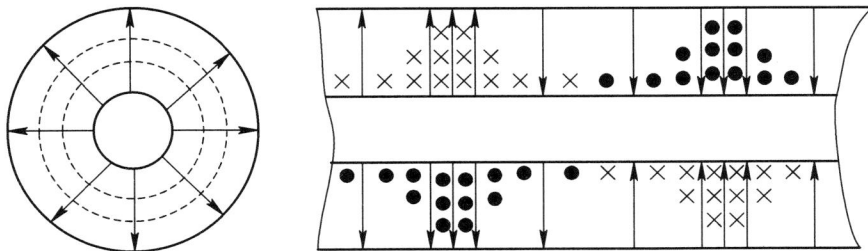

图 5.18　同轴线电磁场力线图

(4) $$P = \frac{1}{2}\mathrm{Re}(UI^*) = \frac{1}{2}\frac{2\pi E_0 a}{\eta} \cdot E_0 a \ln\left(\frac{b}{a}\right) = \frac{\pi E_0^2 a^2}{\eta} \ln\left(\frac{b}{a}\right)$$

(5) $$Z_0 = \frac{U}{I} = \frac{\eta}{2\pi}\ln\left(\frac{b}{a}\right) = \frac{60}{\sqrt{\varepsilon_\mathrm{r}}}\ln\left(\frac{b}{a}\right)$$

其中，$\eta = \sqrt{\dfrac{\mu_0}{\varepsilon_0 \varepsilon_\mathrm{r}}} = \dfrac{1}{\sqrt{\varepsilon_\mathrm{r}}}\eta_0$。由于介质的相对介电常数 $\varepsilon_\mathrm{r} > 1$，所以填充空气的同轴线的特性阻抗较大。

四、题目中所求的点和线标注如图 5.19 所示。

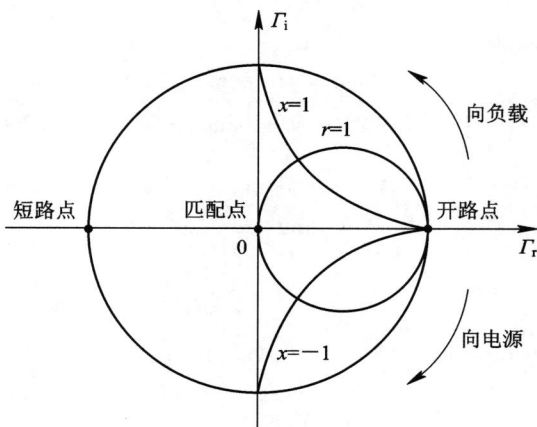

图 5.19　Smith 圆图

参 考 文 献

[1]　梁昌洪，谢拥军，官伯然. 简明微波[M]. 北京：高等教育出版社，2006.

[2]　DAVID M. POZAR. Microwave Engineering[M]. 4th ed. USA：JohnWiley & Sons Inc.，2020.

[3]　SOMEDA C G. Electromagnetic Waves[M]. 2nd ed. BocaRaton：CRC Press，2006.

[4]　RAMO S，WHINNERY J R，VAN DUZER T. Fields and Waves in Communication Electronics[M]. 3rd ed. New York：JohnWiley & Sons，Inc.，1994.

[5]　BIRD T S. Definition and Misuse of Return Loss[J]. IEEE Antennas and Propagation Magazine，2009，51(2)：166－167.

[6]　JIN J M. Theory and Computation of Electromagnetic Fields[M]. 2nd ed. Hoboken，New Jersey：JohnWiley & Sons Inc.，2015.